GÉOGRAPHIE PHYSIQUE DE LA MER

Paris. — Imp. de Moquet, rue des Fossés-Saint-Jacques, n° 11.

GÉOGRAPHIE

PHYSIQUE DE LA MER

PAR **M. F. MAURY, L. L. D.**,
Lieutenant U. S. Navy

TRADUIT
PAR **P.-A. TERQUEM**,

PROFESSEUR D'HYDROGRAPHIE, MEMBRE DE LA SOCIÉTÉ DUNKERQUOISE
POUR L'ENCOURAGEMENT DES SCIENCES, DES LETTRES ET DES ARTS

———

DEUXIÈME ÉDITION FRANÇAISE

Revue et complétée sur la dernière édition de la *Géographie physique*
de Maury, et publiée avec l'autorisation de l'auteur.

Ouvrage accompagné d'un atlas de 13 planches.

———

PARIS

LIBRAIRIE MILITAIRE, MARITIME ET POLYTECHNIQUE
J. CORRÉARD,
Libraire-éditeur et libraire-commissionnaire,
PLACE-SAINT-ANDRÉ-DES-ARTS, 3

———

1861

AVANT-PROPOS.

La première édition française de la *Géographie Physique de la mer*, de l'illustre directeur de l'Observatoire de Washington épuisée en moins d'un an, nous a montré combien le public s'intéresse à ces questions présentées d'une manière aussi neuve qu'originale : la Marine semble être placée désormais à l'avant-garde de la civilisation : l'aider de tous ses efforts en l'instruisant, la guider sur les mers, en les lui faisant connaître, est une œuvre de progrès qui mérite bien de l'humanité. Maury, prenant sa tâche de haut, se débarrasse d'abord de tous les préjugés marins, lourd fardeau; il refait à nouveaux frais la géographie maritime et atmosphérique : il recueille toutes les observations possibles, la théorie viendra plus tard : ce sont les bases d'une science dont le dernier mot sera long à venir. Ce n'est donc qu'en propageant chez tous les peuples les résultats déjà obtenus que l'on pourra en attendre de nou-

veaux : c'est surtout à ce point de vue que le directeur de l'Observatoire de Washington a bien voulu
donner son approbation à notre première traduc-
tion, et c'est ainsi que dans sa dernière lettre il nous
a engagé à refaire une nouvelle édition sur celle
qu'il venait de publier. Nous suivrons, autant que
possible, celui qui a su inspirer à Michelet de si
éloquentes pages sur le berceau mouvant de la
nature.

GÉOGRAPHIE PHYSIQUE DE LA MER.

CHAPITRE I.

LE GULF — STREAM.

§ 1. — Le Gulf-Stream est une rivière au milieu de l'Océan, dont le niveau ne change, ni dans les plus fortes sécheresses, ni dans les plus fortes pluies. Il est limité par des eaux froides, tandis que son courant est chaud. Il prend sa source dans le golfe du Mexique et se jette dans l'Océan Arctique. Il n'existe pas sur la terre un cours d'eau plus majestueux : sa vitesse est plus grande que celle du Mississipi ou des Amazones, et son débit mille fois plus considérable.

§ 2. Les eaux, depuis le golfe jusqu'aux côtes de la Caroline, sont couleur d'indigo foncé, et la ligne de séparation avec les eaux de l'Océan est parfaitement appréciable aux yeux. Souvent on peut voir un navire dont une moitié se trouve immergée dans les eaux du Gulf-Stream, tandis que l'autre flotte dans les eaux de l'Océan, tant la ligne de séparation est nette et distincte.

§ 3. — Les salines de la France et de l'Adriatique, où l'évaporation se fait à l'air libre, sont composées d'une série de bassins où les eaux passent en venant de la mer, et où elles se condensent. Plus elles contiennent de sel, plus leur teinte bleue augmente : le commencement du dépôt des cristaux est indiqué quand la couleur bleue foncée passe au rouge. C'est là ce qui explique cette couleur d'indigo que prennent les eaux le long des côtes de la Caroline, puisque l'on sait (§ 29) que le Gulf-Stream est plus salé que les mers qu'il traverse dans son parcours.

§ 4. — Les causes de formation du Gulf-Stream ont toujours embarrassé les physiciens, et quoique les recherches et les observations modernes aient apporté quelques lumières sur ce sujet, rien de bien clair n'a encore été trouvé.

§ 5. — Dernièrement des écrivains ont soutenu que le Mississipi était la cause de ce courant et qu'on pouvait déduire sa vitesse de celle de la rivière.

§ 6. — Le capitaine Livingston a renversé cette hypothèse en montrant que le volume des eaux que le Mississipi verse dans le golfe du Mexique, n'est pas la cinquantième partie de ce qui en sort par le Gulf-Stream.

De plus, l'eau de ce courant est salée, tandis que celle de la rivière est douce. Les physiciens ont oublié que ce qui s'échappe d'eau salée du golfe du Mexique par ce courant, doit y revenir de l'Océan par un autre chenal : sans cela le golfe du Mexique, à moins qu'il n'y ait dans le fond des sources d'eau salée, ce qui n'est pas probable, deviendrait un bassin d'eau douce

L'objection du capitaine Livingston est concluante; cependant, le reste de son explication a été à son tour complétement abandonné ; car il écrit : « que la position du soleil dans l'écliptique, et son

« influence sur les eaux de l'Océan, occasionnent la
« rapidité du Gulf-Stream. »

§ 7. — L'opinion maintenant la plus généralement admise parmi les marins, et qui a été reproduite par le docteur Franklin, est, que les vents alizés poussant les eaux dans la mer des Antilles, les font élever au-dessus du niveau des autres mers, et que le Gulf-Stream n'est que l'écoulement de ce trop plein.

On voit dans un canal ou dans un lac, l'eau s'élever d'un côté aux dépens de l'autre. Mais ces accidents sont rares, et arrivent d'une manière soudaine dans des eaux peu profondes, où relativement l'agitation est grande. La pression des vents alizés peut augmenter la vitesse initiale du Gulf-Stream ; mais sont-ils capables de la produire seuls ? Suivant moi, les lois de l'hydrostatique, connues jusqu'à ce jour, ne paraissent pas confirmer ces conclusions sans le secours d'autres forces.

§ 8. — L'amiral Smith, dans son remarquable mémoire sur la Méditerranée (p. 162), rapporte qu'après une suite de vents de sud-ouest soufflant en tempête, le niveau de la mer de Toscane s'élève de 12 pieds (3ᵐ 66). Il s'établit alors un violent courant dans les bouches de Bonifacio. Mais ici rien ne se passe comme dans le Gulf-Stream : il n'y a pas un courant se frayant un passage au milieu de la mer, comme encaissé entre deux rives, mais bien des eaux s'échappant en large surface d'un bief ou d'un golfe où le niveau se trouve plus élevé. Le courant de Bonifacio ne se comporte pas comme une rivière dans la Méditerranée; car une fois passé le détroit, il s'étale et se perd dans la mer.

§ 9. — Admettons que la *pression* des vents alizés soit la *seule* cause du Gulf-Stream; il faut alors que le niveau du golfe du Mexique soit plus élevé que celui de l'Océan : aussi les défenseurs de cette théorie y admettent un niveau très élevé. Le major Rennel définit ce courant « un fleuve immense, descendant des hauteurs dans la plaine. Nous connaissons maintenant d'une manière suffisamment exacte la rapidité et la largeur du Gulf-Stream dans le détroit de la Floride, ainsi que par le travers du cap Hatteras. Sa largeur varie de 75 milles à 32 dans le canal de Bahama avec une vitesse moyenne de 3 à 4 nœuds entre Hatteras et le canal. Il est aisé, dans ce cas, de faire voir que la profondeur du courant est moitié moindre à Hatteras qu'à l'île Bemini, et que par conséquent son lit représente un plan incliné venant du nord, que les eaux du courant sont obligées de remonter. Si nous prenons 200 brasses (385^m) pour la profondeur à Bemini, ce qui est inférieur à la réalité (1), nous devons conclure du rapport de la largeur et de la vitesse que la profondeur à Hatteras doit être de 140 brasses (256^m.). Ces eaux donc, qui, dans le canal de Bahama, sont plus basses que le niveau du cap Hatteras, au lieu de *descendre*, sont forcées de remonter sur un plan incliné de plus de 10 pouces par mille.

§ 10. — Le Niagara est une rivière immense descendant dans la plaine. Mais au lieu de rester distinct des eaux du lac Ontario pendant des centaines de milles, il s'y perd immédiatement. En est-il de même pour le Gulf-Stream. Il s'élargit graduellement, c'est vrai; mais au lieu de se mêler à l'Océan comme cette immense rivière descendant dans les lacs du nord, ses eaux, comme un courant d'huile, restent séparées des eaux de l'Océan pendant 3,000 milles.

§ 11. — Pendant que le Gulf-Stream court vers le nord à cause de l'élévation supposée de son niveau au sud, un courant froid vient du nord en sens

----

(1) Le professeur Bache rapporte que les officiers hydrographes sondant avec le plomb de grand fond ont trouvé 370 brasses en cet endroit (janvier 1856).

opposé. Il rencontre, au milieu de l'Océan, ces eaux chaudes qui le divisent en deux branches : celle de droite va se jeter dans ces réservoirs du sud, dont l'élévation du niveau trouvée par la théorie suffit pour déverser à travers l'Océan un courant d'eaux chaudes, trois mille fois plus considérable que le volume des eaux du Mississipi. Ce courant, venant de la baie de Baffin, ne peut avoir les vents alizés pour cause, puisque les vents régnants lui sont défavorables dans la plus grande partie de son parcours; du reste, la plupart du temps il est sous-marin, et par conséquent hors de l'influence des vents. Il y a plusieurs raisons de penser que la masse d'eau du courant arctique est égale à celle du Gulf-Stream. Les mêmes effets ne sont-ils pas produits par les mêmes causes? Ainsi, qu'est-ce que les vents alizés peuvent faire de plus à l'un qu'à l'autre?

§ 12. — Souvent les capitaines jettent à la mer des bouteilles contenant l'indication du lieu et de l'époque où le jet a été fait. En l'absence d'autres observations sur la direction des courants, le témoignage de ces muets navigateurs a une grande valeur. Ils ne laissent à la vérité aucune trace de leur passage, et leur route n'est pas certaine; cependant en connaissant leur point de départ et l'endroit où ils ont été trouvés, on peut se faire une idée de leur route.

On peut tracer des lignes droites entre le point de départ et celui d'arrivée avec le temps employé à les parcourir. L'amiral Beechey R. N., a construit une carte où sont tracées les routes de plus de cent bouteilles. D'après cela, il paraît évident que les eaux des différentes parties de l'Atlantique se dirigent vers le golfe du Mexique et vers son courant. Les bouteilles jetées entre le nouveau et l'ancien continent au milieu de la mer, soit au nord, soit très bas dans le sud, ont été trouvées les unes aux Indes occidentales, les autres dans des branches très connues du Gulf-Stream. De deux bouteilles jetées par une latitude sud sur les côtes d'Afrique, l'une fut trouvée sur l'île de la Trinidad, et l'autre à Guernesey, dans la Manche.

En l'absence d'observations positives sur ce sujet, il semble évident que cette dernière à dû faire le tour par le golfe du Mexique. On peut même croire que plusieurs des bouteilles dont la course est tracée sur la carte de l'amiral ont fait tout le tour du Gulf-Stream; car, n'ayant échoué sur aucune côte, elles ont été emportées en dérive le long de l'Afrique, entre les tropiques, puis sont retournées par la mer

des Antilles retomber dans le Gulf-Stream (pl. VI).
Une autre bouteille jetée en 1837 au cap Horn, par
un capitaine américain, vient d'être trouvée sur les
côtes d'Irlande. La lecture de son contenu, et la
dérive d'autres bouteilles, semblent *forcer* de conclure que ces bouteilles venues de ces régions éloignées, ont passé par le niveau soi-disant le plus
élevé du réservoir du Gulf-Stream.

§ 13. — Au milieu de l'Atlantique se trouve un
espace triangulaire, compris entre les Açores, les
Canaries et les îles du Cap–Vert, qu'on appelle mer
de *Sargasse* (*Pl.* VI), d'une superficie égale au cours
du Mississipi, elle est couverte de raisins du Tropique (fucus natans), en masse si considérable que les
navires en sont souvent retardés dans leur marche.

Lorsque les compagnons de Christophe Colomb
virent ces algues, ils crurent qu'elles marquaient la
limite de la navigation et en furent très effrayés;
vues à petite distance, on dirait qu'elles sont assez
compactes pour permettre de marcher dessus. On
trouve toujours dans le Gulf-Stream des paquets
de ces algues. Si on jette un morceau de paille
dans un bassin, et si on imprime un mouvement
de rotation à l'eau, tous les corps flottants se
dirigent vers le centre, où est le moindre mouve-

ment. Ainsi, pour le bassin de l'Océan Atlantique
et par rapport au Gulf-Stream, la mer de Sargasse
est le centre du mouvement giratoire. Christophe
Colomb a découvert le premier cette mer d'algues,
qui a persisté jusqu'à nos jours, et d'après des observations certaines faites depuis cinquante ans, ses
limites variant seulement suivant les calmes ou les
tempêtes du tropique du Cancer, n'ont pas changé
depuis cette époque. Le mouvement rotatoire
du Gulf-Stream est confirmé par le parcours des
bouteilles et par toutes les observations : s'il en est
donc ainsi, comment trouver pour ce courant éternel
une cause dans un niveau plus élevé d'un côté que
d'un autre?

§ 14. — De plus, en même temps que le Gulf-
Stream écoule vers le nord avec une rapidité torrentielle une masse d'eau considérable à travers le détroit de la Floride, un courant froid vient de la baie
de Baffin et des côtes du Labrador s'élancer vers le
sud avec une égale rapidité.

Est-ce que ce sont les vents alizés qui relèvent
le niveau dans la baie de Baffin et qui déterminent
ce courant par leur pression? L'action des vents
sur les mers profondes est très superficielle. Ces
deux courants se rencontrent sur le grand banc

de Terre-Neuve où ce dernier se bifurque; une partie passe dessous le Gulf-Stream comme le montrent les glaces qui dérivent en travers; l'autre continue vers le sud dans la mer des Antilles, où sa température a été trouvée bien inférieure à la température moyenne : elle correspond à la température que l'on trouve au Spitzberg à la même profondeur.

§ 15. — Une plus grande masse d'eau ne peut courir de l'équateur vers les pôles. Si les vents alizés étaient la cause de ce déplacement , d'autres vents devraient causer les courants polaires; mais ceux-ci dans une grande longueur de leur parcours sont sous-marins, par conséquent hors de l'action des vents : on est naturellement amené à conclure que les vents ont peu d'influence sur le mouvement général des eaux de l'Océan.

La branche du courant qui passe entre le Gulf-Stream et les États-Unis a déjà été décrite. Aussi loin qu'on suit son cours, on voit qu'il se dirige vers ce que l'on est convenu d'appeler le niveau plus élevé du golfe du Mexique.

§ 16. — La force nécessaire pour vaincre la résistance opposée à une masse aussi considérable que celle du Gulf-Stream, courant pendant plusieurs

milliers de milles sous l'influence de la gravitation,
est vraiment surprenante. Ici nous avons des données certaines pour calculer la résistance qu'éprouve
ce courant dans sa direction vers l'est. A cause du
mouvement de rotation de la terre autour de son
axe, le mouvement de translation du courant vers
l'est, est à son origine, dans l'Atlantique, plus rapide de 157 milles (1), par heure, qu'au banc de
Terre-Neuve. Car, par la différence des latitudes, la
vitesse horaire est diminuée par heure de 915 milles
à 758 (2).

§ 17. — Cette nappe d'eau qui s'écoule du canal
de Bahama, vers le grand Banc, rencontre une résistance capable de la retarder seulement, dans la
direction de l'est, de 2. 5 milles par minute. Si on
calcule cette résistance, d'après les lois de la dynamique, on voit qu'elle doit être de plusieurs atmosphères. Comment pourrait-on en conclure que la
pression si faible des vents alizés est capable de

(1) Ou de 915,26 à 758,60. Sur ce parallèle le courant va
vers l'est de 1,5 nœuds. De sorte que par rapport à l'axe de
la terre il court vers l'est avec 760 milles de vitesse à l'heure
au grand banc.

(2) On suppose la terre une sphère d'un diamètre 7925,56
milles.

vaincre une pareille résistance et de produire un pareil effet? Si donc, dans nos recherches, nous n'admettons pas la différence de niveau du golfe du Mexique comme cause, nous devrons chercher quelle est la force capable de mettre en mouvement, avec une vitesse de 4 milles à l'heure, une masse d'eau plus considérable que celle de 3,000 fleuves comme le Mississipi, une puissance, enfin, capable de vaincre une résistance qui retarde de 2 milles par heure ou de quelques pieds par minute, un courant qui entraîne dans un mouvement perpétuel le quart des eaux de l'Océan Atlantique.

§ 18. — Les faits déduits des observations ne nous apportent pas une grande lumière sur ce sujet, et faute d'autres, ils semblent désigner la surélévation apparente du golfe du Mexique comme la cause de ce magnifique cours d'eau. S'il est nécessaire d'admettre la différence de niveau pour se rendre compte de sa vitesse par le travers du cap Hatteras, par la même raison, il faudrait l'admettre de Hatteras au banc de Terre-Neuve; on ferait ainsi du Gulf-Stream un courant *descendant*, et on déduirait comme conséquence forcée, que les vents alizés ne sont pas capables de produire un pareil effet.

Cependant comme le niveau du Gulf-Stream est

à son origine le même que celui de l'Océan, *nous savons* que ce n'est pas un courant descendant.

§ 19. — Quand les faits sont trouvés, il faut une théorie qui explique tous les cas connus. Supposons, par exemple, un globe ayant les dimensions de la terre et couvert, sur toute sa surface, d'une couche d'eau de 200 pieds d'épaisseur, sans évaporation et dans un milieu d'une température constante. Il n'y aurait, sur un globe, dans ces conditions, ni vents ni courants.

§ 20. — Supposons maintenant que l'eau placée sous les tropiques se change tout d'un coup en huile sur une épaisseur de 100 pieds. L'équilibre sera détruit immédiatement, et un système de courants et de contre-courants se produira ; l'huile se dirigera en une seule nappe vers les pôles, tandis que les eaux descendront en dessous vers l'équateur : si l'huile arrivée dans la zone polaire se change en eau, et que l'eau arrivée sous la zone torride devient huile, elle remontera à la surface et le mouvement continuera.

§ 21. Voici donc, sans l'intermédiaire des vents, un système uniforme et perpétuel de courants polaires et tropicaux. A cause du mouvement de rotation diurne, les molécules d'huile, étant d'une den-

sité inférieure, se dirigeront vers les pôles en suivant
une spirale inclinée vers l'est avec une rapidité relative toujours croissante, jusqu'à leur arrivée au pôle
où elles auront une vitesse de 1,000 milles à l'heure.
Changé en eau et perdant sa vitesse, le courant re-
descendra vers les tropiques en suivant une spirale
tournée vers l'ouest. On doit donc conclure de ces
principes que tout courant allant de l'équateur au
pôle doit tendre vers l'est, tandis que le courant inverse doit se diriger vers l'ouest.

§ 22. — Supposons maintenant que le noyau de
cette sphère prenne toutes les formes de notre globe,
îles, bas-fonds et configurations de continents. Tout
ce système de courants pourra être dérangé par les
obstacles des terres, par la différence de hauteur du
fond, etc., etc.; et nous aurons alors en certains endroits des courants plus rapides et plus volumineux
que dans d'autres. Cependant le système des courants de l'équateur et de contre-courants des pôles
ne cessera pas d'exister. L'eau du golfe du Mexique,
échauffée par le soleil des tropiques, ne peut-elle
pas se comparer à de l'huile par rapport à l'eau
froide des régions polaires?

§ 23. — Conformément à ces lois, les eaux des
tropiques tendent à s'échapper vers le nord, tandis

que celles des pôles coulent vers l'équateur (*Pl.* IX).
Le capitaine Wilkes, dans un voyage scientifique, a
traversé un de ces courants sous-marins hyperbo-
réens qui avait 200 milles de large à l'équateur.

§ 24. — Prenant pour maximum de vitesse du
Gulf-Stream cinq nœuds, d'après sa profondeur et
sa largeur dans les passes de l'île Bémini, la section
du courant doit être de 200 millions de pieds carrés
(185,800 mètres), se déplaçant avec une vitesse de
7 pieds 3 pouces (2 ^{m}, 20) par seconde. Le volume
compris entre deux sections faites à une seconde
d'intervalle serait de 1650 millions, de pieds cubes.
Ce volume d'eau, pris à la température du Gulf-
Stream peserait 15 millions de livres de moins qu'un
égal volume d'eau aussi salée pris à la température
de l'Océan.

D'après ces données, qui ne peuvent être prises
que dans certaines limites, la force qui, par seconde
dans le voisinage de Bémini, déplace vers les pôles
les eaux du golfe, pour rétablir l'équilibre, est égale
à un poids de 15 millions de livres. C'est là ce qui se
trouve dans un des plateaux de la balance; il faudra
examiner l'autre, le plateau polaire où l'allégement
peut augmenter l'effet dynamique.

§ 25. — Dans nos recherches sur les courants marins, nous procéderons de la même manière. Cependant, nous doutons qu'une cause unique soit capable de produire un courant d'une aussi grande rapidité que le Gulf-Stream. Car, admettons que le débit estimé soit exact, on pourrait évaluer mathématiquement la force nécessaire à vaincre la résistance qu'il éprouve, en raison de sa vitesse, 3 milles à l'heure, et qui fait remonter 90 milliards de tonneaux d'eau sur un plan incliné de 3 pouces par mille (1). Maintenant nous voyons que les courants ont la même origine que les vents et ne sont pas causés par eux.

§ 26. — Les propriétés chimiques, ou, si on peut s'exprimer ainsi, les propriétés galvaniques des eaux du Gulf-Stream, prises près de sa source, sont différentes ou pour mieux dire plus actives que celles des eaux de la mer en général.

Elles ont une espèce de viscosité qui les empêche de se mélanger avec des eaux différant de température ou de salure. Du reste, il est parfaitement connu que, lorsqu'on met dans un même vase des liquides à deux températures différentes, ils se mélangent difficilement d'eux-mêmes, si on ne les

(1) Abstraction faite du frottement.

agite pas. Une masse d'eau considérable en mouvement doit donc par la même raison se mélanger difficilement.

En 1843, l'Amirauté prit des mesures pour obtenir des séries d'observations de l'action corrosive des eaux sur le doublage des navires. Ces expériences se poursuivirent avec patience et soin pendant une période de dix années. Les faits ont établi que le cuivre des navires qui font les voyages de la mer des Antilles et du golfe du Mexique est plus vivement attaqué que dans toutes les autres mers. En un mot, le sel dans ces parages a la plus grande puissance galvanique de tout l'Océan.

§ 27. — Maintenant on peut supposer, toute chose d'ailleurs étant égale, que la force de cette pile, au milieu de la mer, dépend, jusqu'à un certain point, de la proportion des sels contenus en dissolution et de la température de l'eau.

§ 28. — Si donc, en l'absence de meilleure information, notre hypothèse sur ces propriétés chimiques devient une probabilité, nous pourrons aller plus loin, et dire que les eaux du Gulf-Stream, dont la masse traverse l'Atlantique avec une si grande vitesse, ont, non-seulement une cohésion chimique qui leur est spéciale, mais aussi une densité plus grande que les eaux qu'elles traversent dans un chenal aux bords si bien déterminés. Nous en avons d'autres exemples dans les cours d'eau rapides. Ainsi, on peut suivre longtemps les eaux du Missouri quand il vient se jeter dans le Mississipi.

§ 29. — L'action sur le cuivre (§ 21) et la couleur bleue (§ 3) indiquent un degré de salure plus élevé que dans l'Océan : l'aréomètre le confirme. Le docteur Thomassy, un savant français qui s'occupe des salines, m'a donné les résultats de ses observations faites avec un instrument très sensible. Dans le golfe de Gascogne, il a trouvé 3, 5 0/0; dans la région des vents alizés, 4, 4 0/0; dans le Gulf-Stream devant Charleston, 4 0/0, malgré les afflux d'eaux douces du Mississipi, des Amazones et de toutes les pluies des Indes Occidentales.

§ 30. — Maintenant quelle est la cause de cette salure des eaux plus forte dans la mer des Antilles et dans le golfe du Mexique que dans les eaux traversées par le Gulf–Stream, la température étant d'ailleurs la même? C'est la question dont nous allons nous occuper.

§ 31. — La cause réside dans ces forces qui sont toujours en travail dans l'Océan, qui rendent une partie plus salée et plus dense, tandis que l'autre reste inférieure à la salure et à la densité moyenne. Ce sont ces forces qui concrètent les matières dont se forment les coquilles marines; ce sont: le rayonnement, l'évaporation et l'adjonction des autres eaux (1).

§ 32. — Dans la zône des vents alizés (*Pl.* VIII.) l'évaporation est, en général, supérieure, à l'apport des autres eaux, tandis que dans les autres zônes le contraire a lieu; car les nuages déversent plus d'eau que n'en font évaporer les vents, et c'est dans ces régions que le Gulf-Stream débouche dans l'Atlantique.

§ 33. — Sur les côtes des Indes où les expériences ont été faites avec soin, l'évaporation journalière dépasse les trois quarts d'un pouce (19 millim.); en prenant un demi-pouce pour la région des vents alizés, on aura une évaporation annuelle de quinze pieds ($4^m\ 005$), qui ne se fait qu'au dépens de l'eau douce, le sel reste. Cette couche de l'Océan de quinze pieds d'épaisseur et ayant la surface de la zone des vents alizés pour base, contient une immense quantité de sel.

(1) D'après le docteur Marcet, l'eau de la mer gèlerait à 28° F (—2°, 22 C.).

§ 34. — Le grand courant équatorial (*Pl.* VI) qui va des côtes de l'Afrique à travers l'Atlantique vers le golfe du Mexique est un courant à la surface; ne doit-il pas apporter une large portion de ces eaux qui ont chargé les vents alizés de leurs vapeurs d'eau douce. S'il en est ainsi, ce qui est très probable, n'avons-nous pas découvert pourquoi les eaux du golfe du Mexique sont plus salées, et plus denses que celles de l'Océan?

Il est parfaitement indifférent pour l'exactitude du principe d'après lequel nous raisonnons, que la couche évaporée par le souffle des vents alizés soit annuellement de quinze, de dix, ou de cinq pieds. La couche d'eau, quelle que soit son épaisseur, qui s'évapore de cette partie de l'Océan ne lui est pas restituée complétement par les nuages; car, les pluies dans les zônes extra-tropicales tombent aussi bien sur les terres que sur les mers, et on sait que sur la terre, l'absorption est plus forte que l'évaporation. En supposant que la quantité d'eau tombée sur la mer soit de douzes pouces, ou de deux pouces seulement, c'est donc cette quantité d'eau douce qui lui est ajoutée, et comme elle a été enlevée à une autre partie de l'Océan où elle ne retombe pas, il s'ensuit que la différence est doublée.

§ 35. — Maintenant que nous avons une idée de l'action des vents alizés nord-est et sud-est dans la concentration des eaux et dans la détermination des courants, cherchons quelle sera la masse de sel laissée par cette évaporation. La surface de l'Atlantique où soufflent les vents du nord-est est d'au moins trois millions de milles carrés, et nous avons supposé que la couche évaporée (§ 33) a quinze pieds d'épaisseur. La masse de sel contenue dans cette couche d'eau serait suffisante pour couvrir les Iles Britanniques sur une hauteur de quatorze pieds. Les vents alizés, enlevant constamment de la vapeur d'eau, la mer devient de plus en plus salée, et c'est ce qui explique (§ 27) pourquoi les eaux du Gulf-Stream ont tant de peine à se mêler à celles de l'Océan à cause de leur cohésion.

§ 36. — Quelles sont les causes qui maintiennent ces eaux venant des zônes torrides, à la surface, et dans un chenal déterminé? Est-ce parceque la chaleur dilatant les eaux compense le poids du sel en excès, ou bien que les eaux inférieures sont plus froides et plus lourdes? toujours est-il que le Gulf-Stream arrive dans le golfe du Mexique comme courant supérieur.

En passant dans le golfe, il reçoit les eaux des

Amazones, du Mississipi, de l'Orénoque et tous leurs affluents : une masse considérable d'eau douce découle de ces sources et rendent moins saumâtres ces eaux chaudes : malgré cet afflux d'eaux douces, elles restent cependant plus salées que le reste des eaux des régions extra-tropicales. Les vents alizés par leur direction constante les aident à glisser sur la surface de l'Atlantique jusque dans la mer des Antilles, d'où par une cause inconnue, elles s'échappent par le chenal du Gulf-Stream de préférence à tout autre (1).

§ 37. — Dans l'état actuel de la question sur ce merveilleux phénomène, il nous est bien permis d'avancer encore quelques hypothèses. Cependant nous avons trouvé deux causes certaines de production, l'accroissement de densité dû à l'évaporation sous les tropiques, et la diminution correspondante pour les mers du Nord et la Baltique. Les eaux de cette dernière sont presque douces puisque la proportion du sel contenu dans ses eaux est la moitié de celle qu'on observe généralement (§ 248).

§ 38. — D'un côté, dans la mer des Antilles et dans le golfe du Mexique, les eaux sont très salées,

____

(1) Dans les fabriques de sel, on voit toujours la cristallisation commencer à la surface.

de l'autre dans le grand bassin polaire, dans les
mers du Nord et la Baltique, elles sont à peine saumâtres (1). L'Océan sépare ces deux bassins d'inégale
densité ; les lois de l'équilibre déterminent donc le
Gulf-Stream. Bien que nous ne puissions calculer
combien ce rétablissement d'équilibre agit sur la
formation du courant, néanmoins, cela en est une
des causes certaines.

Les eaux des tropiques qui se sont chargées de sel
en se laissant enlever par les vents alizés des vapeurs
d'eau douce, traversent l'Atlantique, se rendent
dans la mer des Antilles, d'où elles s'écoulent vers
le nord pour se mélanger de nouveau avec les autres
eaux de l'Océan, et rétablir la proportion commune
de sel dans les eaux plus douces que traverse le Gulf-
Stream ; il remplit donc l'office qui lui a été dési-
gné dans le régime de l'Océan.

La différence de température des eaux du Gulf-
Stream avec celles de l'Océan entre le cap Hatteras
et le Grand-Banc de Terre-Neuve varie en hiver de

(1) La partie connue de la zone glaciale est de 3,000,000 de
milles carrés, celle inconnue, terre ou eau de 1,500,000 de
milles carrés : nous ne savons si ces eaux sont plus ou moins
salées que sous les tropiques ; mais ce qui est sûr, c'est que
leur température varie, ce qui détermine aussi bien des courants que le changement de densité.

20° à 30° F. Comme l'eau se dilate par la chaleur, la différence de température peut compenser l'excès de densité et faire que les eaux du Gulf-Stream soient encore plus légères que celles de l'Océan.

§ 39. — Ayant plus de légèreté et de cohésion, elles doivent conserver un niveau plus élevé que les eaux sur lesquelles elles coulent. Prenant cent quatorze pieds (34^m, 6) pour la profondeur du courant devant le cap Hatteras d'après le coefficient de dilatation de l'eau, on voit que l'axe du courant doit être de près de deux pieds plus élevé que les eaux de l'Atlantique. Il s'ensuit que le courant représente un plan incliné de chaque côté comme le toit d'une maison. Pendant que ces eaux s'écoulent du sommet, les eaux plus lourdes et plus froides coulent en dessous et amincissent de plus en plus son épaisseur à mesure qu'il va vers le nord.

Nous ne pou vons démontrer que le Gulf-Stream a la forme d'une voûte, où les eaux s'écoulent du centre vers les bords; mais nous voulons le prouver par des observations.

§ 40. — Des marins dans leur navigation sur le Gulf-Stream, voulant trouver la direction du courant à la surface, au moyen de flotteurs, les virent dériver tantôt vers l'est, tantôt vers l'ouest, suivant qu'ils se trouvaient à l'est ou à l'ouest de l'axe du courant, tandis que la direction de la route n'était pas elle-même affectée de cette dérive; ce qui prouve que la surface seule est entraînée dans ces directions.

§ 41. — En tout cas (§ 39), on le voit encore par la quantité de plantes marines, de morceaux de bois, qui, flottant sur le bord extérieur du Gulf-Stream, ne viennent jamais sur le bord intérieur, même après une série de vents d'est : par la simple raison que pour traverser le Gulf-Stream ils devraient remonter la pente de sa surface jusqu'à son milieu. Nous n'avons jamais entendu dire que rien de ce qui était à l'est du courant fût venu sur les côtes des États-Unis. Des bois en dérive, des graines des Indes occidentales ont bien été jetés sur les côtes de l'Europe; mais jamais, que je sache, sur nos côtes baignées par l'Atlantique.

Nous allons maintenant nous occuper de ses propriétés physiques, et chercher pourquoi le Gulf-Stream rejette sur ses bords les algues, les bois et tous les corps solides qui flottent à sa surface.

§ 42. — Une des causes, comme nous l'avons fait voir, est la forme en dos d'âne de ce courant. Mais il en est une autre qui tend au même but; et quoique son action soit faible, elle ne doit pas être oubliée dans un travail comme le nôtre. Je veux parler de l'influence du mouvement de rotation diurne de la terre sur la direction de ce courant.

§ 43. — Supposons, par exemple, un chemin de fer dans une direction nord et sud. Il est connu des ingénieurs que, lorsque les trains marchent vers le nord, ils ont une tendance à dérailler du côté est, et que lorsqu'ils courent au sud ils tendent à dérailler vers l'ouest de la voie ; ou en d'autres termes, toujours à main droite du train dans notre hémisphère. Maintenant que le chemin ait un mille ou cent milles de longueur, l'effet de la rotation diurne sera le même ; et la tendance au déraillement sous un parallèle don né sera due à la vitesse, et non pas à la longueur du chemin.

§ 44. — Maintenant, en tenant compte de la force d'inertie et de la vitesse, cette tendance à obéir au mouvement de rotation diurne et à incliner vers la droite, s'applique aussi bien, en revenant du grand au petit, à un paquet d'algues dérivant sur le Gulf-Stream qu'à un train se dirigent au nord sur le Railway *Hudson River* ou sur le *Great Western*, en Angleterre ; les rails dirigent les wagons et les empêchent de s'écarter de leur direction, tandis que sur le Gulf-Stream rien de semblable n'empêche la dérive des objets. Tous les corps sur l'eau obéissent à la moindre impulsion qui les jette d'un côté ou d'un autre.

§ 45. — C'est aussi à cause du mouvement diurne que tous les débris qui viennent du Mississipi ont cette tendance à tomber à l'ouest, sur les bancs de droite. C'est l'inverse de ce que l'on voit sur le Gulf-Stream, qui coule vers le nord, et où tout tombe vers l'est.

L'effet de la rotation diurne sur les vents est un fait admis par tout le monde : les vents alizés de la partie de l'est en sont une conséquence ; mais cet effet s'étend aussi bien aux immenses glaces qui flottent sur la mer qu'aux moindres brins d'herbes et à toute cette *poussière des mers* miscroscopique que la mer renferme dans son sein. Nous ferons souvent allusion à cette force dans le cours de cet ouvrage.

§ 46. — Dans sa course vers le nord, le Gulf-Stream, s'incline de plus en plus vers l'est, jusqu'à la hauteur du banc de Terre-Neuve où il court franchement à l'est. On pense que ces bancs sont la cause de ce changement de direction. Mais on y attribuera une autre cause en examinant les faits de plus près. C'est ici que ce courant froid, qui descend du nord avec ses glaces, est rencontré par les eaux chaudes du Gulf-Stream (§ 10). Ces glaçons viennent déposer les pierres, la terre et les graviers dont ils sont chargés. Le capitaine Scoresby, dans un voyage où il s'est élevé très-haut au nord, a compté plus de cinq cents glaçons, courant serrés l'un près de l'autre, vers le sud. Beaucoup de ceux-ci chargés de gravier sont venus se briser au dessus du banc de Terre-Neuve. Depuis des siècles cette action a dû être constante et produire le résultat que nous voyons aujourd'hui ; il faut ajouter à cela la masse énorme de créatures vivant dans le Gulf-Stream qui meurent au contact du courant polaire et dont les débris accumulés font élever ce vaste ossuaire. Les sondages effectués par la marine, semblent confirmer cette opinion sur la formation de ce banc (*Pl.* XI). La plus grande différence de fond se trouve au sud du banc : En pleine mer on ne trouve nulle part de grandes profondeurs arrivant si soudainement. Du côté du nord le fond monte insensiblement et aussitôt qu'on a dépassé le banc, il augmente tout d'un coup de plusieurs milliers de pieds; ce qui montre bien que les alluvions du grand banc viennent du Nord.

§ 47. — De la passe de Bémini jusqu'aux Iles-

Britanniques qui sont au milieu de ses eaux, le Gulf-Stream décrit presque un arc de grand cercle; seulement l'axe du courant ne monte pas tout à fait au nord, autant que l'arc de grand cercle, il suivrait plutôt la direction que prendrait un boulet tiré de Bémini sur les Iles-Britanniques. Si de Bémini il était possible de voir l'Irlande, la personne qui viserait sur cette île, devrait, en supposant la terre immobile, pointer sans tenir compte de la différence de mouvement du canon et du but.

§ 48. — Mais il faut tenir compte du mouvement de rotation diurne. Comme Bémini est plus près de l'équateur que l'Irlande, le canon tournant plus vite que le but, le coup porterait trop à l'est. En d'autres termes, la direction du projectile est la résultante de la force d'expansion de la poudre et du mouvement de rotation diurne qui fait incliner vers l'est la direction primitive du tir, exactement comme le rayon de lumière émané d'un astre est affecté de l'aberration.

§ 49. — Ainsi un voyageur, qui d'un wagon voudrait jeter un objet à une personne immobile sur la voie, manquerait son but s'il visait directement à la personne ; il jetterait en avant, parce que le projectile participerait au mouvement du voyageur.

§ 50. — De là nous pouvons donc établir cette loi : que la tendance de tous les courants de la mer, comme de tous les projectiles dans l'air, est de décrire des courbes dans les plans de grands cercles ; il n'y a que les obstacles et l'action du mouvement de la rotation diurne qui puissent les en faire dévier.

L'arc de grand cercle est le plus court chemin d'un point à un autre, sur la surface de la sphère. La lumière, la chaleur, l'électricité, les cours d'eau, enfin tout ce qui est pondérable ou impondérable, prend, lorsqu'il est en mouvement, le plus court chemin d'un point à un autre. L'électricité peut être détournée de sa route aussi bien qu'un boulet et qu'un cours d'eau. Mais enlevons tous les obstacles, et nous verrons ces différents mouvements suivre la ligne droite, sur un plan, et l'arc de grand cercle sur une sphère. Ce n'est donc qu'accidentellement qu'ils s'écartent du plus court chemin, qui est la direction imposée par les lois de la physique.

§ 51. — Les eaux du Gulf-Stream, quand elles sortent du golfe du Mexique (§ 37), sont destinées aux Iles-Britanniques, à la mer du Nord et à l'Océan-Glacial (*Pl.* IX). En conséquence, elles prennent (§ 47), la route la plus directe pour se rendre à leur destination ; route, qui suivant ce qui a été déjà remarqué (§ 49), a la forme d'un grand cercle ou plus exactement, de la trajectoire d'un projectile.

§ 52. — Beaucoup de physiciens ont pensé, et c'est aussi l'opinion communément répandue parmi les marins, que les côtes des États-Unis et les bancs de Nantuket rejettent le Gulf-Stream vers l'est. Mais si la théorie que je m'efforce de faire prévaloir est juste, ainsi que je le pense, le Gulf-Stream obéit aux mêmes lois qui font graviter les planètes autour du soleil, dans un plan passant par le centre de cet astre. Alors les bancs de Nantuket auraient beau ne pas exister, que le cours de ce courant à travers l'Océan n'en resterait pas moins le même.

Le Gulf-Stream étant peut-être dirigé vers la mer du Nord et vers le golfe de Gascogne, par l'excès de densité des eaux du golfe du Mexique sur celles de l'Océan, les bancs de Nantuket n'existant pas, sa course ne pourrait pas être plus directe. Les alluvions du grand Banc amenées par les courants du nord, doivent cependant le rejeter vers l'est.

§ 53. — Maintenant si l'explication de la direction du Gulf-Stream et de son inflection vers l'est est exacte, par la même raison un courant venant du nord doit incliner vers l'ouest. Il doit alors décrire un grand cercle (§ 46), ou mieux la trajectoire que décrirait sur la terre un projectile lancé à toute portée et sans éprouver de résistance. Obéissant à la force d'impulsion, le courant nord s'écarte de sa direction sous chaque parallèle qu'il traverse dont le mouvement de rotation diurne change; et lorsqu'il rencontre le Gulf-Stream sur le grand banc (*Pl.* IX), il se dirige au sud-ouest, comme nous l'avons déjà dit (§ 45). Il coule donc à côté du Gulf-Stream vers les tropiques, en allant vers l'ouest autant que les côtes de l'Amérique le lui permettent. En présence de faits aussi concluants, comment le major Rennell et M. Arago, peuvent-ils faire des côtes des États-Unis et des bancs de Nantuket, les guides du Gulf-Stream vers l'est.

§ 54. — D'autres forces ont aussi influence sur le Gulf-Stream : ce sont les variations de températures qui se produisent sur la surface de tout l'Océan. Lorsque ce courant quitte les côtes des États-Unis, il commence à changer de position suivant les saisons. La limite nord, lorsqu'il est par la longitude du cap Raze (*Pl.* VI), est en hiver par 40°-41° de latitude, et en septembre quand la mer est la plus chaude, par 45° — 46° de latitude. Le cours du Gulf-Stream paraît semblable à un pennon agité par la brise. Sa source reste resserrée entre les rives des Carolines et des îles Lucayes, mais lorsqu'en les quittant il se dirige vers le banc de Terre-Neuve, suivant les variations de températures de l'Océan, et suivant les saisons il court plus au nord ou plus au sud (§ 45). Pour bien apprécier la nature de la force qui réagit sur le Gulf-Stream, nous pouvons imaginer que ses eaux dans toute l'étendue de leur parcours dans le sein des mers, en sont séparées jusqu'au fond comme par un mur d'un liquide impénétrable, et que l'Océan coule alors à droite et à gauche de ce courant. Lorsqu'on est dans les plus grandes chaleurs de l'été, les eaux des deux côtés du courant étant à l'état liquide, ce courant se place dans la position d'équilibre, nécessitée par les deux pressions latérales. Maintenant au cœur de l'hiver, la température des eaux de l'Océan change de plusieurs degrés sur une surface de plusieurs milliers de milles carrés, changement qui doit être accompagné d'une augmentation de densité qu'on peut évaluer à des millions de tonneaux pour toute cette mer. Car, l'eau de mer, différente en cela de l'eau douce (§ 31), se contracte en se gelant. Maintenant est-il probable qu'en passant de la température de l'été à celle de l'hiver, les eaux à la droite du Gulf-Stream aient un changement de densité qui compense exactement leur contraction par rapport au reste de l'Océan? Dans le cas contraire, il faut que cette différence soit équilibrée. L'étincelle ne jaillit pas plus vivement dans les airs, l'eau ne reprend pas plus rapidement son niveau, que la nature n'est prompte à rétablir l'équilibre, dans les eaux et dans les airs, quels que soient les moments ou les causes de sa rupture. Ainsi, bien que nos suppositions ne soient pas complétement justes, le courant n'allant pas jusqu'au fond et n'ayant pas de mur de séparation, nous pouvons comprendre, que, lorsque, suivant les saisons, les densités varient avec la température à droite et à gauche de ce courant, dont les eaux se mélangent difficilement, il doit prendre une espèce de mouvement vibratoire, dû au changement des pressions latérales.

§ 56. — La planche VI donne les limites du Gulf-Stream, dans les mois de mars et de septembre. La raison de son changement de cours est évidente. Les *rives* du Gulf-Stream sont d'eaux froides (§ 1). En hiver, le volume des eaux froides, le long de l'Amérique ou à gauche du courant, augmente fortement. Elles pressent, pour se faire place, les eaux chaudes du courant et les rejettent vers le sud, ou à droite. En septembre, la température de ces eaux est changée, et à leur tour elles sont pressées par les eaux du courant, qui prend ainsi une espèce de mouvement de va et vient.

§ 57. — Les observations faites pour les hydrographes des États-Unis constatent qu'il y a dans le Gulf-Stream des filets d'eau plus chaude qui sont à côté d'eau plus froide. La planche VI les représente par les lettres x, y, z. La figure A donne les courbes thermométriques d'une section prise en face de la Virginie ; les *maxima* sont donnés par la température de ces filets d'eau chaude, et les *minima* par les filets froids, de sorte que de l'Amérique à l'autre bord de ce courant, cet immense fleuve marin présente une série remarquable d'élévations et d'abaissements thermométriques.

§ 58. — On ne trouve pas ces filets d'eaux froides x, y, z au début du Gulf-Stream ; on ne les trouve que plus loin quand il commence à se refroidir. Supposons un calme parfait sur ce courant, et qu'un jour d'hiver la température de l'eau sur une épaisseur de dix pieds tombe de 75° F. à 32° (23° c . à 0°) l'eau inférieure conservant sa température de 75° F. Comment se comportera cette couche d'eau froide et dense ? flottera-t elle sur le Gulf-Stream comme une banquise en dérive ? Ou bien les eaux chaudes inférieures déborderont-elles de chaque côté pour couler des bord au milieu ? Ce n'est pas possible, les eaux chaudes monteront alternative-ment pendant que les eaux froides descendront à côté. Cela doit se passer comme quand des eaux bouillent ; l'hiver, l'eau refroidie à la surface tombe dans le fond d'où s'élèvent les eaux plus chaudes. On doit, dans un courant d'eaux chaudes soumis aux variations de températures de l'atmos-phère, trouver des tranches alternées d'eaux froides et d'eaux chaudes, et c'est ce que les hydrographes ont trouvé dans le cours du Gulf-Stream.

§ 59. — Revenons à ces filets d'eau plus chaude : celle-ci est plus légère, de sorte que lors-qu'il vente à la surface, elle est refroidie par l'éva-poration et par le rayonnement, et l'eau chaude du fond revient à la surface. Aussi, dans les jours d'hiver, trouve-t on devant le cap Hatteras 80° (26°,67 c.) de température à la surface et à une pro-fondeur, de 500 pieds et même à 3,000 pieds, comme on vient de l'observer, le thermomètre marque 57° (13°, 89 c.) En suivant le courant pendant 120 milles à la hauteur des caps de la Virginie, on trouve par une série d'observations thermométriques faites avec soin, que la température de la surface de l'eau baisse d'un degré ou deux lorsque l'air ambiant devient plus froid. En un mot, la température de 57° qu'on trouve à 3,000 pieds de profondeur au cap Hatteras remonte dans un parcours de 120 à 130 milles de 600 pieds, ce qui fait une ascension d'environ 5 à 6 pieds par mille.

§ 60. — En général les eaux les plus chaudes sont à la surface ou près de cette surface : en se servant du thermomètre sondeur on voit que la température des eaux diminue en descendant jusqu'au fond du courant, quoique restant supérieure à celle des eaux ambiantes à la même profondeur. Il y a toujours entre le fond solide et le courant une couche d'eau froide qui doit jouer un certain rôle dans l'agencement de l'Océan. La raison en est évidente. Un des principaux effets du Gulf-Stream est d'emporter du golfe du Mexique une partie de la chaleur qui y est excessive, et de la distribuer de l'autre côté de l'Atlantique pour adoucir le climat des Iles Britanniques et des côtes occidentales de l'Europe. Or, l'eau froide étant relativement à la terre un mauvais conducteur, il s'en suit que la France et l'Angleterre doivent à cette propriété du courant, de ne pouvoir toucher le fond, la douceur de leur climat qui sans cela, ressemblerait à celui du Labrador.

CHAPITRE II.

Son influence sur le climat de l'Angleterre, § 61. — Lignes isothermes dans l'Atlantique, § 63. — Température sous-marine du Gulf-Stream, § 68. — Indication des courants par les poissons, § 70. — Méduses, § 75. — Climats de la mer, § 75. — Influence de la mer, § 76. — Influence du Gulf-Stream sur la météorologie de l'Océan, § 78. — Tourmentes, § 80. — Douceur du climat de l'Angleterre due au Gulf-Stream, § 83. — Son influence sur les tempêtes, § 85. — Naufrage du steamer *San-Francisco*, § 88. — Influence du Gulf-Stream sur le commerce et la navigation, § 96. — Son usage dans la détermination de la longitude, § 103. — Commerce en 1769, § 106.

§ 61. — On a récemment inventé une manière ingénieuse de chauffer les appartements pendant l'hiver, au moyen de l'eau chaude. Les fourneaux et la chaudière sont quelquefois éloignés de l'appartement à chauffer, comme dans notre Observatoire. Des conduits amènent l'eau chaude des caves qui sont placées à cent pieds des appartements du directeur. Ces tuyaux sont faits de manière à présenter une large surface au refroidissement, et ils sont ajustés les uns aux autres, de manière que l'eau refroidie retourne d'elle-même à la chaudière. Elle retombe au fond, tandisque l'eau chaude s'élève continuellement. La ventilation de l'Observatoire est arrangée de manière que l'air circule depuis les caves, d'où partent les conduits, jusque dans toutes les pièces de l'édifice. L'air chauffé dans les caves est donc distribué partout. Revenons du petit au grand, et nous trouverons que l'eau chaude du calorifère de la Grande-Bretagne, de l'Atlantique du Nord et de l'ouest de l'Europe, se trouve dans le golfe du Mexique.

§ 62. Le fourneau est la zone torride, le golfe du Mexique et la mer des Antilles sont la chaudière. Le Gulf-Stream sert de conduit. Du grand banc de Terre-Neuve jusqu'aux côtes d'Europe se trouve la chambre à air chaud où les conduits s'élargissent pour présenter plus de surface au refroidissement. La circulation de l'atmosphère est arrangée par la nature qui amène la chaleur dans ce réservoir au milieu de l'Océan, d'où le souffle bienfaisant des vents d'ouest la transporte sur la Grande-Bretagne et sur l'ouest de l'Europe.

§ 63. — La plus haute température du calorifère de l'Observatoire est 90° F (32°,2 c.). La plus haute température du Gulf-Stream est 86° (30° c.), 9° de plus que l'Océan sous la même latitude. En s'élevant de 10° en latitude, il ne perd que 2° et après un cours de 3,000 milles il conserve même en hiver la température de l'été. Arrivé par le 40° degré de latitude, il s'élargit; prenant mille lieues de large, il couvre la mer comme d'un chaud manteau et va adoucir en Europe les rigueurs des saisons. D'un cours plus lent, il peut dispenser plus facilement son heureuse influence jusqu'à ce qu'il rencontre l'Angleterre. Là, il se bifurque (*Pl.* IX); une branche va se jeter dans les bassins polaires du Spitzberg, et l'autre court dans le golfe de Gascogne, toujours avec une température supérieure à celle de l'Océan. Une masse d'eau si énorme entraîne avec elle beaucoup de chaleur; ce qui explique la douceur de ces climats.

§ 64. — Nous ne connaissons qu'en un ou deux endroits la profondeur et la température sous-marine du Gulf-Stream. Mais admettant que sa température et sa vitesse à une profondeur de deux cents brasses, soient celles de sa surface, un simple calcul fait au moyen de la différence connue entre la chaleur spécifique de l'air et de l'eau, fera voir que la quantité de calorique cédée par le courant à l'air ambiant, est suffisante pour porter l'atmosphère de la France et des îles Britanniques de la température de la congélation de l'eau à celle de l'été.

Chaque vent d'ouest qui souffle sur l'Europe, après avoir traversé ce courant, vient mitiger l'âpreté des vents du Nord pendant l'hiver. C'est grâce à l'influence de ce courant sur le climat, que l'Irlande s'appelle « l'Emeraude des mers » et que les côtes d'Albion revêtent leur verte tunique, tandis qu'en face par la même latitude les côtes du Labrador restent emprisonnées dans leur ceinture de glace. Dans un remarquable mémoire sur les courants, M. Redfield constate qu'en 1831 la rade de Saint-Jean à Terre-Neuve était encore obstruée par les glaces au mois de juin (1). Qui a jamais entendu dire que le port de Liverpool, qui est 2° plus au nord, ait jamais été gelé, même au plus fort de l'hiver ?

§ 65. — La carte (IV) des températures le montre; les lignes isothermes de 60° F. (15°, 6 c.), 50° (10°) qui partent des côtes des Etats-Unis sous le paral-

____

(1) *American journal of science*; vol. XIV, p. 293.

lèle de 40° ont une direction nord est, et du côté de l'Europe s'élèvent par 55 et 60° de latitude. Walter Scott, dans une de ses charmantes nouvelles, dit qu'aux Orcades (60° de latitude) les étangs ne gèlent pas Ce pays doit la douceur de son climat au grand calorifère ; car des bois des Indes occidentales jetés par les flots du Gulf-Stream viennent échouer sur ses côtes.

§ 66. — Prenons à l'autre extrémité l'influence bienfaisante de ce courant. L'archipel indien est enfermé d'un côté par une suite d'îles, et de l'autre par la jonction des Andes et des Cordillères dans l'isthme de Darien qui vont en s'abaissant jusque dans les plaines de l'Amérique centrale et du Mexique. Du sommet où nous laissons les neiges éternelles, nous arrivons d'abord à la *tierra témplada* et après à la *tierra caliente*, terre brûlante. Descendant encore, on arrive au niveau des mers du Mexique. Toutes ces circonstances locales semblent s'être combinées pour donner à ce bassin le climat le plus chaud et le plus pestilentiel de la terre, sans cet admirable système de circulation aquatique. Quand les eaux commencent à être chauffées dans ces deux chaudières, elles sont enlevées par le Gulf-Stream et remplacées par des courants plus froids

dans la mer des Antilles. La température des eaux
est de 3° à 4° plus basse à l'entrée pour la surface et
diffère de 40° pour le fond, au moment de la
sortie (1).   Prenant seulement la différence de tem
pérature de la surface pour savoir la quantité de
calorique que le Gulf–Stream absorbe chaque jour
pour le dégager sur l'Atlantique, nous trouverons
qu'elle est capable de porter une montagne de fer
du point de zéro au point de fusion, et de maintenir à cet état une masse de métal plus considérable
que le volume des eaux que le Mississipi décharge
chaque jour dans la mer. Qui peut calculer l'effet
de ce merveilleux courant sur les climats du Sud?
Dans de pareilles recherches, l'esprit s'élève de la
matière au grand Architecte de la nature. Qui n'é-
prouverait de profondes émotions en étudiant un
pareil sujet ? Seul immuable parmi toutes les choses créées, l'Océan est le grand emblême de l'éternel Créateur. « Il marche sur les vagues de la mer et

(1) Température de la mer des Antilles (journal de M. Duns-
terville) température de la surface ; septembre 83° F.
(28°, 5), juillet 84° F. (28°, 5) ; sur les côtes de Mos-
quito, 86°, 5 F. (30°) à 240 brasses de profondeur; 48° F.
(8°, 9) ; 43° F. (6°, 1) à 386; 42° F. (5°, 56) à 450 brasses;
43° F. à 500 brasses.

il se mire dans ses abîmes. En vérité, il appela les eaux et les répandit sur la surface de la terre.»

§ 67. — Les eaux, obéissant à Celui qui les a appelées conservent sur notre globe cet admirable système de circulation, qui dispense la chaleur aux régions extra-tropicales, rafraîchit avec les nuages pluvieux les pays arides, et au moyen de ces courants froids descendant de la zone glaciale tempère les ardeurs de la zone torride. A 240 brasses de profondeur, le minimum de température a été trouvé de 48° F. (8°, 9) dans la mer des Antilles, tandis qu'il était de 85° F. (29°, 45) à la surface. Une autre fois à la profondeur de 386 brasses, il donnait 43° (6°, 16), et à la surface 83°. Les tempêtes de ces régions se font sentir à de grandes profondeurs. En 1780 des rochers de sept brasses d'épaisseur ont été arrachés du fond et jetés à la côte. De pareils bouleversements doivent amener l'eau froide à la surface.

§ 68. — La Société de surveillance des côtes (Coast Survey) a trouvé qu'au fond du Gulf-Stream le thermomètre marquait 35° F. (1°, 7 c.) quand la surface était à 80°, (26°, 7 c.).

§ 69. — Ces eaux froides viennent sans doute du nord pour remplacer les eaux chaudes que le Gulf-

Stream écoule vers le Spitzberg pour en adoucir la température ; car, vers le cercle polaire au large des îles la température du fond est seulement d'un degré plus basse que celle de la mer des Antilles, tandis que sur les côtes du Labrador et dans les mers polaires le lieutenant de Haven dit que l'eau sous la glace était invariablement à 28° F. (−2°, 2) ou 4° plus bas que le degré de congélation de l'eau douce. Le capitaine Scoresby rapporte que sur les côtes du Groënland par 72° de latitude N., la température de l'air était de 42° (5°, 5 c.), celle de l'eau 34° (1°, 11 c.) et de 29° (1°, 7 c.) à 180 pieds de profondeur. Il a trouvé un courant allant vers le sud, charriant un grand nombre de glaçons, dont le centre avait peut-être une température inférieure à 0° (− 17°, 8 c.). Il serait curieux de découvrir la route exacte de ces courants sous-marins qui vont porter la fraîcheur aux régions tropicales. Sous l'équateur (§ 23) on en a trouvé un de deux cents milles de large et de 23° plus froid qu'à la surface de l'eau. Il est hors de doute que si les côtes n'y apportaient obstacle, on les verrait décrire des courbes approchant de l'arc de grand cercle.

§ 70. — Les poissons peuvent peut-être donner une des meilleures indications de l'existence de ces courants froids. Les baleines, par leur éloignement pour les eaux chaudes, indiquent l'existence du Gulf-Stream. Nos côtes sont privées de tous les animaux délicats et de toutes les productions marines qui se plaisent dans les eaux chaudes; et leur absence confirme les notions que nous avons sur le courant du nord. Au milieu de ces eaux dont la température est si douce, vers les Bermudes d'un côté, de l'autre vers l'Afrique, on trouve les mollusques et le corail qui manquent complétement par la même latitude sur les côtes de la Caroline du sud. On observe la même chose dans l'Amérique du Sud. On ne trouve pas la plus petite branche de corail avant que le courant polaire n'ait coupé la ligne.

§ 71. — Il y a quelques années, une grande quantité de Bonites et de Diodons, poissons des tropiques, suivirent le Gulf-Stream et vinrent dans la Manche étonner les pêcheurs du Cornouailles et du Devonshire par la violence avec laquelle ils poursuivirent les bancs de sardines.

§ 72. — On peut se demander si ce n'est pas, grâce à ce courant froid, que nos villes des côtes de l'Atlantique, voient affluer sur leurs marchés, d'excellents poissons, et se créer tous les établissements de bains de mer. La température de la Mé-

diterranée est de 4° à 5° plus élevée que celle de
l'Océan sous la même latitude, et les poissons y sont
entièrement différents. D'un autre côté, la température, le long de nos côtes, est inférieure de plusieurs degrés à celle de l'Océan; et depuis le Maine
jusqu'à la Floride nos tables regorgent d'excellents
poissons. Les sheep's-head (1), poissons si estimés
dans la Virginie et la Caroline, perdent toutes leurs
qualités lorsqu'on les pêche sur les bancs de corail
du canal de Bahama. Le même cas se présente pour
d'autres espèces de poissons, qui, pris sur nos côtes
et dans les eaux froides sont recherchés, tandis que
ceux qu'on pêche quelques milles plus loin dans le
Gulf-Stream, sont immangeables. La température
des eaux à Balize dépasse 90° (32°, 2 c.). Les poissons pris dans ses environs ne sont pas comparables
à ceux pris à la même hauteur dans les courants
froids La Nouvelle-Orléans doit à son courant froid
sa supériorité sur la Floride, pour la pêche. Le
même cas se présente dans l'Océan-Pacifique. Un
courant froid venant (§ 4 55) du sud, suit les côtes
du Chili, du Pérou et de la Colombie, et coupe la li-

(1) Le sheep's-head est un spare de l'ordre des acanthopté-
rygiens famille des percoïdes. (T.)

gne à la hauteur des îles Gallapagos. On ne trouve nulle part une abondance plus grande de poissons recherchés. Au milieu du Pacifique, aux îles de la Société, où la température des eaux s'élève, les poissons, quoique disputant d'éclat avec les plantes, les oiseaux et les insectes du Tropique, ne sont pas mangeables. J'ai connu des marins qui, même après une longue traversée, préféraient leurs viandes salées aux poissons pris dans ces parages. Ce petit nombre d'observations semble amener à penser, que, de la présence des poissons dans un lieu, on peut en conclure la température des eaux. Les courants froids et chauds de l'Océan semblent être les grandes routes suivies par les migrations des poissons. Pourquoi les poissons ne seraient-ils pas assujettis à vivre sous un climat déterminé comme les plantes et tous les autres animaux. Ce qu'il y a de sûr, c'est que chaque espèce de poissons ne se trouve que dans certains lieux. En d'autres termes, ils doivent vivre dans des eaux dont la température ne change que d'un petit nombre de degrés.

§ 73. — Les marins ont souvent rencontré des méduses dérivant le long du Gulf-Stream. On sait qu'elles forment la principale nourriture des baleines. La curiosité a été vivement éveillée par leur

abondance dans ces parages qui sont hors des habitudes des baleines franches qui ne peuvent supporter les eaux chaudes. Un capitaine de navire très
intelligent m'a rapporté, il y a quelques années, qu'il
a rencontré sur les côtes de la Floride, dans le Gulf-
Stream, une bande de petites méduses comme il n'en
avait jamais vu. La mer en était couverte sur un
espace de plusieurs lieues. Leur aspect sur l'eau les
lui faisait comparer aux balanes qui flottent sur
ce courant; seulement elles couvraient complète-
tement la mer. Il allait en Angleterre, et pendant
cinq ou six jours il dut naviguer au milieu d'elles.
Deux mois après, à son retour, il retrouva ce banc
de méduses dans les parages des Hébrides, et il fut
trois à quatre jours à les traverser, il s'assura que
c'était bien les mêmes, n'en ayant jamais vu de pareilles auparavant, il en prit un grand nombre pour
les examiner de près.

§ 74. Les Hébrides sont une des principales stations des baleines. Il est vraiment curieux de
penser que le golfe du Mexique est le champ où
le Gulf-Stream vient moissonner la nourriture
des cétacées qu'il va leur apporter à un millier de
milles de là. Aussi combien doit-on admirer la bonté
et la prévoyance de l'Etre Suprême qui apaise la

faim du corbeau et pourvoit à la nourriture du passereau !

§ 75. — La mer a ses climats comme la terre; ils
varient suivant les latitudes : l'élévation du sol d'une
part, comme sa dépression de l'autre, ont leur influence. Tout est réglé par la circulation. Dans un
cas, les régulateurs sont les vents, dans l'autre, ce
sont les courants.

§ 76. — Les habitants de l'Océan subissent l'influence du climat aussi bien que ceux de la terre
ferme. Le Tout-Puissant qui donne les couleurs au
lys, les plumes au passereau, son éclat à la perle,
et la nourriture aux monstres de la mer, les a créés
pour les conditions physiques que sa providence
leur avait assignées. Sur la terre ou sur l'onde tout
est soumis à ses lois et tient la place désignée dans
son organisation. Ainsi que nous l'avons dit, l'action de la mer est tracée. Elle agit par ses courants
et ses habitants, et celui qui en étudie les phénomènes ne doit plus la considérer comme un vaste
désert liquide. Il faut voir comme l'harmonie de la
nature est conservée dans cette machine si parfaite
dans son ensemble et dans ses détails.

§ 77. — Pour celui qui n'a jamais étudié le mécanisme d'une montre, le grand ressort ou la roue

d'échappement ne sont que de simples pièces d'acier. Mais en voyant sur le cadran, la régularité et l'accord des aiguilles qui marquent le temps, il est forcé d'admirer le mécanisme intérieur capable de donner de tels résultats. Démontez la montre, faites-lui voir chaque pièce séparément, il pourra reconnaître alors leur usage et leur corrélation. Mais en lui montrant tout le travail, les roues dentées, les ressorts et leurs différents mouvements, il comprendra tout l'ensemble; et quelque soit le nombre des pièces, leurs formes et leurs fonctions, il verra que toutes ne forment qu'une seule machine, ayant un seul but. Le balancier a été poli et compensé, les roues dentées, ajustées, etc. Il devra nécessairement en conclure que ces pièces n'ont pu être faites au hasard; leur ajustage a été nécessaire pour le but de leur action, et fait par l'intelligence d'un seul. De même lorsqu'on jette ses regards sur ce monde admirable, l'admiration se change en adoration par l'étude du détail aussi bien que par l'exactitude du mécanisme universel chargé d'accomplir un si merveilleux travail. Ici la mer est le ressort de la machine, ses eaux, ses courants, ses îles, ses habitants, sont les balanciers, les roues, les pignons et les chaînes. Il n'y a qu'un seul Être, une seule pensée, qui soit capable d'avoir présidé à l'harmonie de cette organisation. Prise à ce point de vue, l'étude de la mer est vraiment subli- me, elle élève et ennoblit les pensées de l'homme. On ne peut plus regarder alors le Gulf-Stream comme un simple courant lançant à travers l'Océan ses torrents d'eaux chaudes, mais bien comme le grand régulateur de cette machine, chargé du bien- être des habitants aussi bien que de sa flore et de sa faune.

§ 78. — Occupons-nous maintenant de l'influence de Gulf -Stream sur la météorologie de l'Océan.

Pour nous servir de l'expression d'un marin, le Gulf-Stream est « le père des vents » de l'océan Atlantique du nord. Les plus furieux coups de vent se font sentir à sa surface, et les brumes de Terre- Neuve qui rendent si dangereuse la navigation dans ces parages en hiver, doivent leur naissance à cette nappe d'eau chaude que le Gulf-Stream jette au milieu de cette mer froide. Sir Philipp Brooke a trouvé que l'air étant à la glace fondante l'eau avait 80° (26°. 7 c.) de température. L'air chaud et lourd de la surface du courant occasionnait de grandes irrégularités dans ses chronomètres. La chaleur dégagée par le Gulf-Stream dans un seul jour, serait capable, si elle arrivait subitement, de porter l'air ambiant à la température du fer en fusion.

§ 79. — La présence d'un élément de perturbation aussi grand pour l'atmosphère doit donc faire prévoir les plus violentes tempêtes sur son cours. En effet, tout ce que la rage des vents peut déployer de furie se fait sentir sur le Gulf-Stream et ses environs.

§ 80. — Nos ouvrages maritimes relatent une tourmente qui fit refluer ce courant vers sa source et suréleva le niveau du golfe de Mexique de trente pieds. Le navire la *Ledbury-Snow* parvint à mouiller, lorsque le calme se fit, il se trouva en terre ferme, et il avait jeté ses ancres dans les arbres de la clef d'Elliott. Les clefs de la Floride furent inondés à la hauteur de plusieurs pieds, et le Gulf-Stream présentait un spectacle sublime d'horreur. Le choc de l'eau contre l'eau en fureur produisait des effets qu'aucune description n'est capable de rendre.

§ 81. — La grande tempête de 1780 commença aux Barbades. Dans sa course elle arrachait les écorces des arbres, détruisait les maisons; la mer était retournée de fond en comble, les vagues envahirent des forts et des citadelles, et en dispersè-rent les canons; les maisons furent rasées, les navires brisés et les corps des malheureux qui perdirent la vie dans cette tourmente furent mis en morceaux par l'ouragan. Sur les différentes îles 20,000 personnes périrent, et plus au nord, deux navires de guerre, le *Stirling-Castle* et le *Dover-Castle*, furent brisés en pleine mer, et cinquante navires vinrent à la côte aux Bermudes.

§ 82. — Il y a plusieurs années, l'amirauté anglaise fit une enquête pour chercher les causes de ces tourmentes dont la furie cause sur l'Atlantique tant de désastres à la marine. Ces recherches aboutirent à ces conclusions : que la différence de température qui existe dans l'air et dans l'eau, entre le Gulf-Stream et les parties voisines, est la cause première de ces accidents.

§ 83. — La douceur habituelle du climat de la Grande-Bretagne et celle qui arrive accidentellement aux Etats-Unis avec les vents d'est est due au Gulf-Stream; ces vents viennent chauds et chargés des vapeurs de ces eaux fumantes. Au cœur de l'hiver ils donnent la température de l'été jusqu'à Terre-Neuve.

§ 84. — Le maximum du froid se trouve suivant la théorie par 80° de latitude nord et 100° de longitude ouest. Ce point est distant d'au plus 2,000 milles dans le nord-ouest de la limite supérieure du courant.

Le voisinage de cette température si différente, doit nécessairement donner naissance à ces ouragans qui soufflent avec tant de violence sur le côté gauche du Gulf-Stream.

§ 85. — Je ne prétends pas maintenir que le Gulf-Stream est *le roi de la tempête* de l'Atlantique, et qu'il donne naissance à tous les coups de vent, mais certainement, la direction d'un grand nombre d'entre eux montre qu'il en est l'origine. Les coups de vent qui s'élèvent sur les côtes d'Afrique entre les parallèles de 10° et de 15° se dirigent tous vers le Gulf-Stream; les livres de Loch en font foi. Lorsqu'ils l'ont rejoint, ils tournent avec lui et retraversent l'Atlantique pour se précipiter sur les côtes d'Europe. On a pu suivre leur trajet pendant huit ou dix jours; leur passage est marqué par des naufrages et des désastres. En 1854, M. Redfield, dans une séance de la société américaine pour l'encouragement des sciences, a présenté le tracé de l'un d'eux, qui dans sa route a brisé, démâté ou avarié une soixantaine de navires.

§ 86. — La planche X a été dessinée par le lieutenant B.-S. Porter, au moyen de données fournies à l'observatoire par les livres de Loch; elle représente une des tempêtes qui a soufflé en août 1848; elle a commencé 1,000 milles avant le Gulf-Stream, s'est dirigée vers lui, et a couru dans sa direction pendant plusieurs jours. La partie ombrée de cette carte, représente le cours de cette tempête, et la ligne blanche, son axe, c'est-à-dire, les endroits où le baromètre a été le plus bas. Le même tracé a été fait pour plusieurs autres ouragans. Le professeur Espy nous informe qu'il a fait des cartes semblables pour plusieurs coups de vent partant de la terre, et se dirigeant vers le Gulf-Stream.

§ 87. — Qui est-ce qui attire donc sur le Gulf-Stream ces terribles tempêtes? Les marins les redoutent plus là que partout ailleurs, car outre le vent, la mer est furieuse; le courant allant dans une direction et le vent soufflant dans une autre, les vagues prennent des proportions effrayantes.

Dans le mois de décembre 1853, le *San-Francisco* partit de New-York pour porter, par le cap Horn en Californie, un régiment des Etats-Unis. Il fut assailli en traversant le Gulf-Stream, par un coup de vent qui le mit dans un état déplorable; son pont fut balayé par un coup de mer, qui lui enleva 129 personnes, officiers et soldats.

Le lendemain de ce désastre, il fut vu par un navire, et quelques jours après, le 26 décembre, par un second; mais ni l'un ni l'autre ne put lui porter assistance.

Lorsque ces deux navires arrivés aux Etats Unis firent leur rapport, les plus grandes inquiétudes s'éveillèrent sur la possibilité de sauver ces malheureux. On voulut envoyer des navires à leur recherche, mais où devaient-ils aller, et quelle portion de la mer devaient-ils explorer? Un appel fut fait aux lumières de l'observatoire national sur la direction des courants et des vents à cette époque.

§ 89. — Après un examen approfondi des renseignements que l'on possédait sur ce sujet, on prépara une carte sur laquelle fut tracée la direction du Gulf-Stream dans ce moment de l'année. (Voyez les limites du Gulf-Stream pendant le mois de mars pl. VI.). Dans la supposition que ce steamer était complétement désemparé, les lignes a b furent tracées comme limites de sa direction, et c'était entre ces lignes, qu'après le coup de vent, il devait dériver.

§ 90. — Je fus chargé de préparer des instructions pour deux cutters, qui furent envoyés à sa recherche. Un d'eux qui était à New-London, dut suivre la ligne pointée jusqu'à *c* veillant le long de cette ligne où avait dû dériver le bâtiment, avec ordre de communiquer avec tous les navires en retour, qui auraient pu en voir les débris.

§ 91. — Le cutter devait avancer jusqu'à la lettre *c* où il rencontrait la ligne de dérive du navire, qui avait été vu en dernier lieu au point *o* à quelques milles du point *c*. Ainsi, si ce cutter était parti à temps, ses instructions l'auraient conduit au but de ses recherches.

§ 92. Il est vrai de dire, qu'avant la sortie du cutter, le *Kilby*, le *Three-Bells*, et l'*Antarctic* avaient eu le bonheur de trouver et de sauver les naufragés. Mais cela n'infirme en rien notre théorie dont l'application est le sujet de cet ouvrage.

§ 93. — On fit même ici une belle application de ce système; car la barque le *Kilby*, qui avait vu le naufragé le jour, l'ayant perdu de vue la nuit, sut, par un raisonnement appuyé sur ses observations, se diriger vers le point où ce navire avait dû disparaître et le retrouver dans les environs de l'endroit où il supposait qu'il devait le voir.

§ 94. — Les tempêtes dont le Gulf-Stream semble avoir la spécialité, sont presque toujours des tempêtes *tournantes*. Sur les côtes on est familiarisé avec des tourbillons en miniature. On les voit souvent, surtout en automne, s'élever le long des routes, enlevant la poussière et les feuilles, qui forment un cône renversé dans les airs, avec un mouvement gyratoire autour de l'axe du tourbillon. Lorsque cet axe, et tout ce qui constitue le tourbillon, se met en marche, on peut voir que les vents soufflent autour dans toutes les directions. Il en est de même pour les tempêtes du Gulf-Stream; la planche X représente une de ces tempêtes tournantes. M. Piddington, un célèbre météorologiste de Calcutta, les a appelées des *Cyclones*.

§ 95. — Maintenant, quelle est la cause qui entraîne ces tempêtes vers le Gulf-Stream et les y retient? Les marins disent que c'est l'élévation de la température de ses eaux; mais pourquoi et comment? Aucun physicien n'a pu expliquer l'influence de cette différence de température sur les tempêtes.

§ 96. — *Influence du Gulf-Stream sur le commerce et la navigation.* Autrefois le Gulf-Stream avait une grande influence sur le commerce de l'Atlantique : il allongeait beaucoup plus que maintenant les traversées sur l'Océan, par la simple raison que nos navires sont plus fins, nos instruments nautiques meilleurs, et nos marins plus instruits qu'ils n'étaient alors.

§ 97. — A la fin du dernier siècle, les marins *estimaient* plutôt qu'ils ne *calculaient* la position du navire. Les vaisseaux allant d'Europe à Boston, arrivaient rarement à New-York, quoique les attérages ne fussent pas mauvais. Les chronomètres, maintenant si exacts, étaient en cours d'expérience. Les éphémérides étaient elles-mêmes fautives, et contenaient des tables qui donnaient trente milles d'erreur sur la longitude. Les instruments de navigation donnaient plus d'erreurs en degrés qu'on n'en fait maintenant en minutes. Les grossiers astrolabes, arbalètes et anneaux, ont fait place au sextant et au cercle de réflexion de nos jours. Beaucoup de navires, sur l'Atlantique, ont, peu de jours après leur départ, six, huit ou dix degrés d'erreur dans leur longitude estimée.

§ 98. — Pendant trois siècles, les marins passant et repassant le Gulf-Stream, ne pensèrent pas à s'en servir pour déterminer leur longitude et comme indice de l'approche des côtes du continent.

§ 99. — Le docteur Franklin eut, le premier, l'idée de s'en servir pour cet usage. Le contraste entre la température de la mer sur les côtes d'Amérique et ce courant était connu ; la ligne de séparation entre les eaux chaudes et les eaux froides est très-étroite (§ 2) ; la position de cette ligne de division, surtout à l'ouest du courant, change seulement dans des limites inférieures aux erreurs faites par les marins dans leur longitude estimée.

§ 100. — Étant à Londres, en 1770, il eut à consulter un Mémoire envoyé par le Conseil des douanes de Boston, aux Lords de la trésorerie, constatant que les paquebots de Falmouth mettaient généralement une quinzaine de jours de plus pour aller à Boston que les navires ordinaires pour aller de Londres à la Providence ou à Rhode-Islande. On demandait que les paquebots de Falmouth fussent plutôt envoyés à la Providence qu'à Boston. Ce fait parut étonnant au docteur, car Londres est plus loin que Falmouth, et depuis Falmouth la route est la même ; la différence devait donc venir d'une autre cause : il consulta le capitaine Folger, un baleinier du Nantuket qui se trouvait alors à Londres ; le pêcheur lui expliqua que cette différence provenait de la connaissance qu'avaient les capitaines de Rhode-Island du courant du Gulf-Stream, tandis que les capitaines anglais l'ignoraient complétement. Ces derniers, en donnant dans ce courant, étaient retardés de 20 à 60 milles par jour. Il lui dit que c'étaient les baleines qui leur avaient fait découvrir ce fait, car on n'en trouvait jamais dans le courant et toujours sur les bords (§ 70). A la demande du docteur, il traça sur une carte le cours du Gulf-Stream, depuis le détroit de la Floride. Le docteur le fit graver à Tower Hill et en envoya des copies aux capitaines de Falmouth qui n'en tinrent pas compte. La direction que ce baleinier a donnée au Gulf-Stream est encore la même aujourd'hui, et on la trace sur les cartes.

Ces différentes recherches commencent à éclaircir notre sujet ; elles nous donnent des connaissances plus exactes des faits qui constituent la géographie physique de la mer.

§ 101. — Nulle côte n'est plus dangereuse, pendant l'hiver, que celles des Etats-Unis. Avant la connaissance du Gulf-Stream, un voyage d'Europe à la Nouvelle-Angleterre, New-York, ou vers les côtes depuis le cap Delaware jusqu'à la Chesapeake, était la plupart du temps, en hiver, bien plus fatigant et difficile qu'aujourd'hui. En approchant des côtes, les navires étaient assaillis par des tourmentes de neige, des coups de vent qui brisaient l'énergie des marins et annihilaient leur expérience.

En un instant le navire devient une masse de glace, et n'obéit plus à son gouvernail qui le laisse entraîner par le Gulf-Stream. Au bout de quelques heures, après avoir couru sur ce bord-là, il passe du milieu de l'hiver à la température de l'été, la glace disparaît du gréement, le marin trempe ses doigts dans l'eau chaude. Il se retrouve vigoureux et reconforté, réalisant sur la mer la fable d'Antée et de la Terre. Il fait route vers le but pour être encore une fois, peut-être, rejeté dans le nord-est. Mais, chaque fois qu'il arrive en dérive dans ces régions, il redevient de plus fort en plus fort, comme un vrai fils de Neptune, et il finit par arriver au port, à moins que dans ces crises terribles il ne succombe. Tous les ans beaucoup de navires sont coulés par ces coup de vents. Je puis citer des navires qui vont à Norfolk ou à Baltimore, qui, arrivant avec des équipages énervés par le climat des tropiques, tombent au milieu de ces tourbillons de neige, sont obligés de dériver dans le Gulf-Stream pendant quarante, cinquante ou soixante jours avant de pouvoir trouver un lieu de relâche.

§ 102. — Toutefois, la présence des eaux chaudes du Gulf-Stream et leur température d'été au milieu de l'hiver, sont d'un grand secours pour les navigateurs sur les côtes de la Nouvelle-Angleterre; surtout dans cette saison, le nombre des navires qui se perdent corps et biens dans l'Atlantique, est vraiment effrayant. La moyenne des naufrages s'est élevée à trois par jour. Combien y en a-t-il qui se sauvent en fuyant le froid dans ce courant ? Il suffit de dire qu'avant de connaître la température du Gulf-Stream, les navires ne connaissaient pas d'autre point de refuge que les Indes occidentales. Les journaux du temps, comme *Franklin's Pensylvania Gazette*, nous disent que souvent des navires en destination d'hiver pour le Cap de la Delaware, en étaient rejetés jusqu'aux Indes Occidentales, où ils attendaient le retour du printemps avant d'essayer l'approche de ces côtes.

§ 103. — La découverte du docteur Franklin donne un refuge aux navires abîmés par les glaces et les tempêtes de neige; de plus, c'est un amer et une balise excellente pour reconnaître l'approche de la terre. Des considérations politiques firent garder le secret de cette découverte pendant un certain temps. Les navires avaient souvent 10° d'erreur dans leur estime. Celui-ci ne laissait de possible que 3°. Le prix de 20,000 liv. sterl. qui avait été offert pour déterminer la longitude avait été payé en partie à Harison pour sa construction des chronomètres. Tous les marins s'en occupaient. Ce grand problème avait ici sa solution, et c'était le hasard qui en avait amené la découverte. Car, en approchant de ces côtes, la séparation des deux courant$_s$ pouvait être déterminée avec le thermomètre, et permettait aux capitaines de connaître leur position avec grande exactitude, même dans la plus mauvaise saison. Jonathan Williams, après avoir parlé de l'importance de cette découverte sur la navigation,, ajoute avec raison : « Si ces courants se « fussent distingués par les couleurs bleue, blanche « ou rouge, on ne les distinguerait pas mieux qu'on « peut le faire aujourd'hui avec le thermomètre. » Il eût pu ajouter : les navires connaîtraient-ils plus sûrement leur position ?

§ 104. — Lorsque parut son ouvrage sur la navigation thermométrique, le commodore Truxton lui écrivit : « Votre publication sera très-utile à la « navigation en la rendant plus sûre que tout calcul « direct ; car, j'ai souvent éprouvé l'avantage de « l'emploi du thermomètre dans le cours de mes « voyages. Cet instrument est très-utile aux marins « qui ne sont pas surtout familiers avec les obser« vations astronomiques... surtout quand on a be-

« soin de reconnaître, d'une manière certaine,
« l'approche de la côte et sa distance en hiver. Car,
« alors les traversées sont souvent longues, les na-
« vires écartés des côtes par les vents d'ouest sont
« souvent jetés dans le Gulf-Stream avant de s'être
« reconnus.

« Les capitaines qui ne tiennent pas compte de la
« dérive du courant, sont souvent loin des côtes,
« quand ils s'en croient très-rapprochés ; d'autre-
« fois, les navires se trouvent brisés sur la côte par
« des retours de courant, qui leur causent des er-
« reurs, dans l'estime, plus fortes que de coutume.
« Chaque année prouve la vérité de ce fait par les
« malheurs qui en sont la suite. »

§ 105. — Le docteur Franklin fit sa découverte
en 1775, et par des raisons politiques il ne la fit connaître qu'en 1790. Son effet immédiat sur la navigation fut de rendre les ports du nord aussi accessi-
bles l'hiver que l'été. L'influence de cette découverte, sur la décroissance du commerce des États du
sud doit être, pour un économiste, le sujet de curieuses et intéressantes recherches. J'ai consulté les
tables commerciales de cette époque, et j'ai comparé
le commerce de Charleston avec celui des États du
nord, avant et après la découverte du docteur Fran-

68   GÉOGRAPHIE PHYSIQUE DE LA MER.

klin, on voit un abaissement immédiat pour celui du sud, et une augmentation considérable pour celui du nord. Que ce soit cette découverte, ou une révolution dans le commerce, ou simplement une coïncidence qui ait causé ce changement, je laisse à d'autres le soin de trancher la question.

§ 106. — En 1769, le commerce des deux Carolines égalait celui de tous les États de la Nouvelle-Angleterre; il était plus du double de celui de New-York et excédait d'un tiers celui de la Pensylvanie (1).

(1) Extrait des *Annales du Commerce*, de M. Pherson :
EXPORTATION ET IMPORTATION EN 1769.
Exportation.

	Pour la Gde BRETAGNE			Sud DE L'EUROPE			Indes OCCIDENTALES			AFRIQUE.			TOTAL.		
	l. st.	sch.	d.	l. st.	sch.	d.	l. st.	sch.	d.	l. st.	sch.	d.	l. st.	sch.	d.
Nouv. Angleterre.	142,775	12	9	81,175	16	2	308,427	9	6	17.713	0	0	530,089	19	2
New-York.	115,582	8	8	30,887	15	0	66,524	17	5	1.315	2	6	251,006	1	7
Pensylvanie.	28,112	6	9	205,762	11	11	178,551	7	8	560	9	9	410,766	16	1
Caroline N. et S.	405,014	15	1	76,119	12	10	87,756	19	5	604	12	1	569,584	17	3

Importation.

	Pour la Gde BRETAGNE			Sud DE L'EUROPE			Indes OCCIDENTALES			AFRIQUE.			TOTAL.		
Nouv. Angleterre.	225,697	11	6	23,408	17	9	314,749	14	5	180	0	0	564,034	3	8
New-York.	75,950	19	7	14,027	7	0	897,420	4	0	097	10	0	188,076	1	3
Pensylvanie.	204,979	17	4	14,249	8	4	180,591	12	4	»	»	»	399,830	18	0
Caroline N. et S.	527,084	8	6	7,009	5	10	76,269	17	11	157,620	10	0	555,714	2	3

En 1792, les exportations de New-York s'élevaient à deux millions et demi de livres sterlings; de la Pensylvanie à 3,820,000 et de Charleston seul 3,834,000.

§ 107. — Mais en 1791, qui est l'époque où le Gulf-Stream commença a être aussi bien connu que maintenant, la moyenne des traversées de l'Europe dans le nord fut abrégée de moitié, tandis que la moyenne des traversées du sud restait la même. Le revenu de la douane de Philadelphie monta alors à 2,640,000 livres sterlings, c'est-à-dire dépassa la moitié de celui de tous les autres États (1).

(1) Exportations (en dollars.)

	1791	1792	1793	1794	1795	1796
Massachussets	2,549,651	2,888,161	3,755,347	5,292,441	7,117,907	9,049,343
New-York	2,505,465	3,235,790	2,932,370	5,142,000	10,304,000	12,208,027
Pensylvanie	3,436,000	3,820,000	6,958,000	6,643,000	11,518,000	17,513,866
Caroline du Sud	2,693,000	2,428,000	3,191,000	3,868,000	5,998,000	7,620,000

Droits sur les importations (en dollars.)

	1791	1792	1793	1794	1795	1796	1833
Massachussets	1,004,000	725,000	1,044,000	1,121,000	1,520,000	1,400,000	3,035,000
New-York	1,354,000	1,175,000	1,304,000	1,878,000	2,028,000	2,187,000	10,713,000
Pensylvanie	3,466,000	1,104,000	1,825,000	1,498,000	2,300,000	2,030,000	2,207,000
Caroline du Sud	725,000	539,000	500,000	661,000	722,000	66,000	389,000

Doc n. 550. H. R. 2d session 23e Congress. Quelques-uns de ces chiffres ne concordent pas avec ceux donnés par M. Pherson, mais ils ont été cités exactement.

§ 108. — Ici ne s'arrêtent pas les résultats de la découverte du Docteur. Les effets du Gulf-Stream sont très bizarres ; la dérive des navires qui est très-forte, empêche le capitaine de reconnaître sa position ; lorsque les observations se font à plusieurs jours d'intervalle à cause des temps de brume, l'influence du courant n'étant pas la même chaque jour, ajoute à l'incertitude sur la manière dont il peut en tenir compte. D'ailleurs, les marins n'avaient que des idées très-vagues sur la force et sur les limites du Gulf-Stream, jusqu'à ce qu'elles fussent révélées par la présence des baleines aux pêcheurs du Nantucket, et que le capitaine Folger en eût donné connaissance au docteur Franklin. La découverte de ce courant chaud, d'une grande rapidité dans une direction connue, devait énormément hâter ou retarder les traversées.

§ 109. — Avec le degré de perfection qu'ont atteint les instruments et les tables nautiques, les marins peuvent déterminer, avec certitude, chaque courant qui traverse leur route, et ils en font un grand usage. Le colonel Sabine, dans une traversée qu'il fit, il y a quelques années, de Sierra-Léone à New-York, eut 1600 milles de dérive donnés par les courants ; et depuis l'application du thermomètre, la moyenne des traversées d'Angleterre, qui était de plus de deux mois, a été réduite à moins d'un.

§ 110. — Quelques économistes américains ont écrit que le déclin du commerce du sud avait suivi l'adoption de la Constitution des États-Unis, qui protège les intérêts des États du Nord. Mais je pense que les statistiques et les exemples montrent que le Gulf-Stream et l'emploi du thermomètre y entrent pour leur part. Car il a changé les relations de Charleston, le grand entrepôt sud de cette époque, lui enlevant sa position centrale pour le placer dans la catégorie des stations extrêmes.

§ 111. — D'après le plan de notre ouvrage, nous sommes conduits à nous occuper de l'atmosphère : car les principaux faits de la géographie physique de la mer, sont connexes avec les vents. Sans la connaissance des vents, nous ne pouvons pas comprendre la navigation sur l'Océan, ni nous rendre compte de ces *grandes routes* qui le traversent. Sur la mer comme sur la terre, des parties de pays sont complétement abandonnées et inconnues, comme les sources des Amazones dans le Brésil, et le bassin intérieur de l'Afrique. Au sud de la ligne, entre le cap Horn et le cap Bonne-Espérance (pl. VIII) est une immense étendue d'eau ; aucune transaction commerciale ne se fait par cette voie. Les baleiniers seuls y tracent leurs sillages dans leurs poursuites; mais pour les recherches de la science et de la navigation, c'est une contrée complétement inconnue; car les vents prédominants de l'Atlantique du sud sont de la partie du nord ou du sud, au lieu d'être de celle de l'est ou de l'ouest; ce qui rend cette mer inutile pour les relations internationales.

§ 112. — La mer confie aux nuages ces eaux qui alimentent les sources des montagnes et les précipitent dans les vallées. Pour le physicien, le lieu de la formation des nuages, aussi bien que les pays où ils vont se résoudre, sont des faits aussi intéressants qu'instructifs. Celui qui étudie la géographie physique d'un pays, doit connaître les régions où il pleut, de même que celui qui s'occupe de la géographie physique de la mer, doit chercher les régions où se fait l'évaporation, et quelles sont les sources et les rivières dont elle va alimenter les réservoirs dans les montagnes. Il doit diriger ses recherches sur la connaissance des vents et se rendre familier avec leurs *circuits*. Aussi dans le chapitre suivant, nous allons nous occuper exclusivement de l'ATMOSPHÈRE.

CHAPITRE III.

DE L'ATMOSPHÈRE.

§ 113. — Un savant de l'Est (1), décrit l'atmos-

(1) Le docteur Buist de Bombay.

phère, avec une richesse d'expressions vraiment
orientale : « C'est une voûte qui entoure notre pla-
« nète, dont l'épaisseur est inconnue, parce que la
« raréfaction augmentant au fur et à mesure qu'on
« s'élève, la pression de sa propre masse diminue. Sa
« limite supérieure ne peut varier qu'entre cin-
« quante et cinq cents milles. Elle nous entoure de
« tous côtés, bien que nous ne la voyons pas; elle
« nous presse à raison de cinquante livres par pouce
« carré, de sorte que nous supportons de 70 à 100
« tonnes, sans en avoir la conscience. Plus légère
« que les choses les plus légères; plus impalpable
« que les plus fins filaments ; elle laisse intactes les
« toiles d'araignée, etcouche à peine les fleurs char-
« gées de rosée. Elle transporte, autour du monde
« sur ses ailes, les flottes de toutes les nations, et
« écrase sous son poids, les matières les plus
« dures. Lorsqu'elle est en mouvement, elle dé-
« racine les forêts les plus impénétrables, elle
« renverse les monuments les plus solides;
« — elle soulève l'Océan en montagnes im-
« menses, et brise les plus grands navires, comme
« des fétus de paille. Elle dispense la chaleur et
« le froid à notre globe et à toutes les créatures
« qui l'habitent; elle enlève, sur la terre et sur

« l'onde, des vapeurs qu'elle tient en dissolution
« dans son sein, et les suspend dans les nuages, ses
« réservoirs, pour les lui rendre sous forme de pluie
« ou de rosée. Elle détourne de leur chemin les
« rayons du soleil, pour nous donner l'aurore et le
« crépuscule; elle réfléchit et réfracte leurs diffé-
« rentes couleurs pour embellir le lever ou le cou-
« cher du maître du monde. Car, sans l'atmos-
« phère, le soleil nous arriverait et nous quitterait
« subitement, et nous passerions tout d'un coup,
« de l'obscurité de minuit à la lumière de midi;
« nous n'aurions pas dans les paysages, ces demi-
« teintes si douces; les nuages ne viendraient pas
« rafraîchir la terre brûlante, qui chaque jour, pré-
« senterait sa face hâlée aux rayons directs de l'as-
« tre resplendissant du jour. Elle apporte à notre
« organisation l'air et la chaleur, reçoit dans son
« sein tout ce qui a été pollué par l'usage, et elle
« éloigne de nous tout ce qui nous est dangereux.
« Elle entretient la flamme de la vie comme celle
« du feu, elle se consume et alimente le foyer; —
« elle se combine avec le charbon, qui ne peut
« brûler sans elle, et elle le quitte quand son œuvre
« est finie.

§ 114. — « Il n'y a de l'air qui nous environne,

« dit un autre physicien (1) qui par sa circulation
« unit, dans un lien de communauté, tout ce qui
« couvre la terre. L'acide carbonique que nous
« exhalons est dispersé par lui sur tout le monde,
« du soir au matin. Le dattier, qui croît sur les
« bords du Nil, l'aspire, les cèdres du Liban s'en
« emparent pour porter leurs têtes altières jusqu'aux
« cieux. Les cocotiers de Taïti, en poussent plus
« rapidement; les palmiers et bananiers du Japon y
« prennent leurs fleurs. L'oxygène que nous respi-
« rons vient d'être distillé par les magnolias de la
« Susquehanna, les grands arbres qui ombragent
« l'Orénoque et les Amazones, les rhododendrons
« géants de l'Himalaya, les roses et les myrtes du
« Cachemir, le cannelliers de Ceylan, et les antiques
« forêts qui s'élèvent au sein de l'Afrique, loin dans
« les montagnes de la Lune, contribuent pour leur
« part à la production de cet agent de la vie hu-
« maine. Les pluies qui viennent arroser nos pays,
« sont dues aux glaces polaires, et le lotus, qui flotte
« sur les eaux du Nil, exhale des vapeurs qui vont
« couvrir de neige le sommet des Alpes.

§ 115. — « L'atmosphère, continue Mann, qui

(1) Voyez North British Review.

« enveloppe tout le monde habitable, est un vaste
« réservoir, dans lequel sont renfermés tous les élé-
« ments nécessaires à la vie; ou pour mieux dire,
« elle est elle-même cet élément sous sa plus simple
« expression. Les animaux en nourrissent leurs fibres
« et leurs tissus, les plantes, y puisent la partie nu-
« tritive qui va se convertir en leurs différents orga-
« nes. Et c'est à l'air que les plantes ont emprunté
« ces sucs nourriciers qui viennent réconforter et
« réparer les animaux.

§ 116. — « Les animaux sont pourvus d'organes
« de locomotion et de préhension; ils peuvent cher-
« cher leur nourriture et la porter à leur bouche,
« tandis que les plantes doivent attendre qu'elle
« leur arrive. Aucune molécule solide ne peut
« avoir accès dans leur organisation, l'air ambiant
« leur apporte leur pâture de carbone, d'hydro-
« gène et d'oxygène. L'eau, — car chaque chose a
« un but, — est constamment prête à fournir à
« leurs besoins : non seulement pour leur apporter
« la nourriture qui convient à la saison, mais
« encore pour les parer de leurs brillantes cou-
« leurs. »

§ 117. — Rien n'élève plus l'esprit humain que
la recherche des desseins de la Providence, dans

tout ce qu'ils ont de visible dans la création. Ici, pour un marin réfléchi et pour celui qui étudie les relations physiques de la terre, de la mer et de l'air, l'atmosphère est plus qu'un océan sans bords, au sein duquel nous vivons ; c'est une enveloppe de la terre chargée de dispersion de la lumière et de la chaleur à sa surface. C'est le grand réceptacle où nous puisons notre respiration, ainsi qu'une grande quantité de matières animalisées ; c'est un laboratoire où tout se purifie et se recompose pour entretenir la vie ; c'est une machine (§ 112) qui pompe les rivières au sein des mers, et va porter sur les montagnes les eaux qui alimentent leurs sources ; c'est un magasin inépuisable, merveilleusement bien fourni de toute chose utile et bienfaisante.

§ 118. — Le bien-être de tous les animaux et de toutes les plantes, dépend de la régularité de sa marche ; aussi, sa disposition, ses mouvements et son emploi n'ont pas dû être laissés au hasard. Tout est lié par des lois, qui dans la mécanique universelle, règlent la marche des planètes dans leurs orbites.

§ 119. — Tout esprit juste doit conclure, en examinant l'économie de l'univers, que les lois qui régissent l'atmosphère et l'Océan, sont celles que le

Créateur a données comme lois d'ordre au monde entier. Par exemple, pourquoi le Gulf-Stream coule-t-il toujours le long du Mexique, sans jamais prendre un autre cours? Pourquoi doit-il toujours tirer ses eaux d'une partie du monde pour en inonder une autre; ou pourquoi, « les vagues de la mer « et les vents clapottent-ils joyeusement, en obéis- « sant à la voix qui les gourmande? »

§ 120. — Pour celui qui contemple la marche des agents de la nature sur notre planète, rien ne peut paraître créé au hasard. Le vent, la pluie, les brumes, les nuages, les marées, les courants, la salure des mers, leur profondeur, la température et la couleur de la mer, le bleu du firmament, la température de l'air, les teintes et les formes des nuages, la hauteur des arbres des rivages, l'épaisseur de leur feuillage, l'éclat de leurs fleurs, enfin tout ce que les yeux peuvent apercevoir, tout est l'expression des combinaisons que la nature a employées dans ses œuvres, ou pour mieux dire, le langage qu'elle a pris, pour révéler à notre intelligence les lois de son organisation. Le livre que nous avons entrepris, n'a pour but que de faire comprendre ce langage et d'expliquer ces lois. Les instructions d'une saine philosophie nous guideront quand les faits nous manqueront; car dans un manuel de la nature, chaque fait est une syllabe, et ce n'est qu'en rassemblant patiemment les faits avec les faits, les syllabes avec les syllabes, que nous pourrons enfin comprendre cet immense spectacle, que le marin sur les eaux aussi bien que le physicien sur la cime d'une montagne voit se développer sous ses yeux.

§ 121. — *De la circulation*. Nous avons vu (§ 31) qu'il existe dans l'Océan des courants constants; nous allons observer les mêmes phénomènes dans l'atmosphère.

§ 122. — Depuis 30° de latitude nord ou sud, jusqu'à l'équateur, nous avons deux zones de vents constants; d'un côté, les vents alizés du nord-est, de l'autre, ceux du sud-est; ils soufflent sans interruption, aussi constants dans leurs directions, que le courant du Mississipi (*fig.* 1), excepté lorsqu'ils rencontrent des terres; ils se changent en moussons, ou bien en brises de terre et de mer. Comme ces deux courants soufflent constamment des pôles vers l'équateur, il est certain que l'air doit retourner, par une autre voie vers les pôles d'où il est venu pour donner naissance aux vents alizés. S'il n'en était ainsi, ces vents auraient bientôt épuisé l'atmosphère des régions polaires, en l'accumulant sur l'équateur ; et les vents cesseraient de souffler.

§ 123. — Ces contre-courants doivent se faire dans la partie supérieure de l'atmosphère, tant qu'ils sont au-dessus des parallèles des vents alizés qui soufflent à la surface. Ils doivent avoir une direction opposée à celle des vents qu'ils devront produire.

Ces courants et ces contre-courants doivent se mouvoir sur une sorte de spirale ou courbe loxodromique, tournée vers l'ouest lorsqu'ils soufflent des pôles vers l'équateur, et vers l'est dans le cas contraire. Cette inclinaison est due au mouvement de rotation de la terre autour de son axe.

§ 124. — La terre, nous le savons, tourne de l'ouest à l'est. Nous pouvons imaginer une molécule d'air au pôle nord, lancée en ligne droite vers l'équateur. Cette molécule, partie d'un point de l'axe, où elle ne partage pas le mouvement de rotation, devra, en conséquence de sa force d'inertie, combiner son mouvement avec celui de la terre, c'est-à-dire, paraître venir du nord-est pour souffler vers le sud-ouest ; en d'autres termes, ce sera un vent du nord-est.

§ 125. — Supposons avoir sous les yeux un globe terrestre : amenons l'île de Madère sous le cercle méridien de cuivre, et plaçons un doigt sur cette île, qui descendra le long du méridien pendant qu'on fera tourner le globe de l'ouest à l'est, la trace du doigt sera dirigée entre le sud et l'ouest ; en d'autres termes, nous aurons tracé sur la surface du globe le chemin de la molécule d'air.

§ 126. — D'un autre côté, nous pouvons comprendre que la molécule d'air, qui s'éloigne de l'équateur pour remplacer l'autre vers les pôles devra, dans sa direction vers le nord, tourner plus vite que la terre vers l'est, à cause de sa force d'inertie. Elle paraîtra donc souffler du sud-ouest et aller vers le nord–est, c'est-à-dire, dans un sens opposé. Mettant le sud pour le nord, nous aurons exactement ce qui se passe à l'autre pôle.

§ 127. — Si nous prenons le mouvement de ces deux molécules comme le type du mouvement de toutes les autres, nous aurons un aperçu de ces deux grands courants de l'atmosphère. L'équateur est placé près d'un des *nœuds ;* il existe donc deux systèmes de courants supérieurs et inférieurs des pôles vers l'équateur.

§ 128. — Halley, dans sa théorie des vents alizés, a attribué à ces deux mouvements toute la circulation de l'atmosphère. Mais en s'arrêtant là, il s'en suivrait que les vents alizés du nord-est devraient souffler depuis les pôles jusqu'à l'équateur, de sorte que nous devrions avoir à la surface, d'un côté de l'équateur, les vents du nord-est et de l'autre, ceux du sud-est.

§ 129. — Reprenons notre molécule boréale (fig. I), et suivons-la dans son cours jusqu'à l'équateur, puis de là jusqu'au pôle sud et dans son retour. Cette molécule part des régions polaires, et, sans motif bien connu, traverse l'atmosphère supérieure, se dirigeant vers l'équateur jusque vers 30° de latitude. Là, elle rencontre dans les nuages l'autre molécule qui vient du sud, et qui va prendre sa place dans le nord.

§ 130. — Lorsque ces deux molécules se rencontrent avec toute leur vitesse acquise, elles produisent un calme et une accumulation d'atmosphère, qui suffit pour équilibrer la pression des deux vents nord et sud.

§ 131. — Les marins appellent *Horse-latitude*, cette zone de calmes que j'ai appelée les calmes du Cancer. En cet endroit, se rencontrent deux courants de vents venant à la surface, l'un se dirigeant vers l'équateur, sous la forme des vents alizés de nord-est, l'autre vers le pôle comme vent variable de sud-ouest.

§ 132. — Les vents, qui se forment à la surface et qui viennent de cette région de calmes, font un vide qui doit être rempli par des courants de haut en bas, formés par l'air en excès dans ces régions. Lorsque deux courants d'eau directement opposés, et de même force, arrivent dans un vase, le mouvement du liquide se fait du haut en bas. Il en est ainsi du mouvement de l'air dans ces zones de calmes.

§ 133. — Dans cette zone, le baromètre reste plus haut que partout ailleurs, ce qui est une autre preuve de la quantité d'air existante, et de son mouvement du haut en bas. Nous nous rendons bien compte de la transformation de ces courants en vents alizés soufflant vers les calmes de l'équateur ; mais lorsque cet air commence à s'élever en courant supérieur vers les pôles, nous ne voyons pas pourquoi il ne descend pas graduellement dans son parcours de l'équateur au pôle pour y retourner (§ 144). Toutes nos recherches n'ont pu nous amener à une explication plausible des calmes des tropiques, ni pourquoi le courant supérieur descend sous un parallèle plutôt que sous un autre; cependant le fait est certain.

§ 134. — Suivons encore notre molécule d'air,

partie du nord et traversant les calmes du Cancer ;
nous la retrouvons, se mouvant à la surface de la
terre, dans la direction des vents alizés du nord-est ;
elle continue dans cette direction jusqu'à son arrivée à l'équateur, où elle rencontre l'autre molécule
qui est partie en même temps qu'elle du pôle sud,
et qui a donné naissance aux vents alizés du sud-est.

§ 135. — Les vents de nord-est et de sud-est ne
pouvant souffler en même temps, il s'ensuit une
autre zone de calme sous l'équateur. Ces deux molécules, qui ont été mises en mouvement par la
même force, se choquant avec une égale rapidité,
doivent perdre leur vitesse acquise ; de là, calme
forcé.

§ 136. — Échauffées par les rayons du soleil,
et pressées latéralement par les vents du sud-est et
du nord-est, nos deux molécules cessent de tourner
et montent. Ici le mouvement se fait dans le sens
contraire à celui que nous avons vu sous le parallèle
de 30° (§ 130).

§ 137. — Cette molécule, qui remonte dans les
parties supérieures de l'atmosphère, traverse la
zone des vents alizés du sud-est jusqu'à ce qu'elle
rencontre, près des calmes du Capricorne, la molécule venant du pôle sud. Elle redescend alors

(§ 131) et souffle alors vers le pôle sud, comme vent de surface venant du nord-ouest.

§ 138. — La molécule qui arrive obliquement dans les régions polaires, rencontre les autres qui descendent le long des méridiens ; de là, calme ou nœud : car, plus elle approche du pôle, plus elle prend un chemin oblique et elle est entraînée dans ce vent tournant autour du pôle. Finalement entraînée par ce tourbillon, elle s'élève vers les régions supérieures et retourne vers le nord jusqu'à la zone du Capricorne. Là, elle rencontre l'autre molécule venant du nord (§ 126) ; elle s'arrête, descend et forme un courant de surface, vent alizé du sud-est, jusqu'à l'équateur ; remonte, traverse le courant supérieur jusqu'au Cancer en sens contraire des vents alizés du nord-est ; là, elle redescend et court vers les pôles, vent du sud-ouest.

§ 139. — La fig. I est la représentation de la course de la molécule d'air que nous avons pris comme type. Aussi, en la supposant partie du point P, elle suit la route supérieure indiquée par la flèche A, rencontre sous les calmes du Cancer un second courant supérieur, descend en B, courant alizé du nord-est jusque sous l'équateur, où elle s'élève suivant la flèche C, pour redescendre sous le Capricorne et court en D vers le pôle sud, où, entraînée dans un tourbillon ascendant, elle reprend le chemin marqué par les lettres E, F, G, P.

§ 140. — La Bible fait souvent allusion aux lois de la nature, à leur manière d'opérer et à leurs effets; mais ces allusions sont si souvent cachées sous de gracieuses allégories, qu'il est presqu'impossible d'en découvrir le sens jusqu'à ce que les révélations de la science viennent y apporter leur lumière. Alors la vérité et la force de ses paraboles paraissent dans toute leur splendeur.

§ 141. — L'intelligence de beaucoup de passages de la Bible a suivi les découvertes des lois de la nature. Le Psalmiste dit : « La terre est ronde, » et pendant des siècles, ce fut une hérésie parmi les chrétiens de dire que la terre était ronde : jusqu'à ce qu'enfin des marins, faisant le tour du globe, nous aient prouvé la rectitude du mot biblique et sauvé les savants du bûcher.

§ 142. — « Peux-tu nous dire la douce influence « des Pléiades ? » Les astronomes de nos jours, s'ils n'ont pas répondu à la question, ont apporté tant de lumières dans ce domaine, que tout homme qui voudra essayer une réponse ne pourra la demander qu'à l'astronomie. Il vient d'être découvert que tout notre système solaire, avec son cortége de planètes, de satellites et de comètes, est entraîné autour d'un centre d'attraction, excessivement éloigné, et qui est dans la direction de l'étoile Alcyon, l'une des Pléiades ! Quel autre qu'un astronome eût pu « dire la douce influence des Pléiades ? »

§ 143. — La Bible donne, dans une simple sentence, tout ce système général de circulation de l'atmosphère que je me suis efforcé de décrire. « Les « vents vont vers le sud et retournent ensuite vers le « nord ; ils tournent continuellement dans un cir- « cuit sans fin. » Ecc. i, 6.

§ 144. — Les vents de surface H, F et D (pl. I) sont détachés du sol, si je peux m'exprimer ainsi, lorsqu'ils approchent des pôles. Car, les parallèles, diminuant de rayon, la masse d'air du courant doit donc s'étendre en hauteur et se mouvoir avec une plus grande rapidité relative. Par conséquent, il doit s'élever et s'éloigner du pôle après avoir passé par cette région de calme. Cette marche des vents est très probable.

§ 145. — Les observations ont donné que la bande des vents alizés du sud-est est plus large que celle du nord-est dans l'océan Atlantique ; les vents du sud-est sont plus frais, et souvent s'élèvent jusqu'à dix et quinze degrés de latitude nord, tandis que les vents alizés du nord-est passent rarement au sud de la ligne.

§ 146. — Les nuages particuliers aux vents alizés se forment entre le courant supérieur et le courant inférieur.

Ils sont probablement formés de la vapeur condensée du courant supérieur, au contact du courant inférieur revenant des pôles. Nous observons souvent ici-bas le même phénomène. Lorsqu'un courant froid et sec rencontre de l'air chaud et humide, il y a formation de vapeurs ou de brouillard.

§ 147. — Nous voyons la marche générale des vents dans « leurs circuits, » comme nous suivons le cours de l'eau dans une rivière. Les irrégularités de la rive produisent des remous dans le courant, sans changer néanmoins sa direction générale; il en est de même dans l'atmosphère pour les vents variables que nous trouvons sous ces latitudes.

§ 148. — Mon opinion n'est-elle donc pas fondée, lorsque je dis (§ 118) que ces vents dans leurs circuits, bien qu'ils ne m'aient jamais paru très-irréguliers, suivent les lois de Celui dont les étoiles du matin « chantent les louanges. »

§ 149. — Deux forces agissent pour diriger les vents dans leur course. Nous avons vu (§ 124) ce qui les rejette vers l'est lorsqu'ils s'approchent de l'é-quateur, et vers l'ouest dans le cas contraire; et nous avons fait (§ 136) seulement une allusion à l'origine de la force qui les entraine vers le nord ou vers le sud La chaleur solaire de la zone torride, dilatant l'air, fait le vide sous l'équateur; alors les courants supé-rieurs, nord et sud, viennent à la surface rétablir l'équilibre; — de là, l'origine des vents alizés. Mais dans les deux hémisphères les vents alizés sont bor-dés du côté des pôles par des vents régnants dans une direction opposée à celle qu'ils devraient pren-dre pour s'approcher de cette source de chaleur. Dans les zones tempérées de chaque hémisphère, les vents généraux soufflent de l'équateur vers les pôles; à première vue il peut paraître paradoxal de dire que c'est l'action de la chaleur qui fait dévier les vents d'est de la zone torride vers l'équateur, en même temps que les vents d'ouest de la zone tempérée vers les pôles. Prenons un exemple :

§ 150. — La première cause de la direction des vents extra-tropicaux vers l'équateur est avec rai-son généralement attribuée à la chaleur; examinons ce cas. Supposons pour un moment la terre arrêtée

dans son mouvement de rotation, et que les rayons
du soleil ne lui parviennent plus : l'atmosphère
prendra une température moyenne telle, qu'un
thermomètre à l'équateur marquera le même nombre
de degrés qu'au pôle; tout l'océan aérien sera en
équilibre et immobile. Imaginons maintenant qu'on
enlève subitement l'écran qui dérobe la terre à l'influence du soleil, et que toute l'atmosphère prenne
les températures variées qu'ont actuellement les différentes parties du monde. Quels seront les mouvements qui se produiront en supposant que cette température, uniforme primitivement, soit une moyenne
prise entre celle de l'équateur et celle des pôles ?
Quelle sera la cause du mouvement ? La dilatation
de l'atmosphère sous l'équateur par la force expan-
sive de la chaleur, et sa contraction au pôle par
l'effet du froid. Ces deux forces, considérées dans
leur résultat le plus immédiat, détruiront l'état
d'équilibre de l'atmosphère, en altérant son niveau ;
la chaleur par la dilatation l'élèvera à l'équateur,
tandis que le froid par la contraction l'abaissera au
pôle. Immédiatement deux systèmes de vents com-
menceront à souffler, l'un partant des régions sup-
périeures de l'équateur vers les pôles, pour reprendre son niveau ; l'autre plus lourd partant des

pôles, ira à la surface de l'équateur remplacer l'air enlevé par le courant supérieur.

§ 151. — Ces deux courants iront nord et sud, prenant leur origine dans les différences de température du pôle et de l'équateur. Maintenant que la terre reprenne son mouvement diurne, par la raison déjà expliquée (§ 124), les vents se dirigeant vers l'équateur inclineront vers l'est, tandis que les autres iront vers l'ouest.

§ 152. — Le parallèle de 60° de latitude est la moitié de l'équateur ; donc en supposant que la vitesse soit la même, seulement la moitié du volume de l'atmosphère qui s'échappe de l'équateur comme courant supérieur, pourra passer les parallèles de 60° nord ou sud ; l'autre moitié aura dû être graduellement entraînée et ramenée (§ 144) par le courant qui se dirige en sens contraire.

§ 153. — Ainsi la puissance solaire pouvant simplement causer une dénivellation, suffit pour créer un courant polaire et équatorial. Mais la chaleur changeant la densité de l'air ainsi que son niveau, augmente la mobilité de l'atmosphère, et rend par conséquent plus sensible l'action du soleil. Ainsi que le grand Océan aérien ait seulement son niveau changé par la chaleur solaire, ou que sa pesanteur

spécifique soit seulement changée, ces deux causes
sont suffisantes séparément pour créer deux courants, l'un supérieur et l'autre inférieur. La combinaison de ces deux forces est donc la cause générale de ces courants. C'est pourquoi nous avons dit
que *la première cause* du mouvement de l'air était
due au refroidissement polaire aussi bien qu'au
changement de densité, provenant de la dilatation
de l'air soumis sous les tropiques à l'action solaire.

§ 154.—Pour bien apprécier la valeur de l'influence solaire sur l'origine des vents, nous devons
rappeler que nous avons attribué à la chaleur tropicale les vents du nord-ouest de la zone tempérée
australe ; et les vents sud-ouest de la zone tempérée
boréale, aussi bien que les vents alizés qui soufflent
dans des directions contraires. Il paraît paradoxal
de dire que la même cause qui, entre les parallèles
de 25° ou 30° nord et sud, dirige les vent vers l'é-
quateur, peut à côté d'eux dans les autres régions,
les diriger vers les pôles : mais cela cesse de l'être,
en nous rappelant que l'élévation du courant équatorial chaud et l'arrivée du courant froid des pôles,
changent la densité de l'air en même temps que son
niveau. Néanmoins, ainsi que Halley le dit dans un
Mémoire lu devant la société royale, à Londres,

en 1686, ainsi que nous l'avons remarqué nous-même (§ 133) : « Il est excessivement difficile de « concevoir pourquoi le parallèle de 30° de latitude « est la limite des vents alizés sur tout le globe, li-« mite dont on les voit très rarement s'écarter. »

§ 135. — Les vents retournent au pôle nord, par exemple, par une série de spires, tournées vers le sud-ouest, obéissant aux lois de l'équilibre et au mouvement de la rotation diurne, Si nous traçons un cercle autour du pôle, sur un globe terrestre, et que nous le coupions par toutes les spirales qui représentent la direction de ce vent, nous verrons que toutes les entrées venant du sud-ouest, il doit se former autour du pôle un disque circulaire de calme, où l'air cessant d'avancer doit monter. Dans cette enceinte doit exister un tourbillon d'air ascendant de droite à gauche, c'est-à-dire en sens contraire des aiguilles d'une montre. Au pôle sud les vents viennent du nord-ouest (§ 137) par conséquent ils tournent comme les aiguilles de la montre.

Ceci paraîtra très-clair en regardant les directions des flèches, qui dans la *fig.* 1 partent des calmes du Cancer et du Capricorne ; elles indiquent la direction des vents soufflant à la surface de la terre vers les régions polaires.

§ 156. — Les faits observés par Redfield, Reid, Piddington et d'autres ont une singulière coïncidence avec ceux que nous venons d'énoncer. Dans l'hémisphère nord, la plupart des tempêtes tournantes ont la même direction que le tourbillon du pôle nord, c'est-à-dire de droite à gauche, tandis que dans l'hémisphère sud, elles tournent en sens contraire, exactement comme au pôle sud.

§ 157. — Peut-il y avoir quelque connexion entre ce mouvement gyratoire des vents près des pôles, et celui d'un vent causé par une circonstance toute locale ?

§ 158. — Il est probable que cette coïncidence est due à d'autres causes et à d'autres circonstances, que je m'efforcerai d'éclaircir plus loin, lorsque je chercherai (§ 299) quelles sont les relations entre le magnétisme et la circulation de l'air. Quant à présent, la théorie de la chaleur satisfait aux conditions du problème, et bien qu'elle soit la principale force qui mette l'air en mouvement, nous pouvons voir dès à présent qu'elle n'est pas la seule.

§ 159. — *Quelques faits météréologiques.* Jusqu'à présent nous avons vu seulement comment se meut l'atmosphère, mais comme toute la nature, elle a des devoirs à remplir, et ils sont nombreux. J'ai déjà fait allusion à plusieurs d'entre eux ; mais maintenant, je me propose de considérer seulement la tâche qui lui a été imposée dans la création, par son action sur la mer.

§ 160. — Distribuer l'humidité sur la surface de la terre, tempérer les climats des différentes latitudes, tel est le rôle que le Créateur semble avoir assigné à l'atmosphère et à l'Océan.

§ 161. — Lorsque les vents alizés du nord-est et du sud-est se rencontrent dans les calmes de l'équateur (§ 135), l'air, en traversant cette zone, est chargé de vapeurs chaudes qui s'y sont accumulées dans leur course oblique à travers une large zone de l'Océan dans les deux hémisphères. Comme ils n'ont pas d'issue, ils prennent une direction verticale (§ 136), l'air s'élève, se dilate, et par conséquent devient plus froid ; une portion de la vapeur se condense et se résout en pluie : c'est là la cause de la fréquence des orages, que l'on observe dans ces régions de calmes. De vieux marins nous ont assuré qu'après des séries de calmes, on avait des pluies si abondantes et si continues qu'on pouvait puiser de l'eau douce à la surface de la mer.

§ 162.—Les conditions dans lesquelles se trouve l'air sous l'équateur ne nous permettent pas de supposer que toute l'humidité dont il s'est chargé dans son long passage sur les eaux, se soit résolue ici. Examinons ce que devient le reste, car la nature dans son économie, ne laisse enlever rien à la terre qui ne doive lui être rendu sous une autre forme et dans un autre moment.

§ 163. — Considérons les grandes rivières, les Amazones, et le Mississipi par exemple. Nous les voyons tous les ans verser un immense volume d'eau dans l'Océan.

« Tous les fleuves coulent dans la mer, et cependant la mer n'est pas remplie (Eccl. i, 7). Où vont ces eaux qui tombent, et d'où viennent-elles ? De leurs sources, sans doute, mais qui les alimente, pour qu'elles ne tarissent jamais? »

§ 164.—Nous voyons simplement, dans la masse d'eau déversée par ces fleuves dans la mer, l'excès de la précipitation sur l'évaporation dans toute la vallée qu'ils sont chargés de drainer. Par là j'entends toute l'eau qui tombe : rosée, pluie, grêle ou neige.

§ 165. — L'alimentation de ces fleuves est due à l'eau du ciel qui s'est formée des vapeurs prises sur la mer, — ce qui fait qu'elle n'est pas remplie, — et qui ont été apportées sur les montagnes par les vents.

« Note la place d'où viennent les rivières, et tu verras où elles retournent. »

§ 166. — Prenez les Amazones, le Mississipi, le Saint-Laurent, tous les grands fleuves de l'Amérique, de l'Europe et de l'Asie, ils puisent leur existence dans l'air, et ces invisibles courants qui apportent les eaux à leurs sources ont des cours si réguliers, si certains, si bien déterminés, que la quantité d'eau qu'ils jettent à la mer est à peu près la même tous les ans. La constance du débit des fleuves en est une preuve.

§ 167. — Nous pouvons déjà voir quelle puissante machine est l'atmosphère : bien que sa marche puisse d'abord paraître bizarre et capricieuse, elle est au contraire, d'après ces preuves que nous ne pouvons nier, un agent régulier et invariable de la nature qui obéit aux lois de son Constructeur comme une machine à vapeur obéit au mécanicien.

§ 168. — Oui, c'est une machine. Les mers du sud, dans toute leur étendue entre les tropiques, en sont la chaudière, et l'hémisphère nord le condenseur. La puissance dynamique, développée par l'air et le soleil, pour aspirer l'eau de la surface de la mer, la transporter dans un autre lieu et la faire retomber est immense. Les économistes qui ont voulu calculer la force développée dans la chute du Niagara sont étonnés du nombre de chiffres nécessaires pour exprimer cette force en chevaux vapeurs.

Mais quelle comparaison pourrait-on établir entre la force du Niagara tombant de quelques pieds, avec la puissance nécessaire pour élever à la hauteur des nuages et laisser retomber l'eau nécessaire à l'alimentation de tous les fleuves du monde? Le calcul a été fait par des ingénieurs, et admettant que la force nécessaire pour effectuer la vaporisation sur un acre est de 30 chevaux, on aurait pour toute la surface de la terre une force 800 fois plus grande que toute la puissance hydraulique de l'Europe.

§ 169. — *Où se forment les vapeurs qui donnent naissance aux pluies d'alimentation des fleuves de l'hémisphère nord.*

La proportion entre les terres et les eaux de l'hémisphère nord diffère beaucoup de celle de l'hémisphère sud. Elles se partagent à peu près également l'hémisphère nord. Cependant tous les grands fleuves coulent dans le nord, où l'Océan peut le moins leur fournir une alimentation. Les pluies des calmes des régions équatoriales et des vents alizés de l'Atlantique entretiennent la rivière des Amazones. Elle coule vers l'est, et ses affluents viennent du nord et du sud; de sorte que toujours l'un d'eux se trouve dans la saison des pluies : c'est ce qui explique sa régularité d'étiage. Pendant une moitié de l'année, le nord lui fournit un tribut; pendant l'autre, c'est le sud. Son embouchure est sous la ligne, et elle est tributaire des deux hémisphères. Ce sont donc les vapeurs de l'Atlantique qui l'alimentent. Il n'y a que le Rio-de-la-Plata qui soit un grand cours d'eau dans l'hémisphère sud; la nouvelle Hollande n'a pas de grands fleuves. Les îles de la mer du sud n'ont pas même de rivières, et toutes celles que nous connaissons de l'Afrique méridionale sont peu considérables.

§ 170. — D'une part, le nord de l'Amérique et de l'Afrique, l'Europe et l'Asie sont traversées par les grands fleuves; d'autre part, l'évaporation est presque entièrement concentrée dans l'hémisphère sud. Quelles sont les causes qui placent l'évaporation dans un hémisphère et la condensation dans l'autre? La météorologie nous apprend que la quantité d'eau qui tombe à la surface de l'hémisphère nord est plus grande que celle qui tombe dans l'hémisphère sud. La quantité annuelle d'eau de la zone tempérée boréale est deux fois plus grande que celle de la zone australe.

§ 171. — D'où vient que les vapeurs de l'hémisphère sud arrivent dans le nord avec une telle régularité que nos fleuves ne tarissent jamais? C'est à cause de la marche certaine de cette grande machine : de l'atmosphère ; elle est si parfaitement compensée que, lorsque l'action solaire se ralentit en automne, et diminue encore plus en hiver dans notre hémisphère, c'est alors qu'elle aspire avec la plus grande activité les eaux de l'hémisphère sud, pour alimenter nos rivières (§169). A cette époque, la température moyenne du sud est de 10° plus élevée que celle du nord.

§ 172. — La chaleur devenue latente dans les vapeurs est transportée dans les régions supérieures de l'atmosphère jusque dans nos climats, où les nuages se condensent et tombent. La chaleur latente, abandonnée par la vapeur d'eau, devient sensible et contribue à adoucir nos hivers. Lorsqu'en hiver nous voyons des nuages et qu'il commence à faire chaud, nous disons que le temps va changer; cela provient de ce que la condensation a déjà commencé, bien qu'il ne pleuve ni ne neige encore. Nous commençons à ressentir la chaleur méridionale que les rayons solaires ont accumulée dans les nuages apportés par les vents; elle passe de l'état latent à l'état sensible.

§ 173.—La figure qui représente la direction des vents nous fait voir que les vents alizés sud-est entrent dans l'hémisphère nord comme courant supérieur, avec toutes les vapeurs qu'ils n'ont pas abandonnées dans les régions des calmes de l'équateur.

§ 174. — Puisque les mers du sud sont le réservoir de vapeur (§ 168), et le nord le condenseur, il s'ensuit que c'est de ce dernier côté que doit tomber la plus grande quantité de pluie. Nos rivières le disent, nous le voyons sur la terre, car plus de la moitié de l'eau douce du monde est de ce côté de la ligne. Ces faits seuls corroborent d'une manière incontestable notre hypothèse.

§ 175. — L'udomètre confirme ce fait. Suivant Johnston, il tombe 37 pouces (0 m. 94 c.) d'eau dans la zone tempérée nord, et seulement 26 p. (0 m. 66 c.) dans la zone sud. Les observations des marins concordent avec celles-ci. On a examiné avec grand soin des livres de Loch, contenant 260,000 jours de traversées sur l'Océan atlantique, au nord et au sud, et on a comparé dans la planche XIII le nombre de jours de calme, de pluie et

de vent pour chaque hémisphère. On voit que la
moyenne de l'hémisphère nord l'emporte sur celle
de l'hémisphère sud. Le résultat de ces observations
est très instructif, car il montre que l'état de l'atmosphère est plus variable dans le nord où les terres prédominent, que dans le sud, où la quantité de
mers est plus considérable. Les pluies, les brumes,
les tonnerres, les calmes et les tempêtes, arrivent
plus fréquemment et d'une manière plus irrégu-
lière, quant aux époques et quant aux positions,
que de l'autre côté de l'équateur.

§ 176. — La vaporisation est causée par une élévation de température : aussi, tout cet air, qui nous
vient de l'autre hémisphère chargé d'humidité, traverse avec les vents alizés du sud-est les régions supérieures de l'atmosphère (§ 130) jusqu'à ce qu'il
rencontre les calmes du Cancer, où il devient vent
de surface, soufflant sud-ouest et ouest. Lorsqu'il
s'avance vers le nord, il devient plus froid et la condensation commence.

§ 177. Nous pouvons considérer l'abaissement de
température comme une compression des nuages
qui en extrait l'eau; et enfin sous les froides latitudes toute l'humidité qui est descendue plus bas
que zéro s'en détache et tombe. L'atmosphère re-

commence son circuit à l'état d'air sec. Nous pouvons dire encore, comme l'Ecriture « le vent du nord emporte la pluie. » Ce fait météorologique est d'une grande importance, appuyé de cette autorité, dans l'étude de la circulation de l'atmosphère.

§ 178. — En raisonnant de la même manière sur les mêmes faits, nous sommes amenés à conclure que les vents alizés alimentent nos rivières, — les vents alizés sud, les rivières nord extra-tropicales, — et les vents alizés nord, les rivières extra-tropicales sud; car ces vents sont des vents favorisant l'évaporation.

§ 179. — Suivant la faible lumière que nous apporte ce fait, si nos raisonnements sont justes, la portion de la mer la plus salée doit se trouver dans la zone des vents alizés où l'évaporation se fait. C'est ce qui a été vérifié : c'est là aussi que les pluies tombent le moins souvent (pl. XIII).

§ 180. — Le docteur Ruschenberger, de la marine de l'État, dans son dernier voyage aux Indes, eut l'obligeance de faire une série d'observations de la densité de la mer. Il a trouvé que sous les parallèles de 17° nord ou sud, c'est-à-dire au milieu de la zone des vents alizés, la pesanteur spécifique de la mer était la plus forte. Quoique plus chaude, l'eau était plus lourde que celle du cap de Bonne-Espérance où elle est froide. Le lieutenant D. D. Porter a trouvé à bord du *Golden-Age* que la densité la plus forte était par 20° nord et 17° sud.

§ 181. — Pour compléter les raisons qui nous ont amené à présenter ce système général de la circulation atmosphérique, il nous reste à faire voir pourquoi, dans l'hémisphère sud, il y a moins de pluie et des cours d'eau moins importants. Les vents qui doivent former les vents alizés nord-est viennent des régions polaires, où ils ont déposé leur humidité (§ 176), et restent secs jusqu'à ce que, rencontrant la zone de calme du Cancer, ils soufflent vents alizés du nord-est. Mais les deux tiers seulement de cette zone se trouvent sur la mer. Le reste passe sur l'Asie, l'Afrique et l'Amérique du nord, qui, comparativement, présentent peu de prise à l'évaporation.

§ 182. — Les vents alizés nord-est sont en général compris entre 29° latitude nord et 7° sud. En examinant un globe terrestre, on voit que cette zone comprend la Chine, une partie de l'Asie, le haut de l'Afrique, et l'Amérique entre les deux océans, de sorte que la terre occupe à peu près un tiers de son étendue. Cette portion de zone de 120° de longitude de large et haute de 20° en latitude a une surface d'environ douze millions et demi de milles carrés, ce qui réduit la surface de la zone nord formant des vapeurs à 25 millions de milles carrés, contre les 75 millions de milles carrés de l'hémisphère sud.

§ 183. — Les vents alizés du nord-est, d'après la circulation atmosphérique indiquée dans la fig. I, vont donc, après avoir traversé les calmes de l'équateur, former les pluies et alimenter les sources de l'hémisphère sud.

§ 184. — On observe, en effet, que cet hémisphère n'a que les deux tiers des pluies qui tombent dans l'hémisphère nord : ce qui devait être, d'après les remarques précédentes sur le parcours des vents pluvieux.

§ 185. — Les vents du sud-est, qui traversent une partie de la mer trois fois plus considérable, apportent donc dans l'hémisphère Boréal un contingent de pluies plus fort, et causent par conséquent des cours d'eau plus importants que dans l'hémisphère Austral. Un coup d'œil sur la planche VIII démontrera la différence de largeur de la zone des vents de sud-est et de ceux de nord-est.

§ 186. — L'estimation de la quantité de pluie tombée dans les deux hémisphères, n'est susceptible que d'une approximation grossière. Car si d'une part, on a la grande étendue des vents du sud-est, de l'autre, on a des montagnes très-élevées, et chacune de ces deux circonstances doit agir indépendamment de toute autre cause. Aussi tous les calculs ne pourront donner encore que des limites.

§ 187. — *Saisons des pluies, leurs causes*. La zone des calmes et des vents alizés n'est pas fixe : elle varie par an d'un millier de milles. Aux mois de juillet et d'août on rencontre la zone des calmes de l'équateur par 7° et 12° de latitude nord, et même quelquefois plus haut. En mars et avril elle ne monte que par 3° sud ou 2° nord.

§ 188. — On comprend facilement, d'après ces faits et les observations précédentes, pourquoi l'Orégon a une saison de pluie ; la Californie et Panama, une de pluie et de sécheresse ; Bogota, deux saisons ; le Pérou, aucune ; et le Chili, une seule.

§ 189. — Dans l'Orégon il pleut tous les mois, mais cinq fois plus dans l'hiver que dans l'été. L'hiver ici est l'été de l'hémisphère austral : quand la *machine* (§ 168) y marche à la plus haute pression, les vapeurs enlevées par les vents alizés du sud-est passent par-dessus la région des vents alizés du nord-est, descendent sous les 33° et 40° degrés de latitude nord : les vents sont alors à la surface et dans la direction sud-ouest. Dérivant le long des hautes terres de ce continent, ces vapeurs se condensent en pluies et tombent. Aussi durant cette partie de l'année la pluie est tellement abondante qu'en trois mois il tombe plus de 30 pouces d'eau.

§ 190. — La région des calmes du Cancer s'approche l'hiver de l'équateur ; tout le système des vents alizés, des calmes et des vents d'ouest suit le soleil, de sorte que celui de notre hémisphère, pendant l'hiver et le printemps, est plus rapproché de l'équateur que dans les autres saisons.

§ 191. — Dans cette saison les vents de sud-ouest commencent à prévaloir jusqu'à la hauteur de la basse Californie. En hiver et au printemps, les terres, étant plus froides que l'air de la mer, peuvent condenser les vapeurs de l'air et déterminer leur précipitation, tandis qu'au contraire en été et en automne, les terres étant chauffées, elles ne peuvent rien sur la vapeur contenue dans l'air. Ainsi la même cause qui a fait pleuvoir dans l'Orégon fait à son tour le même effet dans la Californie. Lorsque le soleil s'élève vers le nord, il entraîne avec lui les calmes du Cancer et les vents alizés du nord-est, vents qui viennent souffler dans la même région.

où six mois auparavent régnaient les vents du sud-
ouest. C'est là ce qui arrive sous la latitude de la
Californie. Les vents régnants qui viennent d'une
région chaude vers une région froide prennent une
direction opposée. Par conséquent, la condensation
des vapeurs qu'ils portent dans leur sein ne peut
s'effectuer.

§ 192. — Le voyageur qui traverse les montagnes
Rocheuses ou monte la Sierra Madre, y trouve une
preuve certaine que dans la latitude de la Californie,
ce sont les vents de la partie de l'ouest qui sont les
vents régnants. En passant au sud du grand lac
Salé, on voit toutes les collines usées et les rocs
polis par le passage incessant des vents d'ouest.
Tous les voyageurs sont restés étonnés de la force
de ces vents et des traces qu'ils ont laissées de leurs
actions géologiques.

§ 193. — Panama est dans la région des calmes
équatoriaux : cette zone oscille d'environ 17° en latitude, l'été s'approchant du nord où elle reste quelques mois, et retourne vers les latitudes sud en mars
et avril. Pendant ces temps de calme il pleut toujours, et la carte (1) montre que pour Panama, ce

____

(1) Voyez *Trade Wind Chart*. (Maury's Wind and current).

temps correspond de juin à novembre, d'où il s'en suit que la saison des pluies de Panama dure de juin à novembre. Le reste de l'année, soufflent les vents du nord-est qui traversent les montagnes de l'isthme où leurs vapeurs se condensent au contact de leurs froids sommets : La belle saison règne alors à Panama jusqu'à ce que le soleil redescende du nord avec son cortége de calmes. Le déplacement de la zone de calmes est le double de sa largeur, et son mouvement du sud au nord se fait presqu'entièrement dans les mois de mai et de juin. Prenons par exemple un point placé sous le 4° de latitude nord. Pendant deux mois la zone des calmes traverse ce parallèle, il se trouve dans les vents du sud-est, et pendant ces deux mois, on est inondé. Quand on n'est plus dans la zone des calmes, la pluie cesse et ne recommence que quand cette zone revient vers le sud. En examinant la *carte des vents alizés*, on peut voir qu'il y a deux saisons de pluies par cette latitude, et que Bogota se trouve dans cette position.

§ 194. — *Régions sans pluie.* Les côtes du Pérou sont constamment dans les régions des vents alizés sud-est, leur position sur les confins du grand *bouilleur* de la mer du Sud les prive de pluie. La raison en est évidente.

§ 195. — Les vents alizés du sud traversent obliquement l'océan Atlantique, depuis les côtes de l'Afrique jusqu'à celles du Brésil, où ils arrivent chargés de vapeurs qu'ils déposent en partie sur le continent en alimentant les sources du Rio-de-la-Plata et les affluents sud des Amazones, jusqu'à ce que rencontrant les sommets neigeux des Andes, ils s'y dépouillent de toute leur humidité.

Après avoir passé cette chaîne de montagnes, ils arrivent sur les versants du Pacifique, comme vents secs et froids ; ils ne rencontrent aucune surface qui puisse leur céder des vapeurs, ni une température plus froide que celle qu'ils ont traversée au sommet des montagnes, ils retournent à l'Océan se charger d'humidité, n'en ayant perdu aucune au-dessus du Pérou. Ils ont couvert les sommets des Cordillières de neiges, qui en fondant au soleil, forment les torrents des montagnes qui arrosent les vallées du versant ouest : ainsi donc, les Andes sont les réservoirs d'où sortent toutes les rivières du Chili et du Pérou.

§ 196. — Les autres pays sans pluie sont : les côtes occidentales du Mexique, les déserts de l'Afrique, de l'Asie, du nord de l'Amérique et de l'Australie. Etudions les configurations géographiques des contrées avoisinant ces régions ; voyons quelle direction ont les chaînes de montagnes, et examinons sur la planche VIII, comment soufflent les vents, et à quelle portion de la terre ils empruntent leurs vapeurs (§ 112). Cette carte ne donne que les vents régnants sur la mer, mais on en peut conclure ceux de la terre ; car on remarque que les vents habituels du pays correspondent généralement à ceux qui se trouvent par la même latitude à la mer. Les vents ne pourront déposer l'humidité sur les déserts, qu'autant que leur *point de rosée* sera inférieur à la température de ces derniers ; car *l'air ne peut jamais déposer d'humidité lorsque sa température est plus élevée que le point de rosée.*

§ 197. — Nous avons un pays de sécheresse le long de la mer Rouge, parce qu'elle est traversée dans sa plus grande partie par les vents alizés du nord-est, qui viennent de souffler sur un pays privé d'eau et ne pouvant par conséquent subir d'évaporation.

§ 198. — La plus grande partie de la Nouvelle-Hollande est dans la région des vents alizés du sud-est, ainsi que la partie de l'Amérique méridionale entre les tropiques ; mais cette dernière est le pays des grandes pluies ; les plus grandes rivières, les plus larges cours d'eau, se trouvent ici, tandis que le contraire a lieu pour l'Australie. D'où vient cette différence ? L'examen de la direction des vents et de la ligne des côtes de ces deux régions suggère immédiatement l'explication. En Australie, la côte orientale court comme les vents alizés, tandis que dans l'Amérique du Sud, elle est perpendiculaire à leur direction. En Australie, ils frangent seulement de vapeurs les rivages, et dispensent si parcimonieusement l'eau à ce pays altéré que les arbres ne présentent instinctivement que le profil de leur feuillage aux rayons solaires qui leur enlèveraient toute leur humidité. Dans l'Amérique du Sud, entre les tropiques, les vents alizés arrivant perpendiculairement aux côtes, pénètrent au cœur du pays, chargés d'humidité ; aussi les feuillages larges, comme celui du bananier, présentent-ils leur surface aux rayons solaires.

§ 199. — *Pourquoi les versants des montagnes sont-ils inégalement pluvieux ?*

D'après ce que nous venons de dire, on voit facilement pourquoi les Andes et toutes les chaînes de montagnes qui coupent la direction des vents régnants ont toujours un côté pluvieux et l'autre sec, et comment les vents de ces latitudes déterminent cette différence.

Prenant pour exemple les côtes méridionales du Chili pendant *notre* été, quand le soleil s'élève vers le nord, entraînant avec lui ses zones de vents constants et de calmes, ces côtes sont soumises à l'action des vents du nord-ouest, direction contraire aux vents alizés; ils sont refroidis par leur passage sur les montagnes du Chili, et y occasionnent des pluies abondantes. Pendant le reste de l'année, la plus grande partie du Chili se trouve dans les vents alizés du sud-est, et les mêmes causes agissent en Californie et au Chili pour empêcher la pluie; seulement les deux époques sont alternées; de là nous pouvons voir que, dans des montagnes comme les Andes, le côté du vent est le versant pluvieux, tandis que le côté sous le vent est le versant le plus sec.

§ 200. — Le même phénomène, provenant des mêmes causes, se voit dans les Indes orientales, seulement les vents régnants, changeant de direction, les deux versants de la montagne alternent de climat. La planche VIII nous montre que les Indes sont dans la région des moussons; ce sont même les plus connus; d'octobre à avril, les vents alizés du nord-est règnent, et ils enlèvent, dans le golfe du

Bengale, la pluie dont ils inondent les côtes occidentales de ce golfe et le versant des Ghattes. Cette chaîne est dans la même direction, par rapport à nos vents, que les Andes du Pérou (§ 194), par rapport aux vents alizés de sud-est. Ils abandonnent leur humidité au contact du froid de cette montagne, ce qui fait que, de l'autre côté des Ghattes et vers la mer d'Oman, ils restent privés de pluie comme le Pérou, par rapport aux Andes et au Pacifique; car les Indes et le Pérou sont soumis aux mêmes lois; seulement dans ces premières l'influence des moussons est prédominante.

§ 201. — Quand les vents alizés du nord-est finissent de souffler, ce qui a lieu pour les Indes au mois d'avril (§ 200), les plaines arides de l'Asie centrale, de la Tartarie, du Thibet et de la Mongolie ont une température très-élevée : l'air, raréfié par les vents de nord-est monte; cette raréfaction et cette ascension font un appel d'air qui est fourni par les vents alizés sud-est dans la zone d'orages équatoriaux de l'océan indien. Il vient remplacer comme mousson du sud-ouest l'air raréfié de la partie nord. La force de la rotation diurne concourt à lui donner une direction ouest (§ 44). C'est là ce qui convertit, pendant l'été et au commencement de l'automne, les vents alizés d'une partie de l'Océan indien en moussons du sud-ouest; ils arrivent chargés de vapeurs de l'océan Indien et de la mer d'Oman, et, rencontrant perpendiculairement la chaîne des Ghattes, ils déversent sur l'étroite langue de terre comprise entre la mer et les montagnes une quantité d'eau vraiment surprenante. Il y a de plus ici des conditions particulières pour que la précipitation se fasse en abondance, tantôt à l'est, tantôt à l'ouest. En consultant les pluviomètres des météorologistes des Indes, on trouve que, sur le versant occidental des Ghattes, il tombe de 12 à 15 pouces d'eau par jour (1). Si les Andes longeaient le côté est de l'Amérique, au lieu du côté ouest, la quantité d'eau qui tomberait de ce côté serait immense, puisque les Amazones et les fleuves de l'Amérique occidentale s'alimenteraient des eaux qui seraient tombées entre les crêtes des montagnes et la côte.

§ 202. — Aux Indes, les vents continuent leur course vers l'Hymalaya comme vents secs. A leur passage sur ces montagnes ils sont soumis à une température plus basse que celle qu'ils ont rencontrée sur les Ghattes. De là un nouveau dépôt de

(1) Keith Johnston.

neige et d'eau qui les dessèche, de sorte qu'en passant sur la troisième partie du continent, ils contiennent à peine un nuage. De là ils remontent dans les régions supérieures et deviennent un des contre-courants du système général de la circulation atmosphérique. L'évidence de ces faits ressort en étudiant, sur la planche VIII, les pays de sécheresse, les bassins intérieurs et la direction des vents régnants.

§ 203. — *Pays des plus grandes pluies.* — Nous allons pouvoir, en admettant la rectitude de nos raisonnements, déterminer les pays du globe qui sont sujets aux pluies les plus abondantes. Ils doivent se trouver aux pieds des montagnes que les vents alizés rencontrent après avoir traversé une large partie de l'Océan. Les sommets les plus abruptes, le rapprochement des rivages (§ 199) sont les conditions nécessaires pour déterminer la plus forte précipitation.

Sous le parallèle de 30° latitude nord, où les vents alizés du nord-est commencent à sillonner l'océan Pacifique, nous devons trouver des pays très pluvieux, quand ces vents rencontrent les hautes terres.

§ 204. — Ces vents, partant de 30° de latitude,

traversent l'océan Pacifique nord et vont rencontrer les régions de calme de l'équateur, près des îles Carolines. Là ils s'élèvent; mais au lieu de poursuivre leur route dans les régions supérieures de l'hémissphère sud, ils sont entraînés entre le sud et l'est, à cause de l'influence de la rotation diurne (§ 126). Ils gardent cette position supérieure jusqu'à leur arrivée dans les calmes du Capricorne, par 30° ou 40° de latitude, où ils deviennent vents régnants du nord-ouest dans l'hémisphère sud, ils correspondent aux vents sud-ouest de l'hémisphère nord. Ils sont vents de surface en continuant leur course entre le sud et l'est, et vont d'un climat chaud à des latitudes plus froides, et arrêtés par les sommets abruptes des Andes de la Patagonie (§ 177), le froid les condense, en extrait leurs vapeurs en abaissant leur température au-dessous du point de rosée. Le capitaine King a trouvé qu'en 41 jours il était tombé presque 13 pieds d'eau (3ᵐ. 835). M. Darwin rapporte que le long des côtes de l'Amérique du Sud la mer est couverte d'une couche d'eau douce apportée par des pluies torrentielles.

§ 205. — Nous devons nous attendre à trouver une région pluvieuse correspondante au nord de l'Orégon. Mais ici les montagnes sont moins élevées, l'arrêt des vents du sud-ouest est moins subit, les chaînes de montagnes sont plus éloignées des côtes, et l'air qui vient, chargé de vapeurs comme en Patagonie, a une plus grande surface pour les y déposer : aussi la quantité d'eau tombée y est bien inférieure (1).

§ 206. — Le climat le plus uniforme doit nécessairement se trouver sous les calmes de l'équateur, à la rencontre des vents alizés nord-est et sud-est, rafraîchis par la mer ; il conserve une température constante sons un dais de nuage.

§ 207. — *Dosage de l'évaporation*. — La quantité d'eau tombant annuellement sur la terre est estimée environ à 5 pieds (1^m, 52).

§ 208. — L'eau évaporée annuellement peut, en moyenne, couvrir la surface de la terre d'une couche de 5 pieds. L'atmosphère sert au transport de cette eau d'une zone dans une autre, à la faire

(1) Je dois à la bienveillance de A. Holbrook, esq. attorney des États-Unis pour l'Orégon, un numéro de l'*Oregon spectator*, du 13 février 1851, qui contient les observations météorologiques du Rév. G. H. Atkinson, dans la cité de l'Orégon, pendant le mois de janvier 1851. La quantité de pluie ou de neige tombée dans ce mois s'élève à 13, 65 pouces. C'est un tiers de plus que ce qu'il tombe à Washington pendant un an.

tomber en proportion et en temps voulu dans chaque lieu ; l'évaporation se fait principalement dans la zone torride. En prenant dans l'Océan une bande de 3,000 milles de large, l'atmosphère devrait en enlever, par évaporation, une couche de 16 pieds d'épaisseur (4^m 87). Le travail annuel de cette invisible machine est donc d'enlever d'un lac de 3,000 milles de large et de 24,000 milles de long, une couche de 16 pieds d'épaisseur et de la suspendre à la hauteur des nuages. Quelle puissante machine que l'atmosphère ! combien ses ressorts, ses engrenages, ses compensateurs doivent être faits avec soin pour ne jamais s'arrêter et ne jamais manquer à leur travail à un moment donné !

§ 209. — Le docteur Buist, dans son rapport annuel comme secrétaire de la Société (Transactions de la société géographique de Bombay, de mai 1849 à août 1850, t. IX), rapporte, d'après l'autorité de M. Laidly, que l'évaporation à Calcutta est d'environ 15 pieds par an ; que du Cap à Calcutta, en octobre et en novembre, cette moyenne monte aux trois-quarts d'un pouce par jour (19 ^{mm}.) Entre 10° et 20° de latitude, dans le golfe du Bengale, elle dépasse un pouce par jour. En supposant que ce soit le double de la moyenne,

dit le docteur, on aurait encore 18 pieds d'évaporation annuelle.

§ 210. — En discutant ces observations directes
de l'évaporation diurne dans les Indes, il faut se
rappeler que les saisons sont de deux espèces pluvieuses ou sèches ; ensuite que, dans la saison sèche,
l'élévation de la température et la sécheresse du
vent doivent favoriser, dans l'océan Indien plus
que partout ailleurs, le développement de l'évaporation. De plus, les pluies étant plus fréquentes sur
la mer, dans les parages des vent alizés (§ 179), et
le résultat de l'évaporation devant se répandre sur
toute la terre, la moyenne de 16 pieds, dans les
zones torrides de l'Océan, ne doit pas être consi-
dérée comme supérieure à la réalité.

§ 211. — Le rapport entre la quantité de terre et
d'eau a son influence sur l'état climatérique du
monde. Si la quantité d'eau augmentait, la pluie suivrait la même proportion et *vice versâ*. Tout changerait : climats, habitants, animaux et végétaux.
L'Être suprême, qui a tout dénombré, a fixé encore
ici ses chiffres.

§ 212. — En se plaçant à notre point de vue,
l'esprit s'élève et l'imagination s'exalte dans la contemplation de la physiologie de la nature. Dans ce

mécanisme universel, l'air, l'eau et la terre jouent chacun un rôle approprié au bien-être de ses habitants. Et tout cela sortant d'une *seule* volonté, douée de l'omniscience, qui a réglé tout dans l'univers comme dans une montre, création d'une *seule* idée humaine.

§ 213. — Dans les lieux de la terre où la précipitation dépasse l'évaporation, il y a de grands cours d'eau qui ne sont que le trop plein des vallées qu'ils drainent dans tout leur parcours.

§ 214. — Ces eaux viennent de la mer, et elles ont été apportées par les vents dans l'intérieur des terres; la force de la gravitation les entraîne, le long des montagnes, en torrents ou en beaux fleuves, qui viennent les restituer aux océans.

§ 215. — En d'autres lieux, l'évaporation et la précipitation se compensent et donnent alors naissance à ces bassins intérieurs, tels que le lac de Titicaca ou Chucuito, situé entre le Pérou et la Bolivie, la mer Caspienne, etc., etc., qui n'ont aucune communication avec les grandes mers.

§ 216. — Si dans la mer Caspienne la quantité de pluie dépassait l'évaporation, il finirait par y avoir un débordement, et dans le cas contraire, tout ce qu'elle renferme périrait bientôt par le manque d'eau.

§ 217. — Nous trouvons que, dans les bassins intérieurs habités, l'évaporation est suffisante pour charger l'air de l'humidité nécessaire au bien-être des habitants, animaux ou végétaux.

§ 218. — Dans une autre partie du globe, telle que le Sahara, où il n'y a ni précipitation ni évaporation, on ne trouve ni animaux ni végétaux (1).

§ 217. — *Appropriation*. En contemplant toutes les différentes appropriations terrestres, nos regards tombent sur les chaines des montagnes et sur les grands déserts, qui ne sont que les contrepoids dont l'astronome charge son télescope pour donner plus de stabilité, et par suite, plus de justesse à l'instrument ; ils sont nécessaires à la certitude du travail. Ce sont des *compensateurs*.

§ 220. — De quelque côté que je me tourne, pour contempler la nature, je trouve le système des compensateurs admirablement calculé. Des principes qui paraissent directement opposés dans

(1) Les voyages du docteur David Livingstone, 1849-56, et d'autres savants, ont modifié les opinions qu'on avait sur la solitude et l'aridité de l'Afrique centrale. Le Sahara rentrerait dans la catégorie des pays indiqués (§ 215). (*Note du traducteur*).

leur mode d'agir sont tellement bien combinés, qu'il n'en résulte qu'un tout dont l'harmonie est parfaite.

§ 221. — Ce n'est que par l'action des forces contraires et compensatrices que la terre gravite dans son orbite et que les astres restent suspendus à la voûte azurée. Et toutes ces forces agissent d'une manière si certaine et si régulière, que, dans mille ans, le soleil, la terre, la lune et le firmament se trouveront à la place qu'on peut leur désigner d'avance.

§ 222. — La perce-neige de nos jardins, le chant des oiseaux qui nous disent la fin de l'hiver, ont été créés par la même main qui a pesé la masse du monde et qui a déterminé les forces qui régissent les masses, aussi bien que celles qui font mouvoir les infiniment petits.

§ 223. — Les botanistes nous apprennent que certaines plantes tiennent leurs tiges penchées ou droites pour que la fécondation, qui doit reproduire leur espèce, puisse s'effectuer. Maintenant que la masse terrestre change, la force de la gravitation change aussi : les fibres de la perce-neige doivent changer de force, les plantes ne peuvent plus redresser leurs fleurs pour arriver au moment de la fécondation, la famille s'éteindra dans ce dernier individu qui deviendra comme il a été écrit « comme s'il n'avait jamais été » et un vide se fera dans la nature.

§ 224. — N'avions-nous donc pas raison de dire que les compensations et les appropriations de l'atmosphère et de l'Océan étaient destinées au bien-être de tout ce qui respire, plantes ou animaux, puisque la vie d'une petite plante dépend de la justesse et de la rectitude de tout le système.

§ 225. — Lorsque les vents d'est soufflent le long de nos côtes, ils nous apportent du Gulf-Stream un air chargé de brume, dont la chaleur et la pesanteur nous oppressent. Les malades vont plus mal, et les gens bien portants sont mal à l'aise de l'introduction dans les poumons, d'un air trop plein d'humidité, qui ne permet pas de renvoyer, par la respiration, celle que le sang y avait apportée. Dans d'autres moments l'air est sec et chaud ; il sort trop d'humidité par la respiration; il semble que l'homme se consume lui-même, car il appelle brûlante cette sensation.

§ 226. — En considérant les lois générales de l'univers dans leur fonctionnement, je suis arrivé à chercher si l'atmosphère pouvait avoir eu une *capa-*

cité plus ou moins grande pour l'humidité, si la proportion entre la terre et l'eau avait été différente, si les organisations végétales et animales avaient changé. Ces questions sont en dehors de la portée des hommes, et nous sommes obligés de nous incliner devant la toute-puissance de Dieu qui l'a voulu ainsi, il a établi les lois, les forces, les proportions entre toutes choses, et a tout réglé pour qu'un accord parfait s'en suive.

227. Harmonieux dans leur action, l'air et la mer obéissent à des lois qui régissent tous leurs mouvements et lorsque nous étudions le jeu de leurs fonctions, nous y trouvons à chaque pas de nouveaux enseignements sur la grandeur, la sagesse et la bonté du Créateur. Ces recherches, même en restant dans le cercle des observations faites sur les vents et les mers, sont de celles qui élèvent l'intelligence et abondent en leçons profitables. Car, si l'astronome voit la main de Dieu dans le firmament, pourquoi, le marin n'entendrait-il pas sa voix dans l'harmonie des vagues et ne sentirait-il pas sa présence dans le souffle de la brise ?

CHAPITRE IV.

BRISES DE TERRE ET DE MER.

§ 228. — J'ai été aidé dans mes recherches sur les phénomènes maritimes par plusieurs hommes distingués ; parmi ceux-ci, je dois mettre en première ligne un officier de la marine hollandaise le lieutenant Marin Jansen. Il est l'honneur de son corps, l'officier le plus accompli et le travailleur le plus zélé qu'il m'a été donné de rencontrer. Malheureusement, l'avancement ne se donne qu'à l'ancienneté dans la marine hollandaise : sans cela, j'aurais certainement le plaisir de l'appeler amiral.

§ 229. — Jansen a servi plusieurs années dans les Indes orientales. Ses observations ont été faites avec soin. J'ai mis à contribution ses connaissances pour la géographie physique de la mer, ainsi que les découvertes qu'il a développées dans la 1re édition de son ouvrage écrit en hollandais. Il y a ajouté un chapitre sur les brises de terre et de mer, un autre sur les renversements des moussons dans les Indes et dans l'Archipel. Il a joint des remarques sur la mousson du nord-ouest, les tourmentes, les vents alizés du sud-est de l'Atlantique du sud, et sur les vents et les courants en général.

§ 230. — L'alternative des brises de mer pendant le jour, et de celles de terre la nuit, vient sur les côtes modérer la chaleur accablante qu'on rencontre dans certains pays. Vers dix heures du matin, l'ardeur du soleil a élevé la température du sol au-dessus de celle de l'eau. Une partie de cette chaleur étant cédée à l'air, le dilate, le fait élever et nécessite par conséquent un appel d'air de la mer qui arrive de plusieurs milles et répand une fraîcheur délicieuse.

§ 231. — Quand on fait du feu dans une cheminée, on voit toutes les poussières flottant dans l'air de la chambre s'approcher du foyer. Petit à petit le cercle s'élargit et va atteindre les parties les plus éloignées de la chambre. Nous avons ainsi une brise de mer en miniature. La terre est le foyer où s'allument les rayons solaires, et la mer la chambre contenant l'air froid.

§ 232. — Quand le soleil s'abaisse vers l'horizon, la terre commence à abandonner sa chaleur par le rayonnement ; de sorte que vers neuf ou dix heures du soir, la température de la terre est inférieure à celle de la mer ; le courant se renverse, et on a alors un vent qu'on appelle brise de terre.

§ 233. — Jansen décrit ce phénomène dans les Indes Orientales, où on peut apprécier amplement sa bénigne influence.

§ 234. — *Description de Jansen*. (1). Une longue station dans les archipels des Indes orientales, dans les lieux qui n'étaient pas compris dans les recherches de l'observatoire de Washington, me permit d'étudier les phénomènes de l'atmosphère. Je

(1) Appendice à la *Géographie physique de la Mer*, par Jansen, traduit du hollandais, par M. le docteur Breed, à Washington.

fus involontairement entraîné d'une recherche à une autre; et ce sont ces résultats que je donne comme appendice à la géographie physique de la mer de Maury. J'espère que ces premiers essais des livres de bord néerlandais seront suivis de résultats plus nombreux et meilleurs.

§ 235. — Les brises de terre et de mer se font sentir tous les jours sur les côtes nord de Java. Lorsque l'astre resplendissant du jour s'élève perpendiculairement sur la mer dans un ciel sans nuages, une longue colonne de fumée blanche comme celle d'un volcan, élève son panache vers le ciel comme un immense bouquet qu'il offre à l'aurore (1). Alors la douce brise de terre se joue sur les eaux, et sa fraîcheur réjouit les habitants de l'onde amère; tout dans la nature s'embellit et se réveille. A l'annonce du jour, le silence de la nuit est rompu, et la nature commence son hymne matinale si sublime et si expressive. Tout ce qui vit sent la nécessité de marcher en avant dans la voie qui lui est tracée, et sur

(1) Sur les côtes de Java j'ai vu tous les jours, pendant la mousson d'est, s'élever avec le soleil une colonne de fumée de Bromo Lamongan et Smiro; il n'y avait probablement pas de vent.   (JANSEN.)

tous les tons avec tous les accents entonne le chant de la prière.

§ 236. — L'air, encore rempli de la fraîcheur du matin, apporte les chants joyeux dans lesquels la terre répand son âme, et qui viennent dire à la mer les remerciments de la montagnes et du vallon (1).

§ 237. — Lorsque le soleil monte dans les cieux, il les inonde d'une lumière éblouissante. La brise de terre varie avant de finir. Enfin, son dernier souffle expire, et tout repose dans le calme et le silence. Tout, hors l'atmosphère. Il brille, scintille, devient plus léger sous l'action de la chaleur croissante des rayons solaires qui se reflètent dans le miroir des vagues et dansent dans les colonnes tremblantes de l'air qui s'élève.

§ 238. — La brise de terre semble sommeiller sur les eaux comme le fantôme d'une vision de la nuit à l'esprit endormi. Les rives semblent se rapprocher et offrir leurs charmes au marin qui veille. Tous les objets deviennent plus distincts et mieux

---

(1) De grand matin, un bruit, un coup de canon, par exemple, ne s'entendra qu'à petite distance, tandis que dans la journée, lorsque règne la brise de mer, on l'entend distinctement à plusieurs milles dans l'intérieur.   (JANSEN.)

déterminés dans leurs contours, et sur la mer des bateaux pêcheurs paraissent de grands navires (1). Les marins qui naviguent le long de ces rivages, trompés par la transparence de l'atmosphère et par le mirage, se croient près des côtes et attendent avec anxiété la brise de mer qui leur permettra d'échapper au danger qu'ils croient imminent (2). Le pont est brûlant sous les pieds. En vain ils cherchent à se garantir des rayons solaires dont la chaleur les accable; le repos ne rafraîchit pas, la marche est désagréable.

§ 239. — Les habitants des profondeurs, éveillés par la clarté du jour, se préparent au travail. Les coraux et les mille crustacés de ces lieux attendent avec impatience le souffle de la brise de mer qui, activant l'évaporation, leur fournit les matériaux nécessaires à la construction de leurs carapaces et de leurs pittoresques édifices. Ils les élèvent et les polissent avec un art qui n'a rien à envier à celui des hommes. De leur côté, les plantes marines ont

(1) La transparence de l'air est si grande, que l'on peut voir Vénus en plein jour.   (JANSEN.)

(2) Le mirage sur la terre est très-grand, surtout dans la saison des pluies : des montagnes de 5,000 à 6,000 pieds de haut peuvent se voir à 80 à 100 milles anglais.

leur existence liée à celle des vents, des nuages et des rayons solaires ; car, des vapeurs de la pluie, dépendent le cours des rivières qui viennent leur apporter leur nourriture au fond des mers (1).

§ 240. — Lorsque le soleil approche du zénith et que son globe enflammé plane sur la mer de Java, l'air semble endormi d'un sommeil magnétique : comme un magnétiseur forçant un de ses adeptes endormis d'obéir à ses ordres et de se mettre en marche, de même la brise de mer, arrêtant l'air dans son mouvement ascendant, le force à répondre à l'appel de la terre. Ce mouvement vertical paraît prendre difficilement le sens horizontal. Au loin, se fait une brise folle qui disparaît en teintant en noir le brillant miroir de la mer. Enfin, elle se fait et approche, c'est cette brise de mer si longtemps désirée. Il faut quelquefois deux heures pour que cette brise s'établisse régulièrement, et que la teinte noirâtre de la mer persiste.

§ 241. — Bientôt de petits nuages blancs s'élè-

---

(1) L'archipel des îles de Corail, au nord du détroit de la Sonde, est remarquable. Avant que l'eau de mer n'ait passé par le détroit, elle est privée de la matière solide qui a donné naissance *aux milles îles*. On trouve un groupe d'îles semblables entre le détroit de Macassar et Balie.   (JANSEN).

vent de l'horizon, précurseurs connus du marin d'une brise de mer fraîche. On commence à sentir une brise du large, qui d'abord froide, cesse vite, pour faire place à des bouffées d'air qui persistent plus longtemps. Alors, la brise de mer est régulièrement établie avec son souffle rafraîchissant.

§ 242. — Lorsque le soleil descend, la brise du large, qui n'est que le vent alizé ou la mousson de ces lieux, prend de la force. Elle tourne vers l'est, comme si elle voulait se hâter de finir le travail de sa journée.

§ 243. — Le fond de l'air rafraîchi prend la teinte grise du brouillard qui enveloppe les promontoires et qui couvre l'intérieur des terres d'un nuage épais. Sous cette teinte noirâtre, le pays a des mirages étonnants ; les distances ne peuvent plus s'estimer. Le marin veille avec soin à la route, en crainte de la côte qui lui paraît rapprochée ; et la brise capricieuse rend la mer courte et clapoteuse autour des blancs promontoires, où ses ondulations se jouent dans les rayons du soleil. Puis les nuages s'élèvent, et il devient difficile de voir au loin.

§ 244. — Le soleil descend sous l'horizon. Les nuages s'élèvent sur tout le pays, le tonnerre se fait entendre dans la montagne, ses éclats se répercutent d'échos en échos, et les éclairs ne cessent de sillonner les nues (1).

§ 245. — Enfin le maître du jour disparaît : le brouillard se dissipe peu à peu, et la mer, qui s'était enflée sous l'action du vent, dont la violence a soulevé ses ondes, s'apaise à son tour. Vent et mer, tout rentre dans le silence. Sur la mer l'air est plus clair et légèrement nuageux ; tandis que sur la terre il est épais et noir. Ce silence de la nature est propice aux rêveries. La brise du large, qui a condensé le sel à la surface de la mer, puis à son tour l'humidité, tout devient fatiguant et le calme est bien venu. Le temps reste incertain et menaçant. Du milieu des nuages qui se hâtent de changer le jour en nuit, s'échappent des coups de tonnerre. La pluie tombe par torrents dans la montagne, et les nuages envahissent graduellement tout le ciel. Mais bientôt le vent va succéder au calme, désespoir des nautonniers. Ceux qui doivent faire route dans une direction contraire aux vents alizés ou aux moussons, se

(1) A Bruitenzorg, près de Batavia, à 40 milles des côtes, et à 500 pieds au-dessus de la mer, lieu entouré de montagnes, le tonnerre se fait entendre entre 4 et 8 heures du soir.

préparent, lorsqu'ils sont près des côtes, à profiter de la brise de terre, aussitôt qu'elle se fera. La brise arrive faible d'abord, puis plus forte pour durer toute la nuit : lorsqu'elle se rencontre avec un grain qui est toujours court, elle devient faible et incertaine. Nous avons souvent rencontré à vingt milles anglais la brise de mer qui persistait au large, tandis qu'elle avait complétement cessé à terre.

§ 246. — Personne ne connaît le moment où la brise de terre s'élèvera ; elle tarde quelquefois longtemps, et même manque pendant la nuit entière.

§ 247. — Pendant la plus grande partie de la saison des pluies de la mer de Java, on ne peut compter sur la brise de terre. Ce qui concorde parfaitement avec la théorie qui trouve, dans la chaleur solaire du jour et dans le rayonnement vers les espaces, pendant la nuit, la cause de ce changement de vents : car, les nuages s'étendant alors sur la terre et sur la mer, empêchent l'action solaire, le rayonnement, et par suite, les changements de température qui donnent naissance aux deux brises. Cependant, dans d'autres régions tropicales, les brises de terre et de mer persistent, même pendant la saison pluvieuse.

§ 248. — La chaleur et le rayonnement ne pa-

raissent pas être les seuls auteurs des brises de
terre et de mer : D'autres causes, telles que les
pluies, l'électricité, etc., paraissent avoir une
influence sur la régularité des vents (1).

§ 249. — Les brises de terre sur les côtes d'A-
frique sont généralement très-chaudes, tandis que
celles de mer sont froides. Dans ce cas, la brise de
terre ne peut être occasionnée par le refroidissement de la terre dû au rayonnement. Il n'y aura
que lorsque nous aurons recueilli toutes les observations sur ces brises, que nous pourrons établir
une théorie susceptible d'expliquer tous les différents phénomènes. Entre autres remarques, Tho-

(1) Mes observations m'ont amené à penser que la position
de la lune avait de l'influence, dans la passe E. de Sourabaya,
pendant la mousson E., en pleine lune, brise de terre faible ;
nouvelle lune, brise de mer faible. Même observation pour le
golfe de Darien. 4 février 1852 : Sur la rade de Carthagène
(Nouvelle-Grenade), en pleine lune, brise de mer du nord, à
prendre le premier ris ; à 11 heures du soir, faible et E. 5 février, 11 heures du matin, la brise de mer devient faible ; à
1 heure du soir plus forte, entre 5 et 6 heures bon frais,
prendre 2 ris ; chaque jour, un peu plus tard et moins fort.
Le thermomètre varient de 79° à 80°, et le baromètre de763"
à 759°. En quittant Chagres, en nouvelle lune, le vent était
tous les jours plus faible. (JANSEN.)

mas Miller (1) rapporte que, sur la côte d'Afrique de 0° 27' S. à 15° 24' S., de juin à octobre, il y a de fortes rosées, et dans ces temps-là les deux brises sont toujours faibles et quelquefois insensibles.

§ 250. — Les remarques du lieutenant Jansen sont instructives et prévoyantes. Il est certain que la différence de température entre la mer et la terre, qui est suffisante pour créer les brises de terre et de mer dans certains lieux, ne l'est pas dans d'autres; et la raison en est parfaitement claire.

§ 251. — Il est plus aisé d'arrêter et de renverser un courant lent qu'un rapide torrent. Il peut être facile au milieu des calmes de l'équateur, sur les côtes d'Afrique, de faire naître ces alternatives de brise de mer et de terre par un changement de température peu considérable; car l'air est à l'état de repos, et doit obéir à la moindre impulsion. Il n'en est pas ainsi dans les régions des vents alizés de terre, où ils sont violents. Il faut d'abord un haut degré de raréfaction de l'air pour les arrêter et produire le calme; et il faut une force encore plus considérable pour les renverser et les convertir en brise de mer régulière.

(1) Nautical Magazine, juin 1855.   (JANSEN.)

§ 252. — Sur la côte ouest de l'Afrique les brises de terre sont brûlantes ; la chaleur n'est pas assez intense pour arrêter les vents alizés du sud-est et les renverser par une raréfaction de l'air ; et dans toute cette partie du monde , les brises de mer doivent être plus faibles que celles de terre, et durer moins longtemps.

§ 253. — Mais de l'autre côté , sur les côtes du Brésil et de Pernambouc où les vents alizés viennent de la mer, l'état des choses doit être renversé, et les brises de mer doivent prévaloir en intensité et en durée, sur celles de terre qui sont rarement pleines.

§ 254. — A Cuba, sur les côtes du Mexique et des États-Unis, les brises de terre et de mer sont bien plus régulières dans leur alternative qu'au Brésil ou dans le sud de l'Afrique, par la simple raison que les vents de côte dans l'Amérique du Nord sont presque parallèles à la direction des vents régnants. A Rio-Janeiro, la brise de mer est un vent alizé régulier, activé par l'action diurne du soleil sur la terre. Il faut remarquer, comme le dit Jansen, que ces brises sont inconnues l'hiver dans les pays froids, bien qu'en été ces alternatives se fassent sentir.

§ 255. — A Valparaiso, le phénomène de ces brises se fait complétement sentir. Cette ville est située sur la limite sud de la position la plus basse de la région des calmes du Capricorne, qui arrive là vers la fin de notre hiver et au commencement du printemps, qui sont l'été et l'automne du sud. C'est alors la saison sèche : le ciel est clair et l'air est singulièrement limpide ; l'atmosphère étant presque à l'état d'équilibre doit obéir à la moindre cause de mouvement.

§ 256. — A dix heures du matin, dans cette saison, la terre commence à s'échauffer sous l'ardeur du soleil, et l'air se met en mouvement. Vers 3 à 4 heures du soir, la brise du sud-ouest prend avec la force d'un coup de vent : quelquefois les navires ne tiennent pas sur leurs ancres, et la communication avec la terre est interrompue; vers 6 heures du soir quoique le vent ait déployé toute sa furie, tout est rentré dans le calme.

§ 257. — « Heureux ! continue Jansen, celui qui le soir, sur la mer de Java, trouve la brise de terre après les mugissements du vent de mer, et sous ces magnifiques nuits du tropique, s'abandonne à son haleine rafraîchissante et imprégnée de si doux parfums (1) !

(1) Toutefois en rade de Batavia elle n'est pas agréable.

(JANSEN.)

§ 258. — L'arrivée de la brise de terre ou bien celle d'un grain avec ou sans pluie, déchire le voile de nuages et laisse le ciel clair, à l'exception de quelques nuées noires qui viennent de la terre ; en leur absence, la brise de terre est faible.

Lorsque ces nuages viennent de la mer, la brise de terre ne dépasse pas le rivage, ou bien elle est remplacée complétement par la brise de mer ou plutôt par les vents alizés. Lorsque la brise de terre continue, les étoiles scintillent, comme si elles voulaient se détacher de la voûte céleste ; mais leur lumière ne peut en éclairer la profondeur, et des nuages noirs s'élèvent près de la Croix du sud et du Scorpion, ces deux emblèmes de l'hémisphère austral qui resplendissent comme une torche dans les cieux. Le reflet des étoiles dans le miroir des mers anime la clarté de ces nuits qui rivalisent avec l'aurore des hautes latitudes. Ces étoiles viennent rompre la monotonie du firmament ; leur miroitement perpétuel sur l'Océan contraste avec le repos qu'apporte la brise de terre. Puis tout d'un coup, à 30° ou 40° au-dessus de l'horizon, part un trait de feu qui illumine tout. Gros comme le poing, il disparaît aussi vite qu'il est arrivé, tombant en rubans de feu ; il nous montre que, pendant ce calme apparent de la nature, les diverses forces qui agissent dans l'air, sont toujours en travail; travail de combinaison ou de combustion dont le résultat vient effrayer les matelots. »

§ 259. — Lorsqu'obéissant au souffle des vents, le navire trace de sa quille un étroit sillon sur le miroir des mers, il va troubler le sommeil des monstres marins qui tournent autour de lui quand il file huit nœuds, le suivant, le contournant; ils diaprent de leurs brillantes couleurs la surface noire des eaux. Lorsque nous sortons des limites des brises de terre pour entrer dans celles des vents alizés, on voit quelquefois des nuages noirs, sans tonnerre, se mouvant près de l'horizon, et alors des feux bleus se posent sur les pointes des paratonnerres (1). Alors les matelots croient à un danger inconnu contre lequel le courage ne pourra rien. Le voyageur, fervent admirateur de la nature, sent au fond du cœur une terreur secrète. Celui qui, en face d'un orage terrible qui le bat sur l'Océan, reste ferme devant le danger, en présence de ces phénomènes

(1) J'en ai vu de très-remarquables au sud de Java; ces feux avaient 6 pieds de longueur et dansaient sur le pont, sur les couples, etc.   (JANSEN.)

insignifiants, devient faible et inquiet. C'est qu'il voit la puissance du Créateur dans ses œuvres.

§ 260. — Et d'où vient cette sensation indécise, incompréhensible qu'on croit voir dans le globe blanchâtre de la lune? elle paraît avoir les yeux pleins de larmes, tandis que les étoiles la regardant tendrement semblent l'aimer et partager ses afflictions (1).

§ 261. — Vers la fin de la nuit, la brise de terre paraît s'endormir pour souffler tout d'un coup avec force; mais elle est toujours incertaine et capricieuse. Au lever du soleil, elle finit graduellement; le temps de calme entre la brise de terre et de mer n'a pas de durée déterminée.

§ 262. — Généralement le temps de calme qui précède la brise de mer est plus long que celui qui le suit. Bien des circonstances viennent influer sur la formation de ces vents; ce sont: la température de la terre, la direction des côtes par rapport aux vents régnants, la limpidité de l'atmosphère, la position

(1) On a remarqué que, près de l'équateur, la rosée était plus abondante au moment des pleines lunes que des nouvelles : on les appelle des (*Maan hoofden*) pleurs de lune; je ne l'ai cependant remarqué qu'une fois pendant une année passée sous les tropiques.   (JANSEN.)

du soleil, peut-être celle de la lune; la surface sur laquelle souffle la brise de mer, l'état hygrométrique et électrique de l'air, la hauteur des montagnes, leur étendue et leur distance des côtes. Des observations locales sur ces faits seraient d'un grand secours ; il faudrait encore déterminer jusqu'à quelle distance des côtes souffle la brise de terre, où les moussons et les vents alizés soufflent sans interruption. La direction des brises de terre et de mer doit être déduite d'observations, car elles ne soufflent pas toujours perpendiculairement aux côtes.

§ 263. — A peine a-t-on quitté la mer de Java, qui est plutôt un lac compris entre Bornéo, Sumatra, Java et les différents archipels de ces îles, que les eaux bleues de l'Archipel de l'est Indien prennent un aspect plus imposant et plus en harmonie avec la profondeur de l'Océan. Le délicieux aspect de Java et de ses phénomènes disparaît: la scène prend plus de grandeur. Les côtes des îles de l'est sortent à peine de l'eau où elles ont pris racine. Le vent de sud-est, qui souffle sur ces îles est quelquefois violent, toujours fort, surtout dans les détroits qui les séparent les unes des autres : il a tendance à tourner vers l'est. Ici, sur les côtes nord, on rencontre encore des brises de terre, bien que le plus souvent les vents

alizés, par leur violence, les empêche de se produire.

§ 264. — La suite des îles présente des obstacles
aux vents alizés qui passent alors avec violence par
dessus la montagne dans la direction apparente de
la brise de terre sur la côte nord (1). On peut facilement le distinguer de la douce brise de terre à
cause de sa violence.

§ 265 — L'alternative régulière des brises de terre
et de mer dans la mer de Java et sur les côtes nord
de Banca, Bornéo, Célèbes, pendant la mousson est,
doit être attribuée : 1° Aux obstacles présentés aux
vents alizés sud-est par la rangée des îles ; 2° à la direction est que les vents alizés tendent à prendre
après leur entrée dans l'archipel ; 3° et enfin à leur
fin vers les parages de l'équateur. Les causes qui
produisent donc les brises de terre ne paraissent
pas assez puissantes pour altérer la direction d'un
fort vent alizé dans l'Océan.

(1) Ainsi, par exemple, dans le détroit de Madura et sur les
hauteurs de Bezœkie.

CHAPITRE V.

BRUMES ROUSSES ET PLUIES DE POUSSIÈRE SUR LA MER.

§ 266. — Les marins nous ont parlé de *brumes rousses* qu'ils ont rencontrées, surtout dans le voisinage des îles du cap Vert. Dans d'autres parties de la mer, on trouve des pluies de poussières. Dans la Méditerranée, on les appelle *pluie* du *sirocco* ou *pluie d'Afrique*, parce qu'elles sont toujours accompagnées d'un vent du désert ou de tout autre partie de l'Afrique. Sa couleur est rouge comme la brique ou le cinabre, et elle tombe avec une telle abondance, que le gréement des navires en est couvert à plus de cent milles au large.

§ 267. — Le lecteur patient qui aura suivi nos raisonnements du chapitre précédent sur les vents *dans leurs circuits*, va trouver ici la preuve de ce que nous avons avancé sur les vents alizés de sud-est et de nord-est, et sur la direction qu'ils suivent (C et G de la fig. I) après leur passage au-dessus des calmes de l'équateur.

§ 268. — Bien que les observations, les raisonnements et tout ce qui est susceptible de persuader l'esprit humain aient concouru à rendre probable ce que nous avons déduit logiquement, cependant une preuve matérielle ne peut manquer d'être accueillie avec satisfaction.

§ 269. — S'il était possible de prendre une partie d'air entraînée par les vents alizés du sud-est, de lui faire une remarque, de manière à la reconnaître dans son circuit, on aurait alors la preuve la plus certaine du chemin parcouru par les vents alizés, après leur ascension sous l'équateur, pour revenir à leur point de départ.

§ 270. — Mais il n'est possible de faire à l'air au-

cune remarque qu'il puisse emporter avec les nuages,
et tout sceptique qui ne se sera pas laissé convaincre
de la vérité de la circulation atmosphérique tracée
dans la figure I, ne pourrait se refuser à la convic-
tion, si on lui montrait la marche des signes de
reconnaissance passant d'un hémisphère dans
l'autre.

§ 271. — Ce qui à première vue paraît impossible
a été fait: Ehrenberg a établi d'une manière certaine,
au moyen du microscope, que l'air amené sur
l'équateur par les vents alizés sud-est passe dans
l'hémisphère nord.

§ 272.—Le sirocco ou la pluie d'Afrique est venu
lui apporter les marques faites sur les vents dans
l'autre hémisphère; et le délicat instrument d'observation lui a permis de lire l'étiquette apportée sur
les ailes des vents.

§ 273. — En soumettant cette poussière à l'examen du microcope, on trouve qu'elle se compose
d'infusoires et d'organismes qui n'habitent pas l'A-
frique, mais la région des vents alizés de l'Amérique
du Sud. Le professeur Ehrenberg a comparé différents échantillons pris aux îles du Cap-Vert, à Mal-
te, à Gênes, à Lyon et dans le Tyrol, et partout la
similitude de forme a denoté la même origine;

tous avaient la forme des échantillons américains.

§ 274. — L'existence d'un courant d'air supérieur se dirigeant de l'Amérique du Sud vers le nord de l'Afrique, doit donc être regardée comme un fait établi. Le volume de ce courant allant vers le nord, est, sans aucun doute, à peu près équivalent à celui qui s'écoule vers le sud par les vents alizés du nord-est.

§ 275. — Ces pluies de poussière arrivent plus particulièrement au printemps et en automne; c'est à-dire, vers les époques des équinoxes, dans un intervalle de temps qui varie de 30 à 60 jours. Cette espèce de périodicité dans ces pluies, a fait penser à Ehrenberg que *ces nuages de poussière sont entraînés par des courants constants de l'atmosphère, passent au dessus de la région des vents alizés, en supportant des déviations partielles périodiques.*

§ 276. Nous avons déjà dit (§ 188) que la zone des calmes et des pluies se déplace avec les vents alizés et entraîne avec eux, vers le nord ou vers le sud, la saison des pluies. Nous en expliquerons plus tard la raison.

§ 277. — Cette poussière est plutôt enlevée pendant la saison sèche que pendant la saison pluvieuse, et quant à la périodicité des déviations partielles qu'éprouvent les nuages, remarquée par Ehrenberg, elle provient probablement de la différence de position géographique des lieux où elle est enlevée à l'équinoxe de printemps et à celui d'automne ; car les lieux qui ont leur saison pluvieuse à un équinoxe ont la saison sèche à l'autre.

§ 278. — A l'équinoxe de printemps, la vallée du bas de l'Orénoque est dans la saison sèche. Tout est brûlé par la chaleur, les mares et les étangs sont desséchés, les plaines deviennent arides; toute végétation cesse. Les grands serpents et les reptiles s'enfoncent sous terre pour hiverner (1), le chant des insectes cesse avec leur vie, et un silence funèbre s'étend sur toute la vallée.

Dans ces circonstances, une légère brise, passant sur la surface des lacs desséchés et des savanes brûlées, enlève en nuages une poussière très-fine.

§ 279. — A cette époque et dans ces lieux couverts d'une poussière impalpable, composée des débris d'organismes du règne animal et végétal, s'élèvent des tourbillons, des coups de vents et des bourrasques d'une force effrayante. C'est le moment de ces perturbations générales de l'atmosphère qui ca-

____

(1) Humboldt.

ractérisent les équinoxes. Conditions plus que suffisantes pour former ces pluies de poussière.

§ 280. — A l'équinoxe d'automne, une autre partie du bassin des Amazones est desséchée et livrée aux vents qui enlèvent la poussière et les débris organiques. Ces impalpables animaux que crée la saison pluvieuse, destinés à périr dans la saison sèche, sont peut-être rendus plus légers par les gaz formés de leur décomposition dans la saison chaude.

§ 281. — Est-ce que les tourbillons qui accompagnent l'équinoxe d'automne et qui balayent les plaines de la vallée basse de l'Orénoque, ne doivent pas enlever ces poussières qui doivent descendre dans l'hémisphère nord en avril et en mai? Et ne serait-ce pas du haut Orénoque et du bassin de l'Amazone que viennent ces microscopiques organisations qui tombent en octobre dans l'hémisphère nord.

§ 282. — Le baron de Humboldt, dans ses *Aspects de la nature*, décrit ainsi le contraste qui existe entre la saison sèche et la saison pluvieuse :

« Lorsque sous les rayons perpendiculaires, d'un soleil sans nuages, la terre s'est changée en poussière, le sol se fend dans tous les sens comme secoué par un tremblement de terre. Lorsque à cette époque, deux courants d'air opposés viennent à se rencontrer, il se forme un tourbillon qui fait prendre à la plaine un aspect étrange : le sable s'élève comme ces trombes d'eau chargées d'électricité, et qui sont si craintes des marins ; elles prennent la forme d'un nuage conique dont la pointe est tournée vers la terre. Le ciel devient obscur et ne laisse plus filtrer qu'une lumière jaunâtre sur la plaine désolée; l'horizon se rapproche, la steppe se resserre comme le cœur du voyageur; l'air rempli d'une poussière brûlante devient suffocant, et le souffle des vents d'est passant sur un sol échauffé depuis longtemps, loin de rafraîchir, semble ne faire qu'activer l'ardeur brûlante de l'atmosphère. Les marais, que les branches jaunies et desséchées des palmiers à éventail ont protégés contre l'évaporation, commencent graduellement à disparaître. Dans le nord, les animaux s'engourdissent sous l'action du froid; ici, sous l'influence de cette sécheresse énervante, les crocodiles, les boas restent sans mouvement et engourdis, cherchant à se cacher dans la boue desséchée.

Les bouquets de palmiers nains, sous l'influence de cette chaleur extraordinaire et de cet air lourd et épais, semblent s'élever du sol qui fuit sous eux. A moitié couverts de poussière, souffrant la faim et la soif, les chevaux et les bestiaux errent à l'aventure: les bestiaux beuglent tristement, tandis que les chevaux, secouant leurs longs cous et humant la brise, y cherchent la fraîcheur qui peut venir d'une flaque d'eau voisine qui n'a pas été desséchée.

« Enfin après une longue aridité, arrive la saison des pluies, la bien venue; et soudain la scène change.

« A peine la surface de la terre a-t-elle reçu la pluie bienfaisante, que la steppe aride exhale les odeurs les plus suaves des fleurs dont sont émaillés ses gazons. Les mimosas, reprenant leur sensibilité pour la lumière, replient avec langueur leur feuillage pour saluer le lever du soleil. »

§ 283. — Les plaines arides et les déserts, comme les chaînes de montagnes ont leur influence sur le grand océan aérien, aussi bien que les côtes et les bancs de sable sur les courants de la mer. Les déserts de l'Asie, par exemple (§ 203), produisent une perturbation dans le grand système de circulation atmosphérique qui en été et en automne, se fait sentir en Europe, à Libéria dans l'océan indien, et jusqu'au sud de la ligne. C'est un appel d'air fait par ces déserts. Ces aspirations sont appelées sur mer, moussons; sur terre vents régnants de la saison.

§ 284. — On peut se poser deux questions sur les lieux où se fait cette aspiration, et qui n'ont pas encore été résolues. L'air appelé dans ces déserts, s'échauffe, s'élève, et que devient-il? Il s'élève en colonne large à la base et de peu de milles de hauteur, mais par quoi est-elle terminée ? l'air en sort-il comme d'une tête d'arrosoir se dirigeant dans tous les sens, comme en ébullition, ou retourne-t-il vers les lieux d'où l'appel d'air s'est fait, en restant courant supérieur ? S'il en est ainsi, il redescend donc alors pour retourner au désert qui serait alors le centre du mouvement de circulation des vents de moussons. Mais alors où ces vents recueilleraient-ils les vapeurs qui vont faire les pluies en Europe et en Asie ?

§ 285. — Cette colonne ascendante, au lieu de disperser l'air dans toutes les directions, ne peut-elle pas agir comme les sources dont nous avons parlé pour le Gulf-Stream, sur les côtes de la Floride monter en bouillonnant et suivre le courant supérieur? Une réponse satisfaisante avancera beaucoup nos connaissances sur la circulation de l'atmosphère ; le microscope pourra peut-être nous satisfaire un jour, espérons-le.

§ 286. — La couleur de cette pluie de poussière,

dont les échantillons furent envoyés à Ehrenberg, était couleur de brique ou d'ocre jaune. Quand Humboldt la vit dans l'air, il dit qu'elle donnait à l'atmosphère une teinte jaunâtre. Je me procurai une fois des fils d'araignée très-fins et d'une couleur rouge foncée, pour le diaphragme d'une lunette; ils parurent d'un jaune d'or, une fois disposés dans le diaphragme. Ces différences de teintes expliquent pourquoi le savant vit une couleur dans son microscope, tandis que le célèbre voyageur voyant cette poussière dans l'air put lui donner une autre teinte.

§ 287. — Le fil qui nous guide dans le labyrinthe des vents, quoique peu consistant, est cependant assez fort pour nous conduire à travers les circuits des vents dans la partie sud.

§ 288. — La fréquence des pluies de poussière entre les parallèles de 17° et de 25° nord, remarquable par ses résultats microscopiques, l'est encore plus pour le sens qu'y doit attacher un observateur.

§ 289. — La latitude des limites des vents alizés nord-est est variable. Au printemps elle s'approche de l'équateur et n'en est plus éloignée que de 15° au nord.

290. — La largeur des calmes du Cancer n'est pas non plus fixe. Les limites extrêmes varient

suivant les saisons entre 17° et 38° de latitude nord.

§ 291.—Suivant l'hypothèse que j'ai admise (130) dans ces recherches, le courant supérieur qui s'élève de l'équateur pour passer au-dessus des vents alizés nord-est et sud-est doit descendre dans cette zone. C'est donc là que l'atmosphère doit descendre entraînant avec lui cette pluie de poussière ou cette *pluie d'Afrique*. Et en effet, la zone des îles du Cap-Vert, est dans la direction que la théorie donne aux vents venant comme courants supérieurs de la vallée de l'Orénoque et de l'Amazone. Si cette pluie de poussière n'est pas une preuve absolue de la réalité de la circulation atmosphérique, elle doit au moins présenter un argument d'une grande force en sa faveur.

§ 292.—Dans l'état de nos connaissances, nous ne pouvons pas dire pourquoi cette poussière passe au-dessus des vents alizés sans y tomber, pas plus que nous ne pouvons dire comment la vapeur d'eau tenue en suspension dans ces vents n'est pas précipitée dans leur parcours; pas plus que nous ne pouvons prévoir un orage, un coup de vent, ou tout autre phénomène atmosphérique, un jour plutôt qu'un autre. Tout ce que nous pouvons dire, c'est qu'un jour n'est pas suffisant pour le développement complet d'un de ces phénomènes.

§ 293. — Ces pluies de poussière ne tombent pas toujours à la même place et ne sont pas constantes par différentes raisons ; la rencontre d'orages, les conditions électriques ou autres de l'air qui favorisent ou arrêtent la chute sous un parallèle plutôt que sous un autre: les nuages subissent aussi les mêmes influences ; mais leur chute constante dans une certaine direction qui m'avait été suggérée par mes recherches, a été prouvée par Ehrenberg.

§ 294. — Les apports d'eau à la mer et ces pluies de poussière, peuvent nous donner une idée de la régularité des vents supérieurs, et de la constance de leurs directions en d'étroites limites.

§ 295. — Certaines conditions électriques de l'air sont nécessaires à ces pluies de poussière aussi bien qu'à la formation des orages. Et comme à l'époque des équinoxes, l'atmosphère subit de violentes secousses, nous ne pouvons déterminer qu'approximativement leur marche dans l'espace.

§ 296. — Je n'aurais pas présenté ces remarques comme une explication satisfaisante, si on pouvait avoir d'autres preuves. Je crois être dans l'esprit du savant Ehrenberg lorsqu'il a présenté ces résultats simplement comme une explication, déduite des faits et pouvant servir de guide dans un système de recherches logiquement faites. Il n'est ni en mon pouvoir ni en celui d'aucun physicien d'aller plus loin. On établit une hypothèse sur des faits; on part de là pour faire des raisonnements et des recherches. Les continuer patiemment pour les présenter aux savants, et attendre du temps la confirmation ou le rejet de sa théorie, tel est le devoir du physicien consciencieux.

§ 297. — Bien que nous ayons pu déjà mettre des *marques* à l'air pour dire « d'où il venait et où il allait, » il est évident qu'il y a une autre force dans l'atmosphère dont le travail est sensible, mais dont la présence n'a pu être encore bien constatée.

§ 298. — Nous nous occuperons dans le chapitre suivant des relations qui existent entre le magnétisme et la circulation atmosphérique. C'est là que nous chercherons la force qui fait élever les vents alizés sous les calmes de l'équateur et les fait se *croiser* en se dirigeant sur le nord et sur le sud.

CHAPITRE VI.

DE LA RELATION PROBABLE ENTRE LE MAGNÉTISME ET LA CIRCULATION DE L'ATMOSPHÈRE.

régions extra-tropicales boréales servent à la condensation des vents alizés de l'hémisphère austral. § 336. — fig. VII, § 339. — Contrées les plus favorables aux pluies, § 345. — Comment l'air des vents alizés nord-est et sud-est se croise sous les calmes de l'équateur, § 350. — Pluies de la vallée du Mississipi. § 357. — Pluie de sang. § 372, passage du *Passat-Staub* sur la fig. VII. — Théorie d'Ampère, § 378. — Région des calmes près des pôles, § 380. — Le pôle de froid maximum, § 381.

§ 299. — Faraday a découvert que l'oxigène qui occupe la cinquième partie de l'atmosphère est susceptible de magnétisme.

Cette découverte qui présente un fait physique important peut être le point de départ des découvertes de notre siècle.

§ 300. — Dans le cours de ces recherches, il s'est souvent présenté à mon esprit les traces d'un agent de l'atmosphère dont je n'entrevoyais ni la nature ni les propriétés. La chaleur et le mouvement de rotation de la terre ne me semblaient pas suffisants pour expliquer tous les courants de la mer et de l'air.

§ 301. — Par exemple, quelle est la raison qui fait que les vents se traversent dans les trois régions de calmes. Ainsi, les vents alizés du sud-est arrivant aux calmes de l'équateur, montent, dépassent

et continuent leur course comme courants supérieurs jusqu'aux calmes du Cancer, tandis que les
vents alizés nord-est les croisent sur l'équateur pour
aller, courant supérieur, vers les calmes du Capricorne. Quelle peut être la raison de ce croisement ?
Pourquoi n'y a-t-il pas là mélange de l'air amené
par les deux vents alizés, et pourquoi après son ascension ne se dirige-t-il pas indifféremment vers le
nord ou vers le sud?

§ 302. — Cela me paraissait d'abord contraire au
grand œuvre de la nature; car, je ne pouvais admettre dans ma foi que les opérations d'une machine aussi importante que l'atmosphère pussent
être laissées un seul instant confiées au hasard. Je
ne reconnaissais la trace d'aucun agent qui pût faire
traverser aux vents les calmes de l'équateur et les
diriger ensuite du côté opposé à leur entrée. Cependant certaines circonstances m'indiquaient un
point de croisement en cet endroit.

§ 303. — Il y a une circonstance qui concordait
avec cette hypothèse : c'est que près du tropique du
Cancer dans la zone qui s'étend entièrement sur la
mer, on trouve deux courants d'air, l'un s'écoulant
vers le nord, l'autre vers le sud. Du côté sud de cette
zone la brise est constante vers l'équateur, elle porte

le nom de vent alizé du nord-est (pl. I). Au nord, au contraire, cette direction des vents de sud-ouest tient deux fois contre une jusqu'à l'Angleterre. Mais qu'est-ce qui nous permet de supposer un point de croisement entre ces deux courants opposés ?

§ 304. — Nous devons supposer aussi que ces derniers vents venant d'un climat chaud à un climat plus froid doivent se comporter comme l'air dans de semblables circonstances, c'est-à-dire plutôt condenser les vapeurs qu'en former de nouvelles.

§ 305. — Mais d'où peuvent venir les vapeurs dont ils se chargent pour aller arroser les régions extra-tropicales du nord? les empruntent-ils aux nuages des vents alizés du nord-est quand ils les traversent comme courants supérieurs? ils ne peuvent les prendre à la terre; car dans les calmes du Cancer, ils ne viennent pas à la surface. Ces circonstances nous portent à croire que c'est dans la région des vents alizés sud-est qu'ils trouvent leur réservoir.

§ 306. — De plus, en examinant la nature des vents alizés du nord-est, qui proviennent de la partie comprise entre le sud et l'ouest, nous ne pouvons pas les supposer à leur départ chargés d'humidité ;

car dans les environs du pôle, la plupart des vents du nord-est sont vents secs. Le raisonnement et la physique nous démontrent que le pouvoir évaporatoire des vents croît avec leur température. Ils ont à traverser, dans leur cours vers l'équateur, 3000 milles : généralement ils se chargent de vapeurs d'eau par évaporation, et ils n'en condensent que peu ou point dans tout leur parcours. Les recherches ont montré que ces vents n'étaient saturés, qu'à leur arrivée à l'équateur, région de pluies constantes. La région des calmes du Cancer est aussi bordée par une zone pluvieuse.

§ 307. — D'où proviennent donc ces vapeurs d'eau dont la condensation fournit les pluies de la limite nord des calmes du Cancer et en général de tout le nord, et quelle est la force qui les conduit dans leur direction à travers les tropiques ?

§ 308. — Je ne connais aucune loi de la nature, aucun principe de physique qui puisse permettre de croire que l'air amené par les vents alizés du nord-est vers l'équateur, retourne vers le Cancer comme courant supérieur, pour y reprendre de nouveau la direction nord-est. Je ne connais en physique aucun principe qui puisse autoriser à croire à un pareil retour sur lui-même, ni qui le défende ; cependant, les notions générales que l'on a du mouvement de l'atmosphère, empêchent de croire à ce'te espèce de circuit : Je parle des règles générales et non des exceptions qui sont nombreuses, mais qui se rencontrent surtout dans les terres.

§ 309 — Des faits viennent appuyer la supposition que les vents arrivés de l'équateur comme courants supérieurs, continuent vers les pôles, après avoir traversé le tropique du Cancer ; mais alors, quelle est la force qui les entraîne dans cette direction plutôt que les autres vents ?

§ 310. — Voici les faits qui viennent corroborer l'hypothèse, que ce sont les vents de passage du Cancer qui soufflent comme vents régnants de la partie du sud-ouest dans la zone tempérée nord.

Nous avons vu (pl. I), qu'au nord du tropique les vents de surface vont de cette zône vers les pôles dont ils reviennent comme courant supérieur A.

Ce courant A rencontre sur le tropique un autre courant supérieur G venant de l'équateur, produit un calmé, descend, et donne naissance, A au vent alizé B et G aux vents variables H.

§ 311. — Les observations montrent que les vents H sont vents de pluie, et B vents secs. Il est évident que les vents A ne peuvent céder des vapeurs à H pour en faire des vents pluvieux ; car, ces vents ayant été jusqu'au pôle comme vents de surface, ont déposé toute leur humidité, et ils retournent vents secs vers le Cancer. Et comme ces vents B sont aussi secs, ils sont probablement une continuation des vents A.

§ 312. — D'un autre côté, si les vents A retournaient en H vers les pôles, ils devraient rester long-temps en contact avec la mer pour se saturer, de manière à fournir les pluies qui alimentent les rivières et toute la surface de cet hémisphère. En ce cas, il faudrait trouver au nord du Cancer une zone d'évaporation comme dans le sud ; c'est ce qui n'est point, parlant exclusivement pour l'Océan.

§ 313. — Il faut donc admettre que A et G prennent les directions indiquées par la fig. 1 sans cependant en voir les causes.

§ 314. — En suivant le même mode de raisonnement, les vents H doivent être la continuation des vents F qui se sont chargés de vapeurs dans le sud pour aller de G en H. En admettant ce raisonnement, il faut nécessairement admettre que la nature dispose d'une force qui entraîne G à travers les calmes du Cancer, vers la zone tempérée boréale. Le magnétisme contenu dans l'oxygène de l'air peut bien être l'agent producteur de ce croisement des vents sous ces calmes : croisement qui paraît anormal.

§ 315. — La chaleur, le froid, la sécheresse, la pluie, les nuages et les rayons solaires ne viennent qu'en obéissant aux lois qui règlent les saisons. Si, au contraire, la sécheresse et la pluie étaient dues au hasard, il y aurait des saisons d'une sécheresse extrême, et d'autres d'une pluie torrentielle, ce qui n'est pas, puisque la moyenne annuelle d'eau et de chaleur reste constante.

§ 316. — Après avoir montré toutes les raisons qui nous ont fait donner aux vents les directions énoncées précédemment, nous devons demander à d'autres considérations et à l'adjonction d'autres forces, les causes de l'ascension des vents à l'équateur, de leur descente sous le tropique, et de leur direction vers les pôles.

§ 317. — Dans un problème de ce genre, une démonstration positive est très-difficile, sinon impossible. Là où des déductions philosophiques ne peuvent se faire, nous serons bien obligés d'admettre l'évidence des faits.

§ 318. — Je vais tâcher de faire voir que c'est le magnétisme contenu dans l'oxygène de l'air qui a soufflé comme vent de sud-est, qui dirige les vents dans leur ascension sous les calmes de l'équateur, et dans leur course vers l'hémisphère nord (fig. 1).

§ 319 — Pour procéder avec ordre, je vais d'abord établir les faits qui m'ont conduit à donner aux vents une direction circulaire, telle que les vents F doivent suivre G, H, A, B, C, D, et enfin E.

§ 320. D'abord F représente les vents alizés sud-est, c'est-à-dire tous les vents de l'hémisphère sud qui approchent de l'équateur. Il n'y a aucune raison qui puisse empêcher les vents de passer d'un hémisphère dans l'autre ; au contraire, bien des raisons paraissent venir à l'appui de cette hypothèse.

§ 321. — La proportion de terre et d'eau des deux hémisphères étant différente comme celle des plantes et des animaux à sang chaud, il est probable qu'il en arriverait de même pour la constitution atmosphérique qui changerait dans la suite des âges, de sorte que l'on ne passerait pas impunément d'un hémisphère dans l'autre.

§ 322. — En considérant combien est parfait tout le système des agencements de toute la machine terrestre, où rien ne paraît être donné au hasard, on est conduit à se demander quelle est la raison qui empêcherait des vents du sud-est de retourner dans le sud au lieu d'aller au nord, et quelle est la force déterminante.

323. — J'ai trouvé des observations qui m'empêchaient de croire à ce retour, ou même simplement au mélange des deux airs amené par les vents alizés, et à leur retour indistinct vers les pôles.

§ 324. — Voici quelles sont les raisons et les suppositions qui m'ont fait admettre qu'il y avait sous l'équateur continuation des courants des vents alizés, comme courants supérieurs, et par suite un croisement.

§ 325. — La partie de l'année où la surface des vents alizés est la plus large, et où par conséquent l'évaporation a le plus de prise dans le sud, est celle où il pleut le plus dans le nord. Il est naturel de supposer que l'un est la conséquence de l'autre.

§ 326. — La surface d'évaporation est plus grande dans le sud que dans le nord; toutes les grandes rivières, sauf les Amazones, qui appartiennent aux deux hémisphères, sont dans le nord. Le croisement des vents alizés sous l'équateur est la conséquence de ce fait.

§ 327. — Mes recherches m'ont amené à penser que la température moyenne de la zone torride nord est plus élevée que celle du sud : car cette différence élève la limite équatoriale des vents alizés du sud-est de ce côté de l'équateur ; elle est même capable d'entraîner toute la zone des vents sud-est de ce côté de l'équateur.

§ 328. — La conséquence forcée de cette observation, comme nous l'avons déjà dit, est que les vents alizés étant plus longtemps en contact avec la surface de l'eau, et à une température plus élevée, doivent se charger de plus d'humidité.

§ 329. — En restant dans des considérations de cet ordre, je ne pourrai trouver dans l'hémisphère nord la partie de l'Océan capable d'alimenter les sources du Mississipi, du Saint-Laurent et des autres grandes rivières de notre partie du monde.

§ 330. — Des séries régulières d'observations météorologiques ont été faites dans tous les postes militaires des États-Unis, depuis 1819. Des cartes des pluies de tout le pays ont été faites sur ces observations (1) dans les bureaux de la médecine militaire, par M. Lorin Blodget, sous la direction du docteur Cooledge U. S. A. Ces cartes viennent appuyer nos

(1) Voyez Army, Meteorological observations, publiées en 1855.

vues d'une manière remarquable; car elles montrent que la saison sèche de l'Orégon et de la Californie est la saison pluvieuse de la vallée du Mississipi.

§ 331. — Les vents qui viennent du sud-ouest frapper sur les côtes de la Californie et de l'Orégon en hiver, occasionnent des pluies abondantes. Ils passent alors par dessus les montagnes, débarrassés en grande partie de leurs vapeurs. Lorsqu'ils arrivent des côtes du Pacifique, ils ne peuvent plus causer de pluie dans le haut de la vallée du Mississipi, où ils soufflent pendant l'été, ayant déposé leurs vapeurs, quoique faiblement, cependant, sur les côtes même de l'Océan.

§ 332. — D'après cela, la saison sèche sur les bords du Pacifique doit être la saison pluvieuse de la vallée haute du Mississipi, *et vice versa*. Les cartes de Blodget confirment cette assertion.

§ 333. — Les observations météorologiques faites dans la vallée de la Rivière-Rouge et dans la Nouvelle-Bretagne, donneront de nouvelles lumières et une confirmation à cette théorie si intéressante.

§ 334. — Ces observations du corps militaire, réunies dans les cartes de Blodget, révèlent d'autres faits intéressants sur la géographie physique de cette contrée; ce sont deux lignes isothermes de 45°

(7°, 2 c.) et de 65° (18°,33 c.) (pl. VIII) qui limitent tous les pays de cette température moyenne.

§ 335. — J'ai tracé des lignes semblables pour faire une comparaison entre l'Europe et l'Asie. Je me suis servi des observations de Dove et de Johnston (A. K. d'Édimbourg). La ligne de 65° est la limite nord des plantations de cannes à sucre, et sépare les productions intertropicales des autres. J'ai tracé ces deux lignes dans l'Amérique pour montrer l'avantage que l'industrie et l'économie politique peuvent tirer de l'extension des observations météorologiques de la mer à la terre. Ces lignes montrent combien on se trompe quand on veut déduire le climat de la latitude. L'espace compris entre ces lignes de 45° et de 65°, pris entre le Mississipi et les montagnes Rocheuses, est plus large que la partie comprise entre le Mississipi et l'Atlantique : ce qui montre l'effet singulier de ces montagnes sur le climat.

L'hygrométrie y est différente, l'atmosphère est plus pure et plus sèche. La quantité d'eau tombée sur cette large zone, comprise entre 100° et 110° longitude ouest, est la moité de celle tombée entre ces deux lignes isothermes à l'est du Mississipi. Les contrées à l'ouest ont leur hiver sec et le printemps pluvieux. Humboldt regarde la mer Caspienne comme ayant le climat le plus salubre de toute la terre et les meilleurs fruits qu'il ait trouvés dans le cours de ses voyages. La pureté de l'air est telle, qu'une lame d'acier poli ne se ternit pas la nuit. Ces deux lignes isothermes avec leur inflection vers le nord-est au dessus du Mississipi, limitent les productions des olives, du vin, de l'œillette, du melon, de la pêche et de l'amande. Les laines y sont plus fines : la culture des patates, du chanvre, du tabac, du maïs et de toutes les céréales, s'y fait admirablement. Aucun climat de la zone tempérée n'est plus salubre que ce versant des montagnes le long du Mississipi.

§ 336. — Ce sont ces diverses considérations qui m'ont amené à comparer la machine atmosphérique à une machine à vapeur (168) dont les bouilleurs sont sous les tropiques du Capricorne, et le condenseur dans la zone tempérée sud : l'inverse ayant lieu pour l'hémisphère austral.

§ 337. — La zone de calmes du Capricorne est deux fois plus large que celle du Cancer : de là partent des vents dans la direction du nord et du sud ; du côté de la limite polaire du Capricorne, les vents sont nord-ouest, au lieu de sud-ouest, tandis que du côté de l'équateur, ce sont les vents du sud-est qui remplacent les vents nord-est.

§ 338. — En admettant que les vapeurs contenues dans les vents alizés du nord-est doivent se condenser dans les régions extra-tropicales du sud, on peut, en tenant compte du mouvement de rotation de la terre, déterminer la route suivie par les vents dans l'océan Pacifique, conformément au système général de la circulation : ils viennent du nord comme courant supérieur, descendent à la surface près du tropique du Cancer par 120° long. O, et forment alors les vents alizés nord-est de ces régions.

§ 339. — La planche VII rendra ceci plus clair. J'y ai marqué la direction des vents de pluie. A, représente une largeur ou mieux une ligne de ces vents dans les vents alizés du nord-est. B, le même vent contre-courant supérieur des vents du sud-est et C le même vent après qu'il est descendu au delà du tropique du Capricorne, comme vent de pluie, du nord-ouest dans l'hémisphère sud.

§ 340. — Comme les vents alizés du nord-est, c'est un vent d'évaporation ; il parcourt une large portion de l'Océan, comme celle qu'il a parcourue vent alizé du nord-est, entre le tropique du Cancer et l'équateur.

§ 341. — Après avoir passé sur des eaux chaudes, il rencontre vers 140° à 150° long. O, la région des calmes de l'équateur, ligne de séparation des deux vents alizés ; il dépose là une partie de ses vapeurs, et s'élève pour passer au-dessus des vents alizés sud-est jusqu'aux calmes du Capricorne. Il redescend, continue sa course vers l'Amérique du Sud en obéissant à la rotation diurne, et devient vent régnant du nord-ouest pour l'hémisphère austral. Venant d'un climat chaud à un climat froid, il doit plus précipiter qu'évaporer dans sa course au-dessus de la mer.

§ 342. — Il est évident qu'en admettant toutes ces circonstances, les vents alizés du nord-est se trouvent pendant longtemps en contact avec une surface qui donne des vapeurs en quantité. Ils peuvent donc se saturer complétement.

§ 343. — En second lieu, la côte de l'Amérique du Sud, depuis le cap Horn jusqu'au tropique, le long des montagnes, doit être un lieu excessivement pluvieux.

§ 344. — Tous les ouvrages de géographie physique sont d'accord sur ce sujet. Berghaus et Johnston, dans leur hygrométrie, constatent d'après l'autorité du capitaine King R. N., que dans 41 jours

il est tombé sur les côtes de la Patagonie 153 pouces (6 mètres) d'eau ; la mer, suivant des marins,
est couverte d'une couche d'eau douce.

§ 345. — Ces vents de pluies se sèchent complétement à leur passage sur les sommets neigeux des
Andes, et viennent vents secs sur le versant oriental de ces montagnes ; ils traversent la Patagonie jusqu'à Buenos-Ayres, pays sec et aride.

§ 346. — Ces différentes circonstances, la direction des vents régnants et la quantité de pluie sont
plutôt en faveur de notre théorie que contre elle.
Car, on ne saurait trouver autre part le lieu d'où
ces vents, dans leur course vers les pôles, pourraient tirer toutes les vapeurs dont ils sont chargés.

Je connais l'importance de la théorie qui veut
que la précipitation provienne du refroidissement
produit dans les régions supérieures de l'atmosphère, indépendamment du voisinage des sommets
des montagnes et des pics couverts de neiges.

§ 347. — Dans nos recherches sur les hautes mers,
beaucoup de faits sont inconciliables avec cette
théorie. C'est pourquoi, sans aucune idée précon-
çue, sans opinion arrêtée d'avance, je vais m'effor-
cer de déduire des faits une théorie, qui concorde
avec eux et puisse les expliquer.

§ 348. Elle ne sera pas toujours satisfaisante : cependant tous les faits rapportés jusqu'alors semblent montrer comme certain le croisement des vents alizés du sud-est sous la région des calmes de l'équateur, ainsi que le montre la figure 1. Mais comment ce croisement s'effectue-t-il ? c'est là, que les observations et les raisonnements auront besoin d'apporter des lumières pour éclaicir ce point.

§ 349. — D'abord nous devons rappeler que cette zone est tantôt large de plusieurs centaines de milles, tantôt seulement de soixante. Nous pouvons en déduire le volume de l'air amassé par les vents alizés en admettant que leur hauteur ne s'élève pas au delà de trois milles.

§ 350. — Les deux vents alizés du nord-est et du sud-est ont donc une entrée dans cette zone par une section de trois milles de hauteur. La largeur de l'ouverture par laquelle ils s'élèvent varie entre soixante, cent ou trois cent milles.

Bien que ces vents aient un mouvement de translation de 20 milles à l'heure, ils peuvent avoir un mouvement ascendant relativement lent. De sorte que ces *agglomérations* ou ces colonnes d'air peuvent très-bien se croiser sans se mêler ; nous allons examiner quels sont les obstacles qui peuvent s'y opposer, et quelles sont les forces en action.

§ 351. — Par exemple, lorsqu'on ouvre la fenêtre d'un appartement chaud, deux courants d'air s'établissent : l'un d'air chaud, supérieur et sortant, l'autre d'air froid, inférieur et entrant.

§ 352. — L'été, ce fait peut se produire sur une plus large échelle, en observant les colonnes d'air au-dessus d'un champ d'une teinte sombre, le tremblement que nous percevons dans l'air au-dessus des surfaces chaudes est dû au mouvement des colonnes d'air chaud ascendantes et à celui des colonnes d'air froid qui retombent. Les astronomes s'en aperçoivent bien quand, longtemps après que la nuit est tombée, ils dirigent leur télescope vers les astres qui paraissent danser dans les cieux.

§ 353. — En supposant, ce qui n'est pas impossible, que l'air amené par les vents alizés du nord-est, diffère de température avec celui des vents du sud-est, il est dans les lois de la nature que le mélange ne s'effectue pas. Les exemples que nous voyons chaque jour prouvent qu'on peut conclure que des filets d'air, des colonnes, peuvent s'écouler l'un à côté de l'autre sans éprouver de difficultés. De plus, si l'état électrique de ces deux airs est différent, n'est-ce pas une raison de plus pour que le mélange ne se fasse pas dans leur course ascendante vers les pôles.

§ 354. — Nous pouvons donc admettre, comme un fait déjà observé dans la nature, l'ascension de deux colonnes d'air dans la zone des calmes de l'équateur sans qu'il y ait mélange et changement de direction.

§ 355. — Ayant montré que rien ne s'oppose à l'admission de ce croisement d'air dans cette zone, en raisonnant par induction, nous allons chercher les preuves que ce croisement a effectivement lieu. Raisonnons sur le Mississipi, sur la quantité d'eau qu'il jette à la mer et sur la direction des nuages qui vont alimenter les sources de cette puissante rivière.

§ 356. — Il tombe plus d'eau dans cette vallée drainée par cette rivière qu'il ne s'en évapore. La différence annuelle est donnée par la quantité d'eau versée à la mer (165).

§ 357. — Le thermomètre doit nécessairement rester plus haut dans l'endroit de la mer où se fait l'évaporation, que dans la vallée du Mississipi où se fait la condensation sous la forme de pluies.

§ 358. Je cherchais dans le sud de l'Atlantique un espace assez grand pour fournir par l'évaporation les eaux des pluies de cette grande rivière, et même en le supposant trouvé, je ne voyais aucun vent propice pour amener ces vapeurs.

§ 359. — Les vents régnants dans la mer des Antilles et dans le sud du golfe du Mexique sont les vents alizés du nord-est. Ils amènent les nuages vers les pays inter-tropicaux de l'Amérique, et ce n'est que par exception que la vallée du Mississipi reçoit des eaux de là.

§ 360. — Les vents du nord ne peuvent amener des nuages des grands lacs par deux raisons : 1° La pluie y est plus forte que l'évaporation, et le fleuve Saint-Laurent enlève cet excédant[1]; 2° La température de ces lieux étant inférieure à celle du Mississipi, il s'en suit que cette vallée ne serait pas favorable à la condensation de vapeurs venant des grands lacs.

§ 361. — La vallée du Mississipi étant au vent de l'Atlantique ne peut recevoir des nuages de ce côté. Les vents qui soufflent dans l'Océan vont vers l'Europe avec leurs nuages. Et dans le Pacifique, depuis le parallèle de la Californie jusqu'à l'équateur, les vents à la surface portent vers l'équateur. On peut donc établir avec une certaine probabilité, que les nuages de pluie du Mississipi ne proviennent ni de l'Atlantique boréal, ni des grands lacs, ni du golfe du Mexique, ni de la partie de l'océan Pacifique où prévalent les vents alizés du nord-est.

§ 362. — La même suite de raisonnements qui nous a conduit (§ 342) à prendre dans la région des vents alizés de l'hémisphère nord la source des pluies de la Patagonie, nous indique les régions du Pacifique austral comme le point de départ des vapeurs qui alimentent les sources du Mississipi.

§ 363. — Il était donc logique de chercher la direction des vents de pluie dans la vallée dont nous nous occupons, et pour y parvenir, j'adressai une lettre circulaire à tous les fermiers pour leur demander la direction des vents pluvieux.

§ 364. — Je reçus des réponses de la Virginie, du Mississipi, de Tennessee, Missouri, Indiana et Ohio, et plus tard de Col. W. A. Bird, Buffalo, New-York, qui disaient que les vents du sud-ouest étaient vents de beau temps, quelquefois donnaient de la pluie. A Buffalo il pleuvait souvent avec les vents de la partie de l'est venant du Gulf-Stream. Mais dans la vallée du Mississipi avec une seule exception dans le Missouri, tous répondirent, « que les vents du sud-ouest apportaient les pluies. »

§ 365. — Ces vents ne peuvent avoir pris leurs nuages dans les montagnes Rocheuses et dans les grands lacs salés où il tombe plus d'eau qu'il ne s'en évapore. Car, sans cela, depuis la suite des siècles, ces lacs devraient être desséchés.

§ 366. — Les vents qui alimentent les sources du Mississipi doivent venir d'une haute température vers une plus basse. Et comme ils ne trouvent sur ce sol aucune surface donnant des vapeurs, ils doivent les apporter de leur point de départ.

§ 367. — Nous avons admis que pour la Patagonie, les vents puisaient sur la mer (§ 344) les vapeurs qui venaient fondre en pluie sur ce pays, nous pouvons encore le faire ici. Car ces vents passant en courant supérieur les régions de calmes de l'équateur et du Cancer peuvent très-bien arriver vents de surface chargés de nuages dans la vallée du Mississipi, ce sont des vents du sud-ouest, venant d'une latitude chaude vers une froide. Comme ils sont chargés de vapeurs, ils doivent plus en abandonner qu'en prendre. Et comme la vallée du Mississipi alterne ses saisons pluvieuses et sèches avec la Californie et l'Orégon (§ 330), il est bien certain que ces deux pays doivent prendre leurs pluies aux mêmes sources.

§ 368. — Toutes ces circonstances s'accordent avec ma théorie; mais aucune observation directe de la circulation atmosphérique n'a été trouvée, et j'espère peu arriver à une découverte de ce genre.

§ 369. — Mon ami le lieutenant de Haven commande l'expédition américaine à la recherche de sir John Franklin. On trouve quelquefois des infusoires dans les poussières de mer, les gouttes de pluie, la grêle ou la neige. S'il avait le bonheur de trouver dans les régions arctiques des infusoires microscopiques dont l'origine pût être rapportée aux régions du sud, nous pourrions nous vanter d'avoir pénétré dans les secrets des vents, et dire « qu'ils retournent d'où ils sont venus. »

§ 370. — Je crois qu'il n'est pas donné à l'homme de suivre les vents dans *leurs circuits*. Mais rassemblant tous les faits pour en faire une théorie probable et la publier pour que l'avenir la confirme ou l'anéantisse, voilà le but que je me suis proposé dans mes recherches.

§ 371. La question en était à ce point lorsque mon ami le baron de Gerolt, ministre Prussien, me mit entre les mains le travail d'Ehrenberg « Passat « Staub und Blut regen, »

Je trouvai là ce que j'espère encore que de Haven m'apportera du pôle nord (§ 369).

§ 372 — Le célèbre savant rapporte qu'il a trouvé

dans les pluies de sang des îles du Cap-Vert, de Gênes et de Lyon les infusoires de l'Amérique du Sud (§ 273).

§ 373. — Ce fait est une confirmation éclatante de notre théorie de la circulation atmosphérique. Les vents de l'hémisphère sud remontent après avoir rencontré les régions de calmes de l'équateur, passent, courant supérieur, au-dessous du tropique du Cancer dans la direction du sud-ouest, puis redescendent dans la zone tempérée nord, vent prédominant de surface. Ainsi la plupart du temps les vents alizés portent dans un hémisphère les vapeurs dont ils se sont chargés dans l'autre.

§ 374. — J'ai marqué sur la planche 7 la direction supposée du *Passat-Staub* : les lettres P P marquent le point de départ, et S S les points d'arrivée. La partie pointillée des lignes indique que c'est alors un courant supérieur, la ligne pleine un courant de surface. La même planche donne le point de départ supposé des nuages du Mississipi ; les mains indiquent les directions des vents ; les parties légèrement pointillées indiquent les passages en courants supérieurs.

§ 375. — Ce sont ces diverses circonstances qui m'ont conduit à soupçonner l'existence d'un agent inconnu dont on n'avait pas encore vu de traces et dont l'action se fait sentir dans les régions de calmes.

§ 376. — Le docteur Faraday a fait voir que lorsque la température de l'oxygène s'élève, sa force *paramagnétique* diminue, et qu'il la reprend avec l'abaissement de la température.

« Cette propriété, il la garde dans l'atmosphère,
« de sorte que ce dernier est un milieu magnétique
« dont le pouvoir varie avec les circonstances physi-
« ques. Lorsqu'une masse d'air se refroidit, elle
« devient plus *paramagnétique*, et reprend cette
« propriété, et devient même *diamagn atique*, com-
« parativement au reste de l'air, quand la tempé-
« rature s'élève (1). »

§ 377. — C'est probablement là l'agent mystérieux qui guide les vents d'un hémisphère dans l'autre, avec tout leur cortège de nuages et d'infusoires qui traversent ainsi les régions de calmes du Capricorne et du Cancer.

§ 378. — Appliquons la théorie d'Ampère sur la détermination du pôle magnétique déterminé par

(1) Philosophical Magazine and journal of Science, 4th. serie, n° 1, January, 1851, p. 73.

un courant électrique, suivant qu'il passe dans des spires tournées comme le mouvement solaire ou en sens inverse, aux découvertes de Faraday et aux expériences du physicien Prussien (1), nous allons déduire une série de faits et de principes qui expliqueront dans la circulation atmosphérique le croisement des courants et le mouvement gyratoire des vents, qui dans l'hémisphère arctique tournent dans un sens inverse des aiguilles d'une montre et dans le même sens dans l'hémisphère antarctique.

§ 379. — Les observations de mon ami Quetelet à Bruxelles, viennent encore d'apporter une vive lumière dans la question : il a montré que la partie supérieure de l'atmosphère est un immense réservoir d'électricité qui est positive et augmente avec la température.

§ 380. — L'existence de deux pôles magnétiques nord et sud ne se présente-t-elle pas comme nécessitée par ces nœuds atmosphériques ou régions de calmes que j'ai trouvées théoriquement ? En d'autres termes, les pôles magnétiques et ces nœuds atmosphériques ne sont-ils pas nécessités par la

(1) Le professeur Von Feilitzsch de l'université de Greifswald, Philosophical Magazine, janvier 1851.

corrélation des causes avec leurs effets? Cette ques—
tion, je la posai il y a quelques années (1), et j'étais
conduit à la faire simplement par des inductions
théoriques.

§ 381. — Les observateurs ne pourront peut—être
jamais atteindre avec leurs instruments cette région
inhospitalière, Mais Parry et Barrow ont été conduits
à penser qu'il existait une région de calmes perpétuels vers les pôles, et dernièrement Bellot, a
constaté l'existence d'une région de calmes dans la
zone glaciale. Le professeur J. H. Coffin, dans un
travail remarquable sur *les vents de l'hémisphère
nord* (2), est arrivé à la même conclusion. Il discute
les observations de 569 stations météorologiques
embrassant un espace de temps de 2829 années. Il
place son *pôle météorologique*, *le pôle des vents*, par
84° de latitude nord et 105 de longitude ouest. Sir
David Brewster place le pôle de froid maximum à 80°
de latitude et 100 de longitude ouest. Gauss place
le pôle magnétique à 73° 35' de latitude, 95° 39' de
longitude ouest.

§ 382. — Aucun de ces pôles ne peut avoir une

(1) Maury's Sailing directions.
(2) Smithsonian, Contributions to Knowledge, vol. VI 1854.

position exacte et définie. Le pôle des calmes est bien moins un point que les calmes de l'équateur une ligne ; en considérant que ces pôles sont des surfaces, il est extrêmement remarquable que des physiciens de lieux et d'époques différentes, cherchant différents problèmes avec des marches complétement indépendantes, arrivent à la même conclusion. Le hasard ne peut être pour rien dans un pareil résultat. C'est ainsi que ce qui paraît d'abord au-dessus des forces de l'esprit humain, dévoile tout d'un coup ses mystères, mystères des vents, du froid et de l'aiguille aimantée.

§ 383. — Dans la région des calmes polaires il y a ascension de l'air (§ 139), par suite, diminution de pression et expansion, ce qui nécessite un abaissement de température. Le pôle de froid maximum a donc une corrélation forcée avec celui des calmes. Cette relation indique que le pôle magnétique doit aussi se trouver lié à ces derniers par des lois physiques. La liaison entre le magnétisme et la circulation atmosphérique se montre donc dans ce fait.

§ 384. — L'accord de ces différentes observations qui séparément ne pouvaient expliquer la circulation de l'air, me paraissent apporter par leur

ensemble assez de lumières pour guider dans ces recherches. Les vents approchent des régions polaires
(§ 155) en suivant une spirale dans le sens des
aiguilles d'une montre dans l'hémisphère sud, et
en sens contraire dans l'hémisphère nord ; les cyclones observés dans l'hémisphère boréal, tournent
en sens contraire des aiguilles d'une montre, et
dans l'hémisphère austral comme elles. La réunion
de toutes ces circonstances semble désigner le magnétisme de l'air comme l'agent mystérieux des
mouvements rotatoires.

§ 385. — Ces différentes découvertes nous permettent de considérer avec une certaine raison le
monde comme une pile immense dont les couples
sont la terre et la mer entourées comme une bobine
par l'air et qui, excitée sous les tropiques par cette
batterie naturelle, électrise à son tour l'oxygène qui
donne à l'atmosphère les propriétés magnétiques.

§ 386. — Nous voyons pourquoi (pl. I) l'air qui
s'est avancé dans son *circuit* vers les régions antarctiques, est rappelé du sud vers le pôle opposé, suivant
les lois connues du magnétisme.

§ 387. — Ces forces sont suffisantes pour entraîner dans leur course les vents alizés du nord et du
sud. Et lorsqu'ils se rencontrent sous l'équateur, ils

se traversent, emportant avec eux les vapeurs de l'autre hémisphère.

§ 388. — La force de la chaleur solaire pousse l'air vers le nord, la rotation diurne l'entraîne vers l'est. Après avoir couru dans cette direction dans les régions supérieures de l'atmosphère, il descend à la surface guidé à son point de croisement du Cancer par le magnétisme, et de la partie du sud et de l'ouest passe à celle du nord et de l'est.

§ 389. — Ce sont ces vents (§ 181), qui dans leur course de l'océan Pacifique vers le nord, passent au-dessus de la vallée du Mississipi comme vents pluvieux (§ 364).

§ 390. — D'après cela, en tenant compte des exceptions produites dans la circulation atmosphérique par des circonstances locales, les vents du sud-est qui soufflent sur les côtes du Brésil à la hauteur du parallèle de Rio, doivent traverser ces pays, les Andes, et la région de calmes de l'équateur pour se diriger ensuite vers le nord de l'Afrique, l'Espagne et le sud de l'Europe.

§ 391. — Ce sont eux qui apportent les infusoires découverts par Ehrenberg (§ 273), et d'après la théorie, ils doivent être peu chargés d'humidité. Aussi leur point d'arrivée est-il la portion de l'ancien continent, le moins sujet aux pluies.

§ 392. — On peut établir cette règle générale : les contrées qui sont au nord des calmes du Cancer, qui ont de grandes parties de terres dans le sud et dans l'ouest, ont peu de pluies, *et vice versâ*.

§ 393. — La partie extra-tropicale de la Nouvelle-Hollande est placée dans l'hémisphère sud. Les Indes sont dans le nord-ouest de ce pays ; elles doivent donc, à cause des vents alizés du nord—est, lui enlever une grande partie de l'humidité de ces vents : Mes recherches ne m'ont pas encore fait connaître les modifications que les moussons des Indes peuvent apporter à cette règle. Néanmoins la Nouvelle-Hollande est un pays sec.

§ 394. — Bien que par tout ce que nous venons de rappeler, nous ne puissions prouver mathématiquement que le magnétisme est la force qui entraîne les tempêtes tournantes de droite à gauche, et de gauche à droite, qui fait croiser les vents contraires dans des points déterminés, l'explication de ces différents phénomènes est trop probable pour ne pas donner quelque poids à notre supposition. Lorsque dans des recherches scientifiques on est obligé d'entrer dans le champ des hypothèses, il faut prendre une théorie qui concorde avec le plus de faits connus . Et jusqu'à preuve du contraire , celle que nous avons émise sur le croisement des vents paraît être la seule probable . (Voyez les additions.)

§ 395 . — Nous ne pouvons affirmer que le magnétisme soit la force qui nécessite le croisement de l'air et l'empêche de retourner sur ses pas ; il suffit cependant de reconnaître que les propriétés de l'oxygène de l'air ne peuvent que favoriser ce résultat. Ce sont les raisons qui m'ont amené à conclure que l'électricité et le magnétisme sont des forces qui entretiennent la circulation atmosphérique.

CHAPITRE VII.

COURANTS DE LA MER.

§ 596. — La mer, comme l'atmosphère, a son système complet de circulation entretenu par des courants soit supérieurs, soit inférieurs, qui obéissent en suivant leurs chenaux aux lois de la physique. Cette circulation des eaux a nécessairement son but dans l'économie terrestre ; qu'elle se fasse à la surface ou dans les profondeurs de la mer, elle est déterminée par certaines causes. Bien que cachée aux regards des hommes, elle doit obéir aux grandes lois de la nature qui ne laissent rien au hasard.

§ 397.—La nature nous l'enseigne sous toutes les formes ; soit qu'elle aille chercher dans les tropiques des courants d'air ou d'eau chauffés par les rayons solaires pour faire naître la verdure de nos climats, soit qu'elle apporte du nord la fraîcheur aux tropiques. Les baleines le proclament (§ 70) avec tous les habitants de la mer.

§ 398. — La faune et la flore de la mer, comme ses habitants ont leur existence dépendante de la température, aussi bien que sur la terre ferme. Sinon on trouverait partout les mêmes poissons, les mêmes algues, les mêmes coraux. Les baleines se verraient sous les tropiques, les huîtres à perle sous les banquises, où l'eau a une température inférieure à zéro F.

§ 399. — L'eau est un très-mauvais conducteur

de la chaleur. Quand on chauffe une barre de fer par une extrémité, l'autre s'échauffe rapidement. Tandis que l'eau ne transmet que difficilement la chaleur et a besoin d'être en mouvement pour échauffer toute sa masse.

§ 400. — L'étude des climats de la mer comporte la connaissance des courants froids et chauds. Ils circulent et conservent ainsi l'harmonie du vieil Océan.

§ 401. — En étudiant tout le système de circulation de l'Océan, nous pouvons avancer que dès qu'un courant part d'un lieu de l'Océan, il y en a un autre qui y revient d'un égal volume. C'est sur ce simple principe qu'est établi tout le système les courants et contrecourants de la mer et de l'air.

§ 402. — Les courants de l'eau comme ceux de l'air qui se rencontrent dans différentes directions, donnent naissance à des mouvements gyratoires qui, dans quelques parties du monde comme en Norwège, prennent l'aspect de tourbillons dans lesquels la mer semble s'engouffrer. Le célèbre Maelstrom est causé par le conflit des courants de marée avec d'autres. L'Amiral Beechey R. N. (1) a donné le diagramme

(1) Voyez un intéressant travail sur les courants de marée dans la mer du Nord et dans la Manche, p. 703, Phil. transactions, part, ii, 1851.

gyratoire de plusieurs tourbillons dans la Manche qui se présentent aux rencontres des courants de marée de la mer du Nord et des courants venant de l'Océan. C'est l'action de ces courants se rencontrant obliquement qui donne naissance à ces tourbillons.

§ 403. — Une différence de niveau n'est pas nécessaire pour établir un courant dans l'Océan comme sur la terre. Il y en a qui remontent des pentes et d'autres qui les redescendent. Le Gulf Stream est parmi les premiers (§ 9).

§ 404. — Les courants qui vont de l'Atlantique dans la Méditerranée, et de l'Océan Indien dans la mer Rouge sont l'inverse de ce dernier. Le courant coule ici sur un lit d'eaux vers un niveau inférieur. Prenons d'abord les courants de la mer Rouge : cette mer, la plupart du temps, est sans pluie et sans rivière. Elle peut être comparée à un canal long et étroit. Se trouvant au milieu d'un pays privé d'eau, l'évaporation y est énorme, et ni pluie ni fleuve n'en compense les pertes. Elle a 1,000 milles de long, et court presque nord et sud entre le 13° et le 30° parallèle nord.

§ 405. — De mai à octobre, le niveau du fond du golfe est de près de 2 pieds inférieur à celui du détroit (1). Cet effet est dû à l'influence des vents régnants qui viennent du nord et qui poussent l'eau à l'embouchure.

§ 406. — Pendant cette partie de l'année, l'évaporation doit être immense, puisque c'est la saison chaude et que les vents régnants doivent l'aider. On ne peut l'évaluer à moins d'un demi-pouce par jour, et elle peut aller à deux. Dans les canaux les ingénieurs doivent tenir compte de l'évaporation journalière de l'été pour connaître le niveau. C'est un élément important, surtout ici, en considérant les circonstances physiques où nous nous trouvons. La mer Rouge est un canal de 1,000 milles de long, ayant des rives de sable brûlant, une évaporation continue, et les vapeurs qui s'élèvent de sa surface n'y retournent sous aucune forme.

§ 407. — Ces considérations font voir que l'évaporation doit avoir, comme les vents régnants, influence sur la différence de niveau qu'on observe aux deux extrémités de cette mer.

§ 408. — L'évaporation dans l'océan Indien a été trouvée (§ 33) des 3/4 d'un pouce à un pouce par jour. Prenons pour moyenne dans la mer Rouge la moitié d'un pouce.

(1) Atlas physique de Johnston.

§ 409. — Maintenant, supposons que le courant qui entre dans cette mer ait une vitesse moyenne de 20 milles par jour, il mettrait cinquante jours à transporter l'eau de l'embouchure au fond de cette mer. Pendant ce temps l'évaporation enlève 25 pouces d'eau à la surface.

§ 410. — Le niveau des eaux à l'isthme de Suez doit être inférieur à celui des eaux au détroit de Bab-el-Mandeb. Sans tenir compte de l'influence des vents, deux causes doivent le produire, l'évaporation et la différence de température des deux extrémités due à leur différence de latitude.

§ 411. — Pour rendre plus claire l'idée que la surface de la mer Rouge ne représente pas le niveau d'une mer, mais un plan incliné, supposons que le fond soit parfaitement uni et vide, et qu'une vague de dix pieds de haut entre par le détroit avec une vitesse de 20 milles par jour, et perdant par évaporation journalière la moitié d'un pouce, il est facile de voir qu'au bout de cinquante jours elle aura perdu deux pieds.

§ 412. — L'évaporation change donc ce niveau en un plan incliné.

§ 413. — La densité de la mer augmente par l'évaporation. Les eaux de l'isthme étant plus salées et plus froides, et par conséquent plus lourdes, ne sont pas équilibrées par les eaux du détroit vers lequel elles doivent se diriger par un contre-courant sous-marin : sans cela il faudrait supposer que ces eaux abandonnent leur sel sur le fond de la mer ; dépôt qui finirait par absorber tout le sel de l'océan Indien, en changeant la mer Rouge en un marais salant. Comme cela n'a pas lieu, il faut nécessairement qu'il existe dans la mer Rouge, comme au détroit de Gibraltar, un contre-courant sous-marin, et une proportion de sel plus forte vers Suez qu'à l'embouchure de la mer Rouge.

§ 414 — Une expérience peut montrer la nécessité de cette superposition de courants. Si on met en présence deux liquides qui ne peuvent se mélanger et de densités différentes, en ôtant l'obstacle qui les sépare, le plus lourd des deux passera dessous, coulant dans un sens, et le plus léger en dessus allant en sens contraire.

§ 415. — Les fleuves qui tombent dans la Méditerranée ne suffisent pas à remplacer l'eau enlevée par l'évaporation ; c'est donc par une marche analogue que les eaux salées venues de l'Océan y retournent ; sans cela le fond de la mer devrait être une masse compacte de sel . L'équilibre de ces mers est conservé par un système admirable de compensations calculées pour maintenir l'*harmonie des sphères*.

§ 416. — Il est difficile de se former une juste idée de la quantité de matières solides que le courant venant de l'Atlantique tient en solution. Dans le livre de bord 8 mars 1855, M. William Grenville Temple, capitaine à bord du *Levant*, navire des Etats-Unis en retour, porte cette remarque :

« Beau temps, dérive 1/4 rumb. A midi arrêté
» dans la baie d'Almiria et jetté l'ancre devant le
» village de Roguetas, trouvé un grand nombre de
» navires, devant faire route à l'ouest, et appris
» qu'un millier de voiles attendaient le temps fa-
» vorable jusqu'à Gibraltar. Plusieurs étaient là
» depuis six semaines, et étaient allés jusqu'à Ma-
» laga enlevés par le courant. En effet, pendant
» trois mois pas un navire ne put entrer dans
» l'Atlantique. »

§ 417. — Supposons que ce courant qui retient ainsi toute une flotte ne va que deux nœuds à l'heure. Prenons sa section de 400 pieds de profondeur et sept milles de large, la proportion de sel contenue dans l'eau étant du trentième, il entrera pendant ces 90 jours 88 milles cubes de matières solides ayant la densité de l'eau, dans la Méditerranée. Il est bien évident que ce courant, qui coule ainsi depuis des siècles, aurait transformé la Méditerranée en une masse compacte de sel.

§ 418. — Examinons les différents résultats des observations de densité de la mer Rouge et de la Méditerranée et ceux faits sur les courants.

§ 419. — Il y a quatre à cinq ans, M. Morris, ingénieur en chef de la compagnie orientale des paquebots d'Ajdaha, a recueilli des échantillons d'eau depuis Suez jusqu'au détroit de Bab-el-Mandeb qui, analysés par D' Giraud, a donné les résultats suivants (1) :

	Latitude.		Longitude. de Greenwich		Densité.	Sel contenu pour 1.000.
N. 1, de la mer à Suez	«	«	«	«	1027	41,0
N. 2, golfe de Suez	27°	49'	33°	45	1026	40,0
N. 3. mer Rouge	24	29	36	«	1023	39,2
N. 4, Id.	20	55	38	18	1026	40,5
N. 5, Id.	20	43	40	03	1024	39,8
N. 6, Id.	14	34	42	43	1024	39,9
N. 7, Id.	12	39	44	45	1023	39,2

§ 420. — Ces observations concordent avec la

(1) Transactions de la société géographique de Bombay, vol. ix, mai 1849 et août 1850.

théorie et montrent que les eaux du fond du golfe
sont plus salées et plus denses que celles de l'embouchure.

§ 421. — Le même mémoire dit que la température s'élève à Suez et à Aden jusqu'à 90° (32°, 2 c.) et
que la moyenne annuelle du jour et de la nuit est d'environ 75° (32°,26c.). La température de la mer à la
surface varie de 65° à 85°, et dans le psychromètre
la différence entre le thermomètre sec et mouillé,
s'élève à 25° (13°, 8), même à 30 et 40°, lorsque
souffle le *kamsin* ou vent du désert. L'évaporation
annuelle à Aden est d'environ 8 pieds. « En prenant
pour la mer Rouge, dit le D' Buist, la moyenne
« d'Aden, une tranche de huit pieds d'épaisseur et
« d'une surface égale à toute cette mer doit se per-
« dre chaque année par l'évaporation : et prenant
« 800 pieds pour la profondeur moyenne, qui est
« certainement deux fois trop forte, il suffirait d'un
« siècle pour produire le desséchement complet, si
« l'Océan n'y venait remplacer les pertes. Les eaux
« de la mer Rouge contiennent 4 0/0 de sel en
« poids : la densité du sel étant à peu près le
« double de celle de l'eau, cela ferait 2 , 7 0/0 en
« volume : soit en nombre rond 3 0/0. En trois
« mille ans, la mer Rouge serait changée en une

« masse compacte de sel s'il n'y avait des courants
« sortants. »

§ 422..— Comme cela n'est pas encore arrivé, et
que cette mer a plus de trois mille ans d'existence,
il s'en suit forcément que des courants sous-marins
doivent reporter à l'Océan les eaux salées.

§ 423. — *Courants de la Méditerranée* : Pour
prouver l'existence d'un courant sous-marin dans la
Méditerranée, nous devons rappeler que les courants
supérieurs qui sont salés entrent constamment par
le détroit. Nous savons que cette mer n'est pas plus
salée que les autres : il faut donc, indépendamment
des observations et du postulatum (401), qu'il existe
un courant sous-marin reportant à l'Océan ce qui
y a été versé par le courant supérieur (1). Un évé-

(1) Le docteur Smyth a le premier émis des *conjectures*
dans ce sens, en 1683 (Philosophical transactions). Cette entrée constante des courants dans la Méditerranée, a toujours
été une question embarrassante pour les marins et les physiciens. Le docteur Smyth énumère les différentes hypothèses
faites pour l'expliquer : ce sont des issues souterraines, des
cavités, des évaporations solaires, et enfin la conjecture qu'il
existe un courant inférieur dont le débit est égal à celui
d'entrée. Ce qui paraît confirmer cette hypothèse, c'est la
différence qui existe entre les courants de marée au large, et
ceux près des côtes et aux pieds des falaises où il y a nécessai-

nement arrivé en 1712 confirme l'existence de ce
contre courant sous-marin.

§ 424. — « En l'année 1712, dit le Dr Hudson
« dans une communication faite à la société philo-
« sophique en 1724, M. du l'Aigle, commandant
« un corsaire, le *Phénix* de Marseille donnant la
« chasse à un navire hollandais, près de la pointe
« de Ceuta, l'attaqua au milieu du détroit entre Ta-
« riffa et Tanger, le coula d'une seule bordée : les
« hommes furent sauvés par M. du l'Aigle. Peu de
« jours après, le navire avec sa cargaison d'huile
« et d'esprits, remonta à la surface près de Tanger
« quatre lieues plus à l'ouest que l'endroit où il
« avait coulé : cet événement prouva l'existence in-
« férieure d'un courant retournant vers l'Océan. Il
« est possible qu'une grande partie de l'eau qui en-

rement un courant sous-marin, comme dans le sud de la
Baltique. Un marin très-capable m'en a donné la preuve par
l'expérience suivante : Il me raconta qu'étant à bord d'une
frégate royale, il fut emporté au milieu du courant, étant
dans la chaloupe; ayant coulé un seeau avec un boulet à une
certaine profondeur, la chaloupe fut arrêtée, et, en le laissant couler plus profondément, elle fut entraînée contre le
courant. Le courant supérieur n'avait pas plus de quatre à cinq
brasses de profondeur, et plus on laissait couler le seeau, plus
le courant sous-marin atteignait de la vitesse.

« tre dans le détroit, retourne vers l'Océan par ces
« contre-courants. Les eaux du détroit sont très-
« profondes. Plusieurs commandants des navires de
« guerre ont essayé de sonder sans atteindre le
« fond. »

§ 425. — En 1828, Le D' Wollaston, dans un
mémoire lu devant le même comité, rend compte de
l'analyse d'eau prise à 660 brasses et à 15 milles en
dedans du détroit. « Elle avait un excès de densité
« sur l'eau distillée quatre fois plus fort qu'à l'or-
« dinaire, et en tenant même compte de l'évapora-
« tion, il était encore quatre fois plus fort que les
« résidus des salines. Il est clair qu'un contre-cou-
« rant aussi dense et aussi large, peut même avec
« une vitesse quatre fois moindre, empêcher l'ac-
« croissement de degré de salure des eaux de la
« Méditerranée comparativement à celles de l'O-
« céan. »

§ 426. — Le docteur avait reçu cet échantillon de
l'amiral Smyth de la marine anglaise qui l'avait recueilli pour le D' Marcet. Celui-ci étant mort vanta
de le recevoir, ces eaux restèrent quelque temps entre les mains de l'amiral avant de venir entre celles
de Wollaston.

§ 427. — L'évaporation a dû nécessairement

concentrer les eaux de ces échantillons ; car il est difficile de supposer que les trois quarts de l'eau entrée à Gibraltar s'évapore pour laisser un courant quatre fois plus salé au fond qu'à la surface. M. Coupvent des Bois vient par des observations toutes récentes de démontrer l'existence de ces deux courants pour la Méditerranée.

§ 428. — De tous ces faits et des observations du secrétaire de la société géographique de Bombay (421), on peut conclure sans aucun doute l'évidence de ces contre-courants inférieurs dans la mer Rouge et dans la Méditerranée, par ce seul fait que le courant supérieur entre toujours.

§ 429. — Des écrivains distingués diffèrent avec moi sur les conclusions. Parmi eux sont l'amiral Smyth, de la marine anglaise, et sir Charles Lyell qui diffèrent aussi entre eux. En 1820, le docteur Marcet, voulant étudier la composition chimique des eaux de la mer, l'amiral collectionna pour lui des échantillons d'eau de la Méditerranée prise à différentes profondeurs, surtout près de Gibraltar. Parmi ceux-ci, un échantillon pris à 660 brasses, fut trouvé par Wollaston quatre fois plus salé que l'eau de mer ordinaire (§ 425). Cette circonstance ne laissa pas de doute à ce chimiste sur l'existence d'un contre-courant plus chargé de sel.

§ 430. — Mais l'infatigable amiral, dans ces différentes croisières dans la Méditerranée, découvrit
que le fond qui est avant le détroit de 900 brasses,
devient, dans le détroit même, de 160, du côté de
la Méditerranée.

« S'il en est ainsi, s'écrie sir Charles Lyell, toute
« la masse de sel qui entre dans la Méditerranée
« n'en peut pas ressortir, car le sondage du capi-
« taine Smyth, que Wollaston n'a pas connu, nous
« donne entre le cap Trafalgar et Spartel, où le
« détroit a seulement 22 milles de large, la profon-
« deur la plus grande, seulement de 220 brasses
« du côté de Spartel (1). Il est donc évident que
« les eaux qui se sont écoulées dans la Méditer-
« ranée, ne peuvent retourner dans l'Océan, à cause
« de leur grande densité et de cette barrière sous-
« marine qui traverse le détroit dans sa plus petite
« largeur (2). «

§ 431. — La conséquence de ce raisonnement est
que les profondeurs de la mer, surtout dans les ré-

(1) 120 brasses d'après Smyth.
(2) Lyell's, *Principes de Géologie*, p. 334-35, 9ᵉ édition,
Londres, 1853.

gions des vents alizés où l'évaporation est constante et très grande, doivent être remplies de sel; cependant il est très-peu probable que cela se passe ainsi.

§ 432. — En suivant ce raisonnement, les eaux du fond des grands lacs de l'Amérique doivent être salées, puisqu'il est admis que les rivières et les pluies apportent les sels de la terre et les déversent dans la mer. Il faudrait donc admettre que les eaux de ces lacs seraient salées si elles n'avaient une issue à la mer. Le Niagara amène ses eaux des lacs supérieurs dans le lac Ontario, d'où le Saint-Laurent les jette à la mer. Or, le fond de ces lacs est bien plus bas que le sommet d'où le Niagara se précipite. Si le raisonnement du géologue était juste, il s'en suivrait que les eaux du fond étant plus denses elles ne pourraient jamais s'écouler et resteraient dans ces profondeurs. Et, de plus, ne devraient-elles pas être complètement saturées de sels, ou du moins avoir une nature complètement différente des eaux de la surface (1) ? Toutefois, nous devons présumer que les eaux, soit douces, soit salées, ne sont au fond qu'en raison de leur densité. Mais nous avons bien des preuves qu'elles n'y restent pas toujours.

(1) Voyez le § 130 de Lyell's, Principles of Geology.

La rivière du Niagara ne serait donc produite que par la couche d'eau du lac Erié, ayant le niveau de la chute. Comme la rivière a partout la même largeur qu'au moment de sa chute, le courant devrait conserver la même rapidité. Pour nous rendre compte que ce n'est pas ainsi que cela se passe dans la nature, nous n'avons qu'à considérer l'eau sortant d'une vanne de moulin. La chute établit à peine un courant dans le bief supérieur. Nous savons bien que ce n'est point un courant plein d'écume qui entraîne les eaux d'un lac dans l'autre, comme ce géologue semble vouloir le dire ; car dans le Niagara le courant est lent lorsque la rivière a de la profondeur, surtout en comparaison de la rapidité de la chute. Il change de vitesse du moment que le fond baisse ou remonte. Les différents biefs de nos canaux nous font voir ces effets.

§ 433. — Le raisonnement du célèbre géologue semble fondé sur cette assertion que lorsque des eaux plus denses se trouvent dans les profondeurs, il n'y a pas de forces qui puissent les élever de manière à leur faire surmonter un obstacle. S'il en était ainsi, nous ne pourrions avoir des eaux profondes devant les barres qui obstruent les embouchures de nos grandes rivières. Cependant la barre du Mississipi où il ne reste que 15 pieds d'eau, s'avance vers la mer de cent yards à vingt yards par an.

§ 434. — A l'endroit où se trouvait la barre il y a un certain nombre d'années, à mille yards (914 mètres) de la Nouvelle-Orléans, là où il n'y avait que quinze pieds d'eau, on en trouve maintenant quatre à cinq fois plus. Si chaque élément restait à la place qui lui est désignée par sa densité, ne se formerait-il pas de nouvelles barres plus près de la mer qui s'élèveraient à quelques pieds de la surface? Sir Charles dit lui-même que ce fleuve majestueux creuse son lit à un niveau bien plus bas que celui de son embouchure. Il dit que la largeur de ce fleuve ne varie pas jusqu'à 200 milles de la mer (1). Il le décrit creusant son lit dans un sol plus dur que les eaux profondes que l'amiral Smyth a trouvées, et cela, à une profondeur inférieure de 200 pieds à l'obstacle qui barre son entrée à la mer (2). Est-ce que la même force qui, dans le

(1) Depuis l'embouchure jusqu'à Balize, un vapeur ne peut trouver de différence sensible dans l'écartement des rives pendant 200 milles. Lyell, p. 273.

(2) Le Mississipi court sur un terrain d'alluvion qu'il coupe à des profondeurs de 100, 200 et 250 pieds. Lyell. p. 273.

Mississipi, entraîne le sol, n'est pas capable, dans la Méditerranée, de faire passer au dessus de la barre du détroit les eaux salées?

§ 436. — Le frottement d'une locomotive sur les rails et la force de traction sont des faits bien compris. Ne peut-il y avoir dans la mer des courants capables de développer une semblable force? Prenons, par exemple, ce contre-courant de la Méditerranée qui s'étend à 160 brasses, et qui va se briser sur la barre qui traverse le détroit. La pression sur ce courant doit s'élever à cinquante atmosphères. N'est-ce pas là une force capable de faire soulever par un mouvement insensible les eaux des profondeurs? Il semble naturel que ces courants étendent leurs effets de *traction, de frottement*, ou de toute autre force à un niveau plus bas que le point le plus élevé de leur fond. Il serait facile de prouver que s'il n'en était ainsi, la Méditerranée serait remplie de cristaux de sels dans l'espace de temps assigné par sir Charles pour la formation du Delta du Mississipi, formation d'une date toute récente. L'eau apportée par l'amiral Smyth de 650 brasses était bien salée, mais ne contenait pas de cristaux.

§ 436. — L'amiral, probablement pour concilier

l'analyse de Wollaston et ses conclusions d'un contre-courant avec les hypothèses du géologue sur la
barre, émet l'idée que peut-être il est tombé à prendre de l'eau dans une source salée. Mais l'échantillon soumis à l'analyse était bien de l'eau de mer.
Comment, loin de la surface où se fait l'évaporation,
se trouverait-il une source d'eau salée, et comment
se tiendrait-elle séparée des eaux plus douces ?

§ 437. — En admettant le principe de sir Charles
Lyell que les eaux d'un bassin ne peuvent jamais
passer par-dessus les obstacles qui le forment,
l'harmonie des mers est détruite et même n'a jamais
dû exister. Chaque molécule d'eau devenue plus
lourde devrait rester en place et sortir de la circulation
générale par ce *seul fait*. Une conséquence forcée
serait, que les profondeurs de la mer privées de
tout mouvement le laisseraient seulement aux eaux
dépassant les hauts fonds et les barres. Je ne peux
admettre un système de circulation aussi imparfait.
Pour moi, les preuves théoriques, les preuves dé-
duites des raisonnements et de l'analyse sont aussi
évidentes pour prouver l'existence de ce courant
sous marin, que l'était l'existence de la planète
Leverrier avant qu'elle n'eût été vue à Berlin.

§ 438. — Supposons, comme le savant géologue, que le sel entré dans la Méditerranée ne puisse en sortir, il ne sera pas difficile de montrer que la quantité entrée surpasse la quantité d'eau douce déversée dans l'Océan par les fleuves. Une grande quantité de sel est absorbée par les bancs de corail, les madrépores, les bancs d'huîtres et les marnes; il faudrait donc admettre, ce qui est contraire à une saine philosophie, que la mer devient de moins en moins salée.

§ 439. — *Les courants de l'océan Indien.* En examinant les conditions physiques de ces mers (pl. viii et ix), et étudiant leurs différentes conditions, nous pouvons voir qu'il doit y naître des courants chauds dont le débit doit être plus grand que celui du Gulf-stream (pl. vi).

§ 440. — L'océan Atlantique est ouvert au nord, tandis que l'océan Indien est borné de ce côté par les contrées tropicales. Les eaux de cet océan sont plus chaudes que celles de la mer des Antilles et l'évaporation (§ 210) y est plus forte. De là nous pouvons conclure sans avoir besoin d'observations qu'il doit plus pleuvoir sur ces côtes (§ 202). Ces deux faits pris dans leur ensemble montrent que de larges courants d'eaux chaudes doivent partir de l'océan Indien. L'un d'eux est bien connu sous le nom de courant de Mozambique, appelé au cap de Bonne-Espérance courant Lagullas.

§ 441. — Un autre courant va dans le détroit de Malacca rejoindre un courant chaud venant de la mer de Java et de la Chine, et court dans l'océan Pacifique comme un autre Gulf-Stream entre les îles Philippines et les côtes de l'Asie. Il suit l'arc de grand cercle (§ 53), se dirigeant vers les îles Aléoutiennes, adoucissant le climat, et se perdant dans la mer, dans sa direction vers les côtes nord-ouest de l'Amérique.

§ 442. — Le courant a plusieurs points de ressemblance avec le Gulf-Stream. Sumatra et Malacca correspondent à la Floride et à Cuba, Bornéo aux Bahamas avec le canal de la Providence au sud et celui de la Floride à l'ouest. Les côtes de la Chine correspondent à celles des États Unis, les Philippines aux Bermudes, les îles du Japon à Terre-Neuve. Comme pour le Gulf-Stream, il existe le long de la Chine un contre-courant froid. Le climat des côtes de l'Asie correspond à celui de l'Amérique, le long de l'Atlantique. La Colombie et Washington, comme Vancouver, représentent l'ouest de l'Europe et les îles Britanniques. Le climat des états de la Californie ressemble à celui de l'Espagne. Les plaines sablonneuses et sèches de la Basse-Californie rappellent les déserts de l'Afrique sous le même parallèle.

§ 443. — La partie nord de l'océan Pacifique, comme celle de l'Atlantique, est enveloppée de brumes et de brouillards sillonnés par des éclairs. Les îles Aléoutiennes sont aussi embrumées que Terre-Neuve.

§ 444. Dans le détroit de Behring, un courant de surface s'écoule vers le nord et entre dans l'océan Arctique, tandis que dans l'Atlantique, le courant est dirigé vers le sud. Le détroit de Behring est trop peu profond pour admettre un courant sous-marin un peu important et il s'oppose à l'introduction de volumineuses banquises dans l'océan Pacifique.

§ 445. — Géographiquement, le détroit de Behring répond au détroit de Davis, et Alaska avec l'Archipel des îles Aléoutiennes répond au Groënland; mais tandis que les eaux de l'Atlantique trouvent à l'est du Groënland une issue vers le bassin polaire, les eaux du Pacifique rencontrent, à l'est d'Alaska, une côte fermée qui les force à descendre le long du continent vers les régions du sud, où elles arrivent comme eaux froides. Ce courant froid influe d'une manière très-marquée, en Californie, sur le climat du littoral; il rafraîchit la brise de mer pendant l'été et lui communique une action des plus bienfaisantes.

§ 446. — Ces différences montrent les principaux points de ressemblance entre les courants des deux Océans. Les courants chargés de glaces, du nord de l'océan Atlantique ne se retrouvent plus ici, parce qu'il n'y a pas d'endroits aussi larges pour leur donner passage. Les banquises qu'on y trouve ont pu seulement se former dans la mer d'Ochotsk et du Kamtschatka.

§ 447. — On rencontre parfois un autre courant d'eau chaude qui prend sa source dans l'océan Indien. Il se dirige vers le sud entre l'Afrique et l'Australie et semble se perdre dans une autre espèce de mer de *Sargasse*. Les baleines l'indiquent aussi (Pl. IX). On constate sans surprise la sortie de ces trois courants chauds de la mer des Indes, en se rappelant qu'elle est garantie du nord par la terre, et que la température de ses eaux dépasse souvent 90° f. (32°, 2 c.).

§ 448. Comme nous avons vu que l'évaporation s'élève annuellement à 15 et 20 pieds (§ 33), il faut que des courants froids viennent y apporter leur contingent.

§ 449. De chaque côté du dernier courant chaud

que nous avons signalé, se trouvent deux courants froids venant des régions antarctiques avec leur cortége de glaces, pour rétablir l'équilibre dans les régions tropicales de l'océan Indien (Pl. IX). Le courant qui coule à l'ouest de la partie de la mer chargée d'algues, charrie surtout une grande quantité de glaces. Les navires qui se rendent en Australie par la nouvelle route rencontrent souvent des glaces dans cette branche, rarement dans l'autre. Ils les rencontrent parfois jusqu'au parallèle de 40° latitude sud. Le Gulf-Stream ne permet pas aux glaces de descendre si bas vers l'équateur. Tandis que dans l'Altantique Austral, à l'est du cap Horn, elles remontent jusque par 37° de latitude sud. C'est la limite extrême du transport des glaces vers l'équateur.

§ 450. — Ces courants, sortant de cet immense océan Indien, sont énormes. Ce volume d'eau emporte une masse de sel qui doit être ramenée par les contre-courants, et bien que nous n'ayons aucune observation sur ces contre-courants, le simple raisonnement nous les montre comme ayant un débit très considérable.

§ 451. — *Courants de l'océan Pacifique.* Nous avons établi (§ 442) les analogies qui existent entre

le courant de la Chine, *Gulf-stream* du nord de
l'océan Pacifique, et le Gulf-Stream de l'Atlantique.
La direction de ce courant n'a jamais été tracée
d'une manière très-satisfaisante. Il a (pl. IX), le
long des côtes de la Californie et du Mexique, une
tendance vers le sud-ouest, comme le long des côtes
ouest de l'Afrique à la hauteur des îles du Cap Vert.

§ 452. — Dans le sud-ouest de l'Afrique, se trouve cette fameuse mer de Sargasse (pl. IX), rendez-
vous général de toutes les algues et bois en dérive
de l'Atlantique. De même, à l'ouest de la Californie,
vers le sud, se trouve aussi un point de rassemblement des bois en dérive, mais bien moins considérable.

§ 453. —Les naturels des îles Aléoutiennes ne se
servent pour construire leurs canots, leurs attirails
de pêche et tous leurs ustensiles, que des bois qui
viennent en dérive à la côte. On trouve entre leurs
mains le camphrier et les autres bois de la Chine et
du Japon. Ce fait rend évident l'existence du courant
de la Chine qui, du reste (§ 451), est peu connu.
« Les Japonais, dit le lieutenant Bent (1), dans un

____

(1) Le lieutenant Bent faisant partie de l'expédition, au Japon, du commodore Perry, a profité de cette circonstance
pour étudier ce courant.

« mémoire lu devant la Société géographique amé-
« ricaine, en janvier 1856, connaissent très bien son
« existence ; ils l'appellent Kuro-Siwo ou courant
« noir, sans doute à cause de la couleur bleu foncé
« de ses eaux comparées avec les eaux environnan-
« tes. » De là, nous pouvons conclure que le courant
de la Chine contient plus de sel que les eaux qui
l'avoisinent.

§ 454.— *Courant froid de la mer d'Ochotsk*. En
sens contraire du courant de la Chine (§ 442), le
long des côtes orientales de l'Asie, une bande d'eau
froide court à l'instar du courant qui passe entre
le Gulf-Stream et l'Amérique. Ce courant, comme
dans l'Atlantique, n'est pas assez rapide pour gêner
la navigation. Mais lui aussi donne naissance à des
pêcheries importantes. Les établissements de pêche
du Japon sont presque aussi considérables que ceux
de Terre-Neuve, et tous les peuples vont chercher
les poissons si estimés que les courants froids amènent sur ces côtes.

§ 455.—*Courant de Humboldt*. Les courants de
l'océan Pacifique sont peu connus. Parmi eux, on
trouve, sur la côte du Pérou, le courant de Humboldt
qui porte le nom du savant qui l'a découvert. Il a
été tracé sur la planche IX d'une manière aussi

exacte que le permet le manque d'observations. Ce
courant s'élève jusqu'à l'équateur, où il rafraîchit
le climat du Pérou et le rend si agréable. Les Andes,
avec leurs sommets couverts de neiges d'un côté, le
courant antarctique de l'autre , donnent à cette
république tropicale le climat le plus extraordinaire
du monde. Car, quoique placée sous la zone torride,
tout vêtement y devient insupportable même après
la nuit tombée.

§ 456. — Entre le courant de Humboldt et celui
venant de l'équateur, on remarque un grand espace
de mer, *région désolée* (pl. IX). On n'y trouve que rarement des cétacés, baleine franche, ou cachalot.
Pourquoi? on n'en sait rien ; mais c'est un fait.
Rarement un navire y trace son sillage. Jamais les
besoins du commerce maritime ne sollicitent les
marins dans ces parages. Des baleiniers ou des croi-
seurs ont seuls pris quelquefois cette route. Cette
partie de l'Océan était restée complétement abandonnée jusqu'au moment où la découverte des
mines d'or de la Californie et les gisements de guano
des îles du Pérou en ont fait un lieu de passage.
Les navires, allant de l'Australie dans l'Amérique
du Sud, traversent cette région qu'ils peignent
comme privée de tout signe de vie dans l'eau

comme dans l'air. Dans les immenses plaines liquides de l'océan Pacifique austral, on voit souvent des oiseaux de mer accompagner des navires pendant plusieurs semaines, de beau comme de mauvais temps. Souvent ces oiseaux, l'Albatros et le Pigeon du cap, qui se plaisent dans les tempêtes du cap Horn et dans les rudes climats de l'océan Antarctique, accompagnent les navires jusque dans l'été perpétuel des tropiques. Les oiseaux de mer qui suivent les navires partant de l'Australie disparaissent à l'approche de cette région. Le cri du Pétrel des tempêtes cesse de se faire entendre, et la mer elle-même semble privée de toute *créature ayant vie.*

§ 457. — Je crois avoir découvert l'existence d'un courant chaud coulant dans les régions intertropicales du Pacifique entre les côtes de l'Australie et celles de l'Amérique. Cette portion de la mer présente une immense surface à l'action de l'évaporation. Aucune rivière n'y tombe, peu de pluies, excepté près de l'équateur, et toute la quantité évaporée est enlevée par les vents alizés du nord-est et du sud-est. J'ai marqué sur la carte IX la direction supposée de ce courant qui va porter dans la zone tempérée australe des eaux chauffées et salées. Là, à cause des pluies, du refroidissement et du mélange avec les autres eaux, elles reprennent leur état primitif pour retourner dans le système général de la circulation de l'Océan.

§ 458. — Il existe encore près de l'équateur des courants dont je ne comprends pas bien la cause : les observations ne sont pas assez nombreuses pour donner jour à des explications. Ils ont souvent une grande rapidité. Dans un voyage des îles de la Société aux îles Sandwich, j'en ai trouvé un qui courait à raison de 96 milles par jour.

§ 459. — Nous devons nous attendre à trouver ici une quantité considérable de courants et de contre-courants. Car, l'ocean Pacifique et la mer des Indes doivent être considérés comme ne formant qu'une seule nappe d'eau qui a une supercifie presque égale à la moitié de la surface de la terre : la quantité annuelle d'eau tombant sur la terre est de 186,250 milles cubes, d'après l'évaluation du professeur Alexandre Keith Johnston donnée dans la nouvelle édition de son atlas physique. Les trois quarts des vapeurs formant les pluies viennent de cette vaste nappe d'eau. Supposons que la moitié, c'est à dire 93,120 milles cubes, y retourne sous forme de pluie pour y être de nouveau évaporée, cela donne un mouvement de 255 milles cubes d'eau par jour. Ce qui s'en va en vapeur dans un lieu tombe en pluie dans un autre : de là, doivent naître des courants variés dans leurs forces et dans leurs directions, et aussi irréguliers que les vents paraissent l'être.

§ 460. Pour bien apprécier la production de ces courants, examinons ce qui doit se passer chaque jour sur une portion de 255 milles carrés de surface prise au milieu de l'océan Pacifique. Supposons une machine capable d'y enlever une couche d'eau d'un mille d'épaisseur en vingt-quatre heures, et de la déverser dans une autre partie de la mer. Ce déplacement d'eau, en un jour, d'une partie de l'Océan dans l'autre, devrait créer des courants qui interrompraient toute navigation et bouleverseraient la mer. Heureusement pour l'humanité, la *machine* atmosphérique qui opère ce déplacement des eaux, le fait sur une surface trois mille fois plus grande que celle que nous avons supposée. Néanmoins, la même quantité d'eau ayant été déplacée, l'équilibre est troublé et doit nécessairement se rétablir. De plus, les vents et les nuages qui la transportent sont irréguliers; l'évaporation diffère suivant les lieux et les époques; de même la pluie est plus ou moins abondante et ne tombe pas toujours à la même place. Ce sont là les forces qui créent ces courants que les marins trouvent au milieu de l'océan Pacifique. Ces courants naissent au milieu de l'Océan, allant avec des vitesses différentes, tantôt à l'est, tantôt à l'ouest, mais se perdant aussi, comme ils ont commencé, au milieu de l'Océan.

§ 461. — *Courants inférieurs.* — Le lieutenant J.-C. Walsh, sur le shooner *Taney*, et le lieutenant S.-P. Lee, sur le brig *Dolphin*, faisant des observations relatives aux CARTES DES VENTS ET DES COURANTS, ont surtout porté leur attention sur les courants sous-marins.

§ 462. — Ils ont fait quelques expériences intéressantes sur ce sujet. Ils chargèrent un morceau de bois pour le faire couler en le tenant par une ligne de pêche, de manière à le laisser descendre de 100 brasses à 500 brasses ; A l'autre extrémité on avait attaché un petit baril juste assez fort pour soutenir l'appareil, et on laissa tout aller du bord.

§ 463. — Il était vraiment étonnant de voir, pour me servir de leurs propres expressions, ce petit baril allant contre vent et marée, généralement à raison d'un nœud par heure et quelquefois un nœud et un quart. Les hommes poussaient des exclamations de surprise en voyant tout cela emporté comme si un monstre marin s'en était emparé : plusieurs s'en montrèrent fort effrayés.

§ 464 — Les sondages faits à de grandes profondeurs, ont aussi donné quelques lumières sur ce sujet. Il y a beaucoup de raisons de croire que les courants sous-marins existent partout; car jamais la ligne n'a cessé de se dérouler, même quand le plomb avait touché le fond.

§ 465. — Lorsque deux ou trois milles de ligne sont dehors, on ne peut jamais les ramener, parce que la traction causée par les courants inférieurs est si forte qu'on n'a pu encore faire de ligne capable de leur résister.

§ 466. — Le lieutenant J.-P. Parker essaya, en 1852, à bord de la frégate des États-Unis *Congress*, un sondage sur les côtes de l'Amérique du sud. Son expérience dura huit à neuf heures, et il fila dix milles de ligne. La nuit venue, après avoir essayé de hâler sa ligne, il l'abandonna et revint à bord. L'Océan ne devait avoir là tout au plus que trois milles de profondeur : le surplus de la ligne a donc été entraîné par des courants inférieurs; mais rien ne fit présumer leur direction.

§ 467. — On peut parfaitement, sans porter at-

teinte aux lois de la physique, admettre que ce système de courants et des contre-courants inférieurs,
est suffisant pour maintenir l'équilibre de l'Océan.

En exceptant les courants de marée et ceux créés
partiellement par l'influence des vents, on peut
établir comme règle générale (§ 31) que la différence entre les densités des eaux à deux endroits différents, est la force déterminante des courants : différence causée ou par une différence de salure, ou
par une différence de température. Les eaux les plus
lourdes vont vers les plus légères qui vont reprendre
leur place. Ces deux liquides, de densités différentes,
ayant le même niveau, ne peuvent rester en équilibre (§ 36). La cause qui détermine le changement
de densité est indifférente, que ce soit la chaleur
ou tout autre cause, l'effet produit est le même :
c'est un courant.

§ 468. — La proportion de matière tenue en
dissolution dans la mer ne change pas. Les eaux
dans les régions où il ne pleut pas, ne deviennent
pas plus salées, et là où les pluies sont continuelles,
elles ne deviennent pas plus douces. Il faut donc
qu'un système de courants et de contre-courants
vienne établir le mélange comme dans un vase
fermé. Ainsi, nous devons établir comme loi cer-

taine que tout courant a un contre-courant, et que tout le système de la circulation maritime est double.

§ 469. — *Courants de l'Atlantique.* — Les principaux courants de l'Atlantique ont été décrits dans le chapitre du Gulf-stream ; parmi ceux qui concourent en partie à sa formation, se trouvent (Pl. VI) le courant équatorial, celui de Saint-Roque, ou courant du Brésil ; ils ont un point de départ commun dans les eaux chaudes comprises entre l'Afrique et l'Amérique. Le premier, augmenté du tribut de l'Orénoque et de l'Amazone, devenu plus salé par l'action évaporatoire des vents alizés, entre dans la mer des Antilles, où il vient accroître le Gulf-stream. Le courant du Brésil, partant de la même source, se partage au cap Saint-Roque : une branche coule au sud sous le même nom, l'autre à l'ouest (Pl. IX) , ce dernier est très-craint des marins qui, tombés sous le vent du cap Saint-Roque, trouvent beaucoup de difficultés à le dépasser. Le siècle dernier, il a causé la perte de plusieurs transports anglais, allant dans l'autre hémisphère ; aussi tous les navigateurs s'accordent à le considérer comme un danger.

§ 470. — Ce courant a été pour moi l'objet d'études spéciales dans mes travaux pour la construction

des *cartes des vents et des courants*. Le résultat de
mes recherches m'a fait voir que, contrairement à
l'avis des anciens auteurs, ce courant n'est ni constant, ni dangereux. Horsburgh, dans son routier
des Indes orientales, dit aux marins de s'en défier;
et Keith Johnston, dans son grand Atlas physique,
publié en 1848, s'exprime ainsi :

« Ce courant est un grand obstacle aux navires
« qui coupent l'équateur à l'ouest de 25° de longi-
« tude ouest; ils sont entraînés au delà du cap Saint-
« Roque sur les côtes nord du Brésil, et ils ne peu-
« vent refaire route qu'après des semaines et des
« mois de retard. »

§ 471. — Malgré ces assertions, mes recherches
m'ont prouvé que tout navire qui coupe la ligne à
500 milles à l'ouest de 25° de longitude ouest, n'est
pas gêné par ce courant pour doubler le cap. Je reçois journellement des livres de loch de navires qui,
coupant la ligne par 32° longitude ouest ont dépassé
ce cap trois jours après. Un petit nombre porte le
courant comme favorable; la plupart ne le mentionne pas du tout; de loin en loin on note un courant allant, entre le nord et l'ouest, à raison de 30
milles par jour. La portion de l'Atlantique entre les
tropiques, comme celle des autres océans, est rem-

plie de courants dont on ne connaît pas bien les causes et les directions (§ 458), de sorte que les marins ne peuvent les chercher quand ils leur sont favorables, ni les éviter dans le cas contraire.

§ 472. — Dans l'Atlantique, le débit des eaux venant des régions polaires, paraît plus considérable que celui des eaux qui en sortent. Il est impossible de concevoir l'équilibre de l'Océan, sans admettre des contre-courants sous-marins ; ils doivent jouer un rôle important dans la circulation des mers.

CHAPITRE VIII.

PASSAGE DANS LA MER GLACIALE.

§ 473. — Les baleiniers ont l'habitude de marquer leurs harpons du nom du navire et de la date.
Le docteur Scoresby, dans son voyage dans les mers
glaciales, mentionne la prise de baleines dans le détroit de Behring portant des harpons appartenant à
des navires qui croisaient de l'autre côté de l'Amérique dans la baie de Baffin. Le peu de temps écoulé
entre la date marquée et l'époque de leur prise confirme dans l'idée, qu'il doit se trouver dans le nord-
ouest un passage libre : car le temps manquait pour

que ces cétacés eussent pu passer par le cap Horn ou par le cap de Bonne-Espérance.

§ 474. — Cette pêche étant une industrie d'une grande importance, j'ai recherché les parages hantés par les cétacés dans mon travail sur les *cartes des vents et des courants*. J'ai feuilleté, comparé et discuté un grand nombre de livres de bord de baleiniers pour bien déterminer les parages de l'Océan qui sont les plus fréquentés et ceux qui ne le sont jamais (pl. IX).

475.—La carte fut dressée sur l'examen de voyages contenant cent mille jours de pêche. La planche IX, dressée d'après ces recherches, montre que les mers des tropiques sont une barrière insurmontable, que les baleines n'essaient pas de franchir. L'espèce des baleines qu'on trouve sur les côtes du Groënland dans la baie de Baffin se trouve aussi dans le nord de l'océan Pacifique et dans le détroit de Behring, tandis que la baleine franche de l'hémisphère boréal diffère de celle de l'hémisphère austral.

§ 476. — Il est donc démontré que les baleines harponnées n'avaient pu passer par les caps Horn et de Bonne-Espérance, puisqu'elles ne peuvent traverser la ligne. De plus, il est certain qu'elles ne peuvent rester très longtemps sous les glaces; il faut en conclure que dans la mer Glaciale il se trouve au moins pendant un certain temps, un passage libre de glaces.

§ 477. — Ceci prouve seulement qu'il y a en certain moment un passage libre pour les baleines, mais non pas une mer libre. Un autre fait paraît plus concluant.

§ 478. — Il existe un courant sous-marin portant de l'Atlantique dans la mer Glaciale par le détroit de Davis, tandis qu'un courant de surface en sort. L'existence de ce courant sous-marin a été démontré aux navigateurs par la dérive vers le nord de grands ice-bergs allant contre un courant de surface. Ces glaçons ayant une très-grande hauteur au dessus de l'eau devaient avoir la partie plongée encore plus considérable ; c'était par le pied qu'ils étaient emportés par un courant très-violent.

§ 479. — Ce contre-courant venant du sud doit être chaud relativement aux eaux de ce parage et marque au moins 32° f. (0 c.). Il doit y avoir quelque part dans la mer Glaciale un endroit où il cesse de courir au nord et revient à la surface pour couler au sud : car, le courant de surface qui ne peut recevoir de sels ni par les rivières du bassin polaire, ni par les pluies, revient avec un degré de salure élevé.

Ces sels sont apportés par le courant sous-marin, et tout ce qu'un courant apporte, un autre doit le remporter, sans quoi le bassin polaire se remplirait de sel. Dans l'endroit où les eaux remontent, il faut bien supposer qu'elles ont la température de 30° f. (—1°, 1 c.), puisqu'elles sont encore à l'état liquide et non congelées.

§ 480. — Puisque la nature a arrangé au milieu des mers polaires un vaste bassin où l'eau qui vient du fond a une température de 30° f. à 28°, le climat en doit être beaucoup adouci.

§ 481. — Les observations de plusieurs explorateurs qui ont visité ces contrées inhospitalières semblent confirmer ce fait. Les émigrations à certaines époques des oiseaux et des animaux se dirigeant vers le nord, évidemment pour chercher un climat plus doux, sont une chose bien connue. L'instinct des animaux ne peut les tromper : ils doivent se diriger vers un endroit où la mer est libre. La nature dans sa prévoyance a placé là aussi (§ 62) un autre calorifère pour tempérer le climat.

§ 482. — La réunion de tous ces faits fit donner des instructions dans ce sens au lieutenant de Haven quand il partit avec l'expédition à la recherche de sir John Franklin : il dût chercher si dans le chenal de Wellington on ne trouvait pas dans le nord-ouest une mer libre. Il aperçut en effet dans cette direction un passage par où le capitaine Penny passa et vint donner dans une mer libre.

§ 483. — La mer libre de l'océan Glacial change probablement de place comme fait le Gulf-Stream (§ 56). Elle se trouve sans doute toujours où le courant inférieur remonte. Mais l'entrée de celui-ci dans ces parages peut être gênée; son cours peut être modifié par les glaces, par les lunaisons ou par toute autre cause, par la quantité d'eau et de glaces que le courant supérieur emporte de cette mer.

Tous les hivers, le Gulf-Stream nous montre sur les côtes du Labrador, de la Nouvelle-Angleterre, de la Nouvelle-Ecosse et de Terre-Neuve des exemples d'eau chaude entourée de glaces. Dans ces contrées où l'hiver la température descend au-dessous de 0° f. (—17°, 3 c.) le Gulf-Stream par ses eaux chaudes donne des jours de chaleur au milieu de ces froids excessifs.

484. — Le docteur Kane a trouvé une mer libre au nord du 82° parallèle. Dans ses recherches, il traversa une banquise de 80 à 100 milles de large, le thermomètre marquait — 60° f. (— 46° c.). Ayant dépassé ces glaces, il arriva sur le bord d'une mer

sans glaces s'étendant à perte de vue vers le nord.
Les vagues déferlaient sur les bords comme dans
l'Océan. Les marées s'y faisaient sentir, et je ne pense
pas que les ondulations de l'Océan aient pu se propager sous la glace, pas plus que les vibrations
d'une corde ne peuvent dépasser le doigt du mu-
sicien. Le gonflement de la mer ne peut se propager
sous la glace; car de Haven dans son long emprison-
nement (530) et sa dérive put observer au-dessus
d'un horizon artificiel placé sur les glaces sans que
le mercure éprouvât de vibrations. Les marées doivent donc se former dans cette mer glaciale s'écoulant vers le pôle nord. On peut déduire de tous ces
faits qu'il existe près du pôle une partie non explorée où la mer est complétement liquide ; car s'il y
avait des terres considérables ou des glaces, la surface des eaux ne serait pas assez étendue pour donner naissance à des marées régulières. On peut faire
bien des conjectures sur l'état de ces lieux inconnus
en pensant à ces marées et aux courants qui viennent du bassin polaire dans l'Atlantique. Les baleiniers ont toujours cherché les endroits où se faisait la reproduction des baleines franches. Puisque
ce sont des animaux d'eaux froides, en poursuivant
les mêmes idées, ne serait-ce pas ce bassin polaire

entouré d'un rempart que l'homme ne peut dépasser, qui serait le berceau des cétacées. Par suite, il faut se demander comment y arrive la nourriture des baleineaux. Sont-ce encore les eaux chaudes du Gulf-Stream (74) qui la leur apportent par un passage inconnu dans les profondeurs des mer loin de tous leurs ennemis.

§ 485. — Des phoques, des oiseaux se promenaient dans les eaux de cette mer découverte par le D' Kane. Les vagues déroulant leurs eaux écumantes jusqu'à ses pieds lui rappelaient la majesté de l'Océan, tandis que la solitude et les reflets du ciel, dans cette mer verte et sans limites, donnait un charme mystérieux à cette scène, et enflammait l'imagination du hardi explorateur.

§ 486. — La température de ces eaux était de 36° f. (2°, 2 c). Ce courant ne pouvait venir du sud qu'à une grande profondeur. La barrière de glace de 80 milles de large avait des glaces de peut-être 100 pieds de profondeur dans l'eau, et de plus, il doit s'y trouver de l'eau prête à se congeler.

La présence d'eaux chaudes dans le cercle polaire ne peut surprendre quand on se rappelle que les courants qui en sortent arrivent, dans la zone torride avec un changement de température de 7 à 8°.

Ce courant, après avoir été quelque temps courant de surface, devient en un certain endroit (14) un courant sous-marin. Enfin, le professeur Bache rapporte que les membres de la *Coast-Survey* ont trouvé les eaux sous le Gulf-Stream par 25° 30', N. à la température de 35° (1°, 6 c.) Ainsi puisque des eaux qui quittent les régions polaires à la température de 28° (—2°, 2 c.). ne font que gagner 7° en arrivant dans le golfe du Mexique, pourquoi des eaux qui remontent, ayant 85° (29° 4 c.) au point de départ, n'arriveraient-elles pas dans la zone glaciale à 36° f.?

§ 487. — Quelque temps après que le D' Kane eut découvert cette mer verte, on s'aperçut qu'elle avait une dérive énorme vers le sud, entraînant le navire le *Resolute* que le capitaine Kellett avait abandonné dans les glaces bien des hivers auparavant. Cette banquise de 300,000 milles carrés avait été entraînée en dérive à 1,000 milles vers le sud. C'était la répétition de la célèbre dérive de de Haven (§ 30). Ce fut toute la masse de glaces dans laquelle le navire était engagé qui dérivait, et non pas le navire seul, par une ouverture ou un passage au milieu des glaces.

§ 488. — L'épaisseur moyenne des glaces constatée par de Haven était d'environ 7 pieds; ce qui donnerait d'après la surface un poids de 18,000,000 de tonnes. Voilà la quantité de *matières solides* qui sort du bassin polaire pendant une partie de l'année et seulement par le détroit de Davis. La quantité d'eau nécessaire pour entretenir et emmener un pareil poids doit lui être encore bien supérieure. Une masse d'eau équivalente doit y rentrer. Le bassin qui reçoit ces eaux doit être la partie inconnue de la région polaire d'une surface d'un million et demi de milles carrés et que le docteur Kane a vue derrière ce rempart de glaces. Puisque le courant de sortie est à la surface, le courant d'entrée doit être sous-marin. Ces deux courants, qui roulent des masses d'eau énormes, qui doivent adoucir la température des régions polaires, ne peuvent être comparés à aucun fleuve.

§ 489. — Sur les rivages de cette mer, Kane trouva de quoi nourrir ses compagnons; autre preuve de la douceur comparative du climat.

CHAPITRE IX.

§ 490. — Pour bien comprendre la loi des courants et étudier avec avantage leurs directions, il
faut bien se rendre compte du rôle que joue le sel

dans l'équilibre des eaux. Car, du moment où l'équilibre est détruit dans un fluide, il ne peut se rétablir
que par le déplacement des molécules, c'est à dire
par la circulation.

Ce chapitre n'est qu'un supplément destiné à élucider le précédent.

§ 491. — On a souvent demandé « pourquoi la
mer est-elle salée ? »

Je pense que la circulation de l'Océan dépend
beaucoup de cette salure qui a aussi une grande influence sur les climats.

§ 492. — En règle générale la salure de la mer
est la même partout, et la composition ne change pas
plus que celle de l'atmosphère. Il est vrai qu'on
trouve des parties de l'Océan plus ou moins salées
que l'eau en général : mais cela tient à des circonstances locales faciles à expliquer. Par exemple :
dans la mer Rouge où il ne pleut jamais, où l'évaporation est constante, nous devons trouver une proportion de sel plus grande que dans le voisinage des
embouchures de l'Amazone, ou bien dans les régions de pluies constantes, où la précipitation dépasse l'évaporation. Néanmoins, en thèse générale,
le degré de salure ne varie que dans des limites très-
étroites, et la constitution, les proportions et le

caractère de ces eaux restent toujours les mêmes.

§ 493. — Puisque cette règle générale avec ses exceptions est constatée partout et toujours, on est arrivé à conclure que la circulation de l'Océan qui maintient cet état de chose, doit être aussi complète que celle du sang dans les veines des hommes.

§ 494. — Pour progresser avec ordre dans nos recherches sur les courants, en présence du peu de connaissances certaines que nous avons sur ce sujet, il me semble nécessaire de poser une hypothèse comme pierre angulaire de notre édifice. Pour avancer dans de pareilles recherches, il faut une base pour point de départ. En l'absence de faits nous nous sommes permis d'en supposer ; non pas en les prenant dans la catégorie des faits possibles mais dans celle des faits probables, et nous n'avons choisi que des hypothèses concordant avec le plus grand nombre d'observations connues. Nous les avons rassemblées, comparées tant qu'elles nous paraissaient raisonnables, jusqu'à ce qu'enfin elles nous aient ou conduit à une absurdité palpable, ou bien à faire une autre hypothèse qui aussi probable concordait avec un plus grand nombre de faits. Dans notre recherche de la vérité nous avons donc abandonné nos premières théories, pris les dernières que nous garderons jusqu'à ce que d'autres meilleures que toutes celles-ci viennent se présenter.

§ 495. — C'est ainsi que je m'aventure à présenter les hypothèses que j'ai établies sur les causes de la salure de la mer et sur sa puissance dynamique dans la circulation de l'Océan, circulation qui n'eût pu être aussi complète avec des eaux douces.

§ 496. — En premier lieu, je pense que les courants de la mer transportent les eaux de lieux en lieux avec régularité, certitude et ordre. Cette conjecture me paraît fondée sur cette raison : Prenez de l'eau dans l'océan Pacifique, faites-en l'analyse, vous trouverez la même composition que si vous la prenez au milieu de l'océan Atlantique. Comment pourrons-nous concevoir cela, sans admettre que ces eaux, prises aux deux bouts du monde, ne soient pas parvenues dans la suite des temps à se mélanger? Il doit y avoir des forces qui président à ce mélange, comme le ferait la main de l'homme dans un vase.

§ 497. Cette uniformité de composition conduit nécessairement à l'hypothèse que l'eau qui se trouve un jour dans une partie de l'Océan doit avec le temps arriver à l'autre extrémité du monde. Elle ne peut y être transportée que par des courants, ceux-ci, étant chargés de conserver l'harmonie dans les fonctions de la nature, ne peuvent être livrés au hasard, mais doivent suivre les lois de la physique. Ils maintiennent l'harmonie dans les œuvres de Dieu qu'il n'a été donné à l'homme que d'entrevoir dans leur esprit.

§ 498.—En nous occupant seulement de l'Océan, nos connaissances sont assez certaines pour affirmer qu'il y existe un système de circulation : Nous fondons cette assertion sur les usages physiques auxquels la mer est destinée. Prenons par exemple les îles de corail, les récifs, les bancs et tout ce dont l'océan Pacifique est hérissé. Tout cela est formé de matières solides qu'un certain insecte distille de l'eau. Les courants sont les pourvoyeurs de ces insectes; lorsqu'ils manquent de matériaux nécessaires pour élever les bases de corail de toutes les îles de la Polynésie, ils arrivent leur apporter les éléments de leurs constructions. Les courants vont puiser pour eux dans les mers les plus profondes et les plus éloignées. Car, il est évident que si les courants ne venaient renouveler l'eau qui entoure ces petits insectes, ils périraient faute de nourriture, longtemps avant la fin de leur tâche. Sans l'intervention des courants, le monument d'architecture distillé par ces petits êtres deviendrait impossible, et une exception se ferait sentir dans le système des désignations terrestres, — puisque la mer a été faite par le Créateur pour le bien-être de ses habitants. Nous savons que son emploi a pour but de pourvoir aux besoins de tous ses habitants, du corail aussi bien que des baleines. Ainsi donc, nous disons que nous *savons* que la mer doit avoir un système de circulation pour transporter du bout du monde les matériaux aux coraux ; matériaux que la mer reçoit des rivières et qu'elle livre à ce maçon pour construire le plus solide et le plus magnifique ouvrage que l'homme ait jamais vu. — Les îles de corail.

§ 499. — C'est ainsi que, par une suite de déductions parfaitement philosophiques, nous sommes forcés d'admettre jusqu'à preuve du contraire que la circulation de l'Océan se fait à travers des chenaux réguliers et certains, aussi bien que celle de l'atmosphère et celle du sang ; chaque goutte d'eau de la mer obéit aux lois qui régissent les astres dans la profondeur des cieux. Car, lorsque les étoiles du matin entonnent leurs antiennes d'allégresse « les vagues aussi élèvent leur voix. » Et sans aucun doute, l'harmonie qui sort du fond des mers s'accorde avec celle que font entendre les sphères célestes. On ne peut en douter : car, si les eaux de chaque océan étaient confinées dans leurs bassins respectifs sans pouvoir changer de latitude, le mécanisme de l'Océan serait incomplet : aussi incomplet qu'une montre sans balancier. Les eaux, par la suite des temps, changeant de nature dans chaque partie du globe, les habitants en périraient soit par le manque de sel, soit par l'excès, soit par le changement de température.

§ 500. — La mer Rouge et la Méditerranée pourront nous fournir un exemple. Sur la mer Rouge il n'y a pas de pluies, pas de rivières par où les solutions et les sels des terres puissent lui être apportés : son sel lui vient de l'Océan, l'air enlève son eau douce par évaporation, et il lui faut des courants pour enlever les matières solides que cette dernière tient en solution.

§ 501. — D'un autre côté, de nombreux fleuves se jettent dans la Méditerranée : les uns se sont filtrés dans le sol, coulant sur des minéraux, dont ils ont enlevé tous les sels et matières solubles, les autres, à travers des terrains calcaires ou volcaniques, se chargent de sel, de sulfate ou de carbonate de chaux, de magnésie, de soude de potasse ou de fer. Et cependant la constitution des eaux de la Méditerranée est la même que celle des eaux de la mer Rouge. Les eaux de la mer Morte n'ont aucune communication avec l'Océan; elles sont entièrement séparées de la circulation, aussi sont-elles différentes dans leur nature comme dans leurs habitants.

§ 502.— « L'eau de mer contient 3 1/2 pour « cent de matière solide, dit le chimiste Youman, « ce qui fait en poids une demi-once par livre. Sa « salure doit être causée par cet ordre de faits. Les « rivières qui se jettent dans l'Océan contiennent « des sels dans la proportion de dix à cinquante, « même cent grains par gallon. Ce sont ordinaire- « ment du sel, du sulfate ou carbonate de chaux, « de magnésie, de soude, de potasse ou de fer (1). « Ce sont les caractères distinctifs des eaux de la « mer. Les eaux d'évaporation sont presque pures, « elles contiennent seulement quelques traces de « sel. Tombant sous forme de pluie, elles tra- « versent le sol, se chargent de substances salines, « et retournent à la mer d'où elles sont sorties. « L'Océan est le grand réceptacle de tout ce que les « eaux peuvent dissoudre sur les continents, et

____

(1) C'est le chlorure de magnesium qui noircit et rend pois- seux les habits des marins qui sont lavés à l'eau de mer. — Le grain vaut 0, 64798 grammes; le gallon 4, 54547797 litres.

« comme ces matières n'en peuvent sortir, elles doi-
« vent s'y accumuler. »

Tout cela s'y serait accumulé comme le remarque
fort bien cet auteur, si les coquilles, les insectes
et d'autres agents n'existaient pas.

§ 503. — « La mer, dit Fowner, est la repré-
« sentation sur une grande échelle d'un lac où
« tombe une rivière et qui ne peut rien perdre que
« par l'évaporation. Toujours ce lac est salé, et il
« est imposssible qu'il en soit autrement. On peut
« observer que cette condition disparaît, lorsqu'on
« produit un écoulement factice pour les eaux. »

§ 504. — Il n'est pas possible d'admettre l'identité de composition des eaux, les constructions des
coraux, la constance de la vie des animaux, sans
admettre aussi un système général de courants chargés de mêler et d'échanger les eaux dans toutes les
parties du globe. L'analyse de l'air pris au pôle ou
à l'équateur, a donné le même résultat. Mais, que
l'on sépare l'eau de la circulation générale comme
dans la mer Morte ; que l'on sépare l'air de l'atmosphère comme dans des puits et des mines, ils affec-
teront des caractères différents pouvant réagir sur la
santé des êtres animés ; mais l'air libre, comme
l'eau, jamais.

§ 505. — Les principaux agents chargés d'entretenir la circulation atmosphérique sont la lumière, la chaleur, l'électricité et le magnétisme. Quant à la mer, on ne sait quel rôle pourraient jouer l'électricité et le magnétisme dans le système de circulation de ses eaux : on a regardé la chaleur comme son principal moteur. Mais une étude approfondie des différentes forces, m'a montré qu'un puissant et actif agent de la circulation de l'Océan, est le sel, agissant au moyen des vents, des plantes marines et des animaux. C'est lui qui donne à l'Océan sa force dynamique.

§ 506. — Pour nous expliquer, supposons la mer formée d'eau douce d'une température uniforme. Supprimons les vents, les pluies, les marées, enfin tout ce qui peut altérer sa surface, en abaissant le niveau d'un côté pour l'élever de l'autre. L'équilibre ne serait donc pas rompu par des différences de densité dues à la chaleur, et il n'y aurait pas de causes de courants.

§ 507. — Supposons que les vents viennent à souffler, la première fois depuis la création, sur cette mer tranquille et rident sa surface, ils pourront créer des courants locaux en agitant ses eaux : mais ils ne descendront pas profondément et ne pourront causer qu'une circulation faible et partielle dans ces eaux douces.

§ 508. — C'est donc là une des forces qui met en mouvement l'Océan, bien qu'elle soit faible, comme c'est un fait constant, on ne peut la reléguer au rang des hypothèses.

§ 209. — Maintenant appelons à notre secours l'évaporation et la précipitation, le froid et le chaud —agents plus puissants. Supposons que l'évaporation commence sur cette mer d'eau douce et se comporte comme elle le fait réellement. Dans la région des vents alizés, l'évaporation étant plus forte que la précipitation (178) l'équilibre général des mers sera altéré et il se fera un courant du nord et du sud vers l'équateur pour rétablir le niveau.

§ 510. — D'un autre côté, comme les lieux où les vents vont porter ces vapeurs sous forme de pluie, ont une précipitation plus forte que l'évaporation, le niveau se relevant, l'équilibre en sera d'autant plus altéré, et les courants seront plus rapides vers l'équateur pour suppléer à l'évaporation faite par les vents alizés.

§ 511. — Que la température que nous avons jusqu'ici supposée uniforme change et prenne les différents degrés qu'elle a véritablement, la densité chan-

geant, il se fera immédiatement des courants dans
toute la masse des eaux, les eaux froides et lourdes
se dirigeront vers les eaux chaudes, et un courant
d'eau chaude et légère vers les eaux froides.

Ces courants seront dus à l'action dynamique de
la différence de densité donnée à l'eau douce par la
différence de température.

§ 512. — Nous avons tracé les effets (507 et 511)
des deux agents qui, dans une mer d'eau douce,
seraient capables de commencer et de créer un système de circulation. Mais leur action dans ce travail
paraîtra faible auprès de la force créée par les sels
contenus dans les eaux. Un de ces agents crée un
ou plusieurs courants polaires (509) destinés à remplacer, sous la zone torride, l'eau enlevée par l'évaporation; l'autre agent rétablit l'équilibre rompu
par la chaleur (511), qui dilate d'un côté les eaux de
la zone torride, et refroidit de l'autre et contracte
les eaux de la zone glaciale. Si ces forces restaient
seules, il s'en suivrait un système de courants
chauds allant à la surface vers les pôles, et de contre-courants froids et inférieurs allant des pôles vers
l'équateur.

§ 513. — Ainsi, en faisant abstraction de l'influence des vents, le système de circulation de l'Océan

serait le même que l'eau fût douce ou salée. L'eau douce cependant cesse de se contracter par le refroidissement vers 40° F. (4°.4 c.) jusqu'au moment de la congélation. Cette particularité de l'eau douce n'a besoin que d'être mentionnée, puisque rien de semblable n'arrive pour les eaux salées qui se contractent de plus en plus jusqu'au moment de la congélation; de sorte que la présence du sel est une force de plus pour détruire l'équilibre dans l'Océan.

§ 514. — La différence des températures des eaux douces serait une force d'une puissance dynamique faible et qui ne serait pas capable de donner naissance à un courant comme le Gulf-Stream.

§ 515. — Si nous nous sommes aussi étendus sur cette hypothèse, c'est pour montrer qu'à l'exclusion des vents, ces forces sont les *premières causes* de la rupture d'équilibre dans un océan d'eau douce ou salée.

§ 516. — Supposons pour continuer nos hypothèses, que cet océan d'eau douce devienne tout d'un coup salé comme il l'est se contractant par le refroidissement, jusqu'à 28° F. (2 c.) et même plus bas.

§ 517. — L'évaporation se fera dans la région des vents alizés, comme nous l'avons supposé (509) et comme cela a lieu effectivement ; les vapeurs ne sont presque composées que d'eau douce, le reste sera donc plus salé ; ce changement de niveau occasionne donc en plus dans l'Océan un changement de densité à cause des matières tenues en dissolution.

§ 518. — La vapeur est enlevée à la surface de l'eau, qui, devenant plus dense, descend et établit un courant vertical froid, tandis que l'eau du fond, plus légère et moins salée, remonte.

§ 519. — Les vapeurs sont entraînées dans la circulation atmosphérique pour revenir à l'Océan dans les lieux où se fait la précipitation, et j'entends par lieux de précipitation, ceux où il tombe plus d'eau sous forme de pluie, de neige, etc., qu'il ne s'en évapore.

§ 520. — Dans ces lieux le niveau se relève, tandis qu'il s'est abaissé sous la zone torride, et obéissant aux lois de la pesanteur, des courants (509) de surface s'établissent allant des pôles vers l'équateur.

§ 521. — Il faut maintenant considérer le rôle que joue le sel comme force dynamique. Les eaux douces enlevées par l'évaporation sont précipitées dans le bassin polaire, par exemple. Il nous faudra tenir compte non-seulement des pluies qui tombent sur la mer, mais aussi des eaux jetées à la mer par tous les fleuves qui tombent dans le bassin polaire compris entre l'Europe, l'Asie et l'Amérique.

§ 522. — L'action des vents sur ce bassin agite et mêle ces eaux douces ; mais ne se faisant sentir qu'à une petite profondeur (507), la densité de la couche d'eau salée diminue dans le même rapport que, dans le lieu d'évaporation elle a augmenté. Il se crée donc un courant d'eau peu salée des pôles vers l'équateur, et de l'équateur un courant sous-marin d'eau plus salée et plus lourde vers les pôles. Ce contre-courant cède une partie de son sel au courant supérieur, ramenant les eaux douces des nuages et des rivières à leur état normal.

§ 523. — L'action du sel établit donc un courant inférieur, allant de la Méditerranée (425) dans l'Atlantique, et un autre allant de la mer Rouge (413) dans l'Océan indien. La proportion de sel restant la même, il faut que les deux courants inférieurs et supérieurs en apportent et en retirent la même quantité.

§ 524. — Il doit commencer à paraître évident que la salure des eaux a une puissance dynamique capable d'entretenir la circulation dans l'Océan.

§ 525. — Les courants, par cette cause, sont plus volumineux et plus rapides, le déplacement des eaux chaudes vers les pôles, et des eaux froides vers l'équateur est facilité : l'adoucissement des climats et leur salubrité en est une conséquence.

§ 526. — Une autre propriété particulière à l'eau salée concourt encore à ce résultat. L'évaporation sous les tropiques rend les eaux chaudes plus lourdes, les précipite au fond (181) et comme l'eau est un mauvais conducteur de la chaleur, elle emporte avec elle dans les courants inférieurs, de la chaleur, qu'elle va distribuer aux lieux les plus éloignés. L'eau douce ne pourrait arriver à ce résultat. Car, l'évaporation ne changeant en rien la densité, l'eau du fond ne s'échaufferait pas par son changement de place avec celle de la surface.

§ 527. — Si tout le sel contenu dans la mer était étalé sur la moitié du continent nord, il formerait une couche d'un mille d'épaisseur. Quelle force serait capable de déplacer sur la terre une pareille masse ? Le mécanisme de l'Océan est tellement bien calculé et si merveilleusement ajusté, que la moindre brise qui souffle sur les flots, que le plus petit insecte qui sécrète sa coquille est capable de mettre tout en mouvement, tandis que si tout le sel était mis en monceau, l'homme se servant de toutes les forces qu'il possède sur la terre, ne serait pas capable de faire avancer d'un pouce, en un siècle, cette masse qui obéit au moindre rayon du soleil, à un zéphyr, à un infusoire !

§ 528. — Du moment que nous admettons un contre-courant de la Méditerranée et de la mer Rouge dans les océans, un courant de l'Océan dans la mer Glaciale en est une conséquence forcée. Car, du moment qu'il vient à la surface un courant d'eau moins salée, il doit retourner en dessous un courant d'eau plus chargée de sels, pour que le système de circulation dû au sel puisse persister.

§ 529. — La vérité de cette assertion a été surabondamment prouvée, par diverses observations dans le cours de cet ouvrage (523).

§ 530. — Il est généralement admis qu'un courant constant sort de la mer Glaciale par le détroit de Davis, et par d'autres détroits qui la font communiquer avec l'océan Atlantique. Le lieutenant de Haven, à la recherche de sir Franklin, fut pris par les glaces au milieu du chenal, dans le détroit de Wellington, et pendant neuf mois qu'il resta, comme le navire anglais le *Resolute* (487), enfermé dans la banquise, il dériva de 1,000 milles vers le sud.

§ 531. — La glace dans laquelle ils ont été pris

était de l'eau de mer, le courant aussi; seulement, cette dernière n'était pas aussi salée que la mer en général. Le même phénomène se retrouve dans la Baltique où (423) un courant d'eau salée sous-marin entre, tandis qu'à la surface il sort un courant d'eau saumâtre. (§ 27).

§ 532. — Puisqu'un courant salé sort toujours du bassin polaire, il faut qu'un autre y rentre, sans cela il deviendrait plein d'eau douce, et l'Atlantique serait plus salé.

§ 533. — Nous devrons supposer, jusqu'à preuve du contraire, que le courant qui amène le sel dans le bassin polaire, passe seulement par le cap Nord pour l'océan Atlantique, et par le détroit de Behring pour l'océan Pacifique.

§ 534. — Mais heureusement, les voyageurs qui ont croisé dans le détroit de Davis, ont apporté des observations (478) positives d'un autre courant entrant dans le bassin polaire. C'est un contre-courant sous-marin allant de l'Atlantique au nord. Ils nous ont décrit ces masses énormes de glaces qui devaient plonger à une grande profondeur dans l'eau remontant le courant avec une violence terrible et rentrant dans la mer polaire.

§ 535. — J. P. Griffin, qui commandait le brick

Rescue, dans l'expédition américaine à la recherche de sir Franklin, me dit qu'une fois, les deux navires étant dans la baie de Baffin, faisant route au nord-ouest contre un courant portant au sud, un glaçon très élevé au-dessus de l'eau vint, dérivant du sud; il passa près d'eux *comme un trait*. La force du courant sous-marin était telle, que la montagne de glace fut entraînée dans le nord en laissant les navires toués par leurs équipages, loin derrière elle.

§ 536. — Le capitaine baleinier Duncan, commandant le navire anglais *le Dundee,* dit à la page 76 de son intéressante narration (1) :

« 14 *décembre* 1826. C'était un spectacle effrayant « de voir ces glaces immenses courant vers le nord-« est, à travers la banquise et sans qu'on pût aper-« cevoir une goutte d'eau. »

Et plus loin, page 92, etc.

« 23 *février*. Latitude nord 68° 37′, longitude ap-« prochée, 63° ouest. Les terribles appréhensions « que nous avions eues, la veille, sur l'approche « de ce glaçon, se vérifièrent aujourd'hui : à trois « heures de l'après-midi, il vint en contact avec la

(1) Artic. Region, Voyage to Davis' strait, by Dora Duncan, Master of the ship Dundee, 1826-28.

« banquise, et en moins d'une minute il brisa la
« glace. Nous étions du côté du rivage. La banquise
« brisée sur un espace de plusieurs milles, craqua
« avec un bruit semblable à un tremblement de terre
« ou à cent pièces de gros calibre tirant en même
« temps. Cette montagne de glace passa derrière
« nous, et nous nous attendions d'un moment à
« l'autre à ce qu'elle tombât sur nous...

« Cette glace vint très près de l'arrière du navire,
« les morceaux de glace qui avaient été brisés par le
« choc, remplissaient l'espace qui nous en séparait,
« mais sous la compression de cette masse, ils s'é-
« taient reformés en un seul morceau. Cette mon-
« tagne dérivait avec une vitesse de quatre nœuds,
« poussant le navire devant elle à une perte presque
« certaine.

« 24 février. La glace, toujours en vue, mais pas-
« sée en avant avec rapidité dans le nord-est.

« 25 février. La glace qui nous avait menacé
« d'une destruction prochaine, a disparu complé-
« tement dans le nord-est de nous. »

§ 537. — Est-ce que sans les différences de
densités dues à la température et la salure des eaux,
il serait facile de trouver une force capable d'entraîner une pareille masse avec une telle vitesse ?

§ 538. — Quelle doit être la température de ce courant sous-marin ? elle doit être supérieure à celle du point de congélation de l'eau de mer. Supossons 0° c. (Un thermomètre placé dans la glace au nord, et dans l'eau, à la surface marquant – 2° c. De Haven, dans sa longue captivité dans les glaces ayant toujours trouvé cette température, on doit l'admettre comme générale) l'eau du courant inférieur venant des latitudes sud, doit probablement être plus chaude. Et avant de monter à la surface, elle doit descendre à — 2° c, température de la surface. Le docteur Kane a trouvé la température de ces mers libres de l'océan Glacial, égale à 2° c. (486). Est-ce qu'un courant venant dans les profondeurs d'une latitude tempérée vers les climats de la zone glaciale, ne peut pas conserver une température de 2° c. Et à quoi dans ces profondeurs cet immense courant d'eau chaude pourrait-il céder sa chaleur?

§ 539. — Toutefois, quelques physiciens ont émis l'opinion que dans les profondeurs de la mer se trouvait une couche d'eau ayant la même température des pôles à l'équateur; dans ce cas, ne pourrait-on pas se poser cette question : les changements de température des deux côtés de cette couche isotherme ne seraient-ils pas dus, les uns, aux forces agissant en dessus, les autres, à celles agissant en dessous ?

§ 540. — Le courant sous-marin polaire ramené à la surface par l'agitation des eaux de la mer Glaciale, doit céder à l'atmosphère une partie de son calorique jusqu'à ce qu'il soit descendu au niveau de la température du courant de surface. De là, l'origine de cette mer libre, trouvée dans ces régions.

§ 541. — L'abaissement de sa température jusqu'à — 2° c, fait perdre assez de calorique à ce courant pour adoucir le climat de la zone glaciale. N'est-ce pas là une de ces modifications de climat dont j'ai attribué la cause au sel des mers activant la circulation de l'Océan ?

§ 542. — C'est pourquoi, il doit exister une mer ouverte au milieu de l'océan Glacial où le courant qui vient de l'équateur, abandonne son calorique ; c'est elle que de Haven, guidé par ses instructions, aperçut ; c'est elle que l'expédition anglaise du capitaine Penny et le docteur Kane, découvrirent dans la suite.

§ 543. — On peut voir que pour se rendre compte de cette anomalie, il faut admettre nos hypothèses sur la perfection de la circulation de l'Océan ; et parmi celle-ci, l'action du sel sur la mobilité et la circulation de l'eau, doit être regardée comme la première, sinon la seule cause.

§ 544. — Voici donc la part que la salure des eaux fait prendre à la mer dans l'économie de l'u-nivers, et qu'elle n'aurait pu avoir si ses eaux eus-sent été douces. Et les physiciens qui avaient cette explication devant eux, devaient-ils être embar-rassés et se demander pourquoi la mer était salée ?

§ 545. — *Coquilles marines*. La mer tient dif-férentes matières en dissolution. La chaux lui est amenée par les pluies et les rivières. Les îles de co-rail, les récifs, les bancs de marne, les coquilles, les dépôts énormes d'infusoires en sont formés. Ces êtres sont constitués de manière à sécréter les matières solides tenues en dissolution dans les eaux. Mais cette action qui paraît destinée à leur propre usage, a une grande influence sur l'économie de l'univers. Ils rendent l'important office d'aider la circulation de l'Océan, de régler les climats et de conserver la pureté des eaux.

§ 546. — Supposons, pour bien comprendre l'action de ces animaux sur les courants et sur les climats, que la mer conservant sa constitution soit dans un état d'équilibre parfait, et qu'à l'exception des animaux sécréteurs, rien ne soit mis en action pour le détruire.

§ 547. — Ceci posé, un seul mollusque ou un corail commence ses sécrétions, retirant de l'eau (498) les matériaux de ses cellules. Par ce seul fait, l'animal a détruit l'équilibre de tout l'Océan, parce que la pesanteur spécifique de cette partie de l'eau a été altérée. Plus légère, elle doit céder la place à des eaux plus lourdes et se mélanger aux autres eaux jusqu'à ce qu'elle ait retrouvé la même densité.

§ 548. — Quelle est la quantité de matières solides extraite de la mer chaque jour par les plantes et les animaux ? faut-il la compter par mille livres ou par millions de tonnes ? personne ne peut le dire. Mais quelle qu'en soit la quantité, c'est une force perturbatrice de plus, force dérivée de la salure des eaux et déterminée par des animaux incapables de se mouvoir, et qui cependant peuvent mettre la mer en mouvement de l'équateur aux deux pôles.

§ 549. — Quelle est la cause de ce puissant et étrange courant (488) équatorial qu'on rencontre dans l'océan Pacifique ? Son origine est inconnue et il se pèrd au milieu de l'Océan. Il est sans doute dû à l'évaporation, à la précipitation et aux changements de température. Mais ne serait-il pas causé par les différences de densités déterminées par les secrétions des myriades d'animaux marins toujours en travail dans cette mer. La quantité de matières extraite par eux forme des continents. Cherchons maintenant l'action que le sel abandonné par l'évaporation, peut avoir sur l'équilibre des eaux.

§ 550. — En entrant dans cet ordre d'idées, les vents et les animaux marins ont des actions contraires sur les eaux ; les premiers forment ces dépôts absorbés par les seconds ; ils paraissent donc destinés à remplir l'office de ces forces compensatrices qui maintiennent la terre dans son orbite et conservent l'harmonie de l'univers.

§ 551. — D'autre part la brise de mer et les coquilles, travaillent concurremment à développer des efforts dynamiques pour mettre l'Océan en mouvement.

Les brises de mer se jouent à la suface, facilitent l'évaporation de l'eau douce et l'abandon des matières solides, ce qui fait descendre l'eau de la surface. D'un autre côté, les petits architectes des profondeurs absorbent ces matériaux pour leurs constructions, rendent l'eau plus légère, celle-ci s'élève avec une rapidité croissante pour remplacer l'eau de la surface qui descend par son poids.

§ 552. — Puisque les habitants des mers peuvent, au moyen de leurs fonctions, avoir influence sur la perturbation de l'équilibre des eaux, ces animaux peuvent donc être regardés comme des agents de tout le système des mers et de la géographie physique. Que cette influence soit grande ou petite, elle doit être réglée dans son emploi par celui « à la voix duquel les vagues et les vents obéissent. » Dieu parle donc à l'Océan par l'organe de ses habitants.

§ 553. — Les animaux dont les sécrétions diverses changent la densité de la mer, troublent son équilibre, et donnent naissance aux courants, doivent donc être distribués suivant un certain ordre.

§ 554. — Maintenant il nous reste à faire voir comment ces animaux peuvent avoir action sur le climat dans certaines latitudes. Prenons par exemple les eaux de la zone torride à 32° c : l'évaporation peut les rendre plus lourdes que des eaux plus froides, mais non aussi salées (35). Alors quoique plus chaudes, ces eaux couleront en courants sous-marins de l'équateur vers les pôles, ou vers tout autre lieu, dont les eaux seront plus légères.

§ 555. — Sans le sel, les îles de corail ne viendraient pas animer la mer de leurs paysages variés. Les habitants des profondeurs ne diversifieraient pas les climats par leur action sur la densité des eaux : la circulation serait lente et engourdie, parce qu'au dessous de 4° c., l'eau cesserait de se contracter et de donner par conséquent impulsion aux courants.

§ 556. — Les courants sous-marins vont porter leur chaleur aux contrées hyperboréennes en adoucissant dans leur passage les climats extra-tropicaux. Enfin, ils peuvent être chargés d'assez de sels pour avoir, avec la température de 32° c., une densité plus forte que celle des eaux de la mer Glaciale à la température de — 2° c.

§ 557. — Néanmoins ces courants, dans leurs cours, doivent être en contact avec des milliers d'organismesmarins, qui, absorbant des matières en dissolution, peuvent en faire tomber la densité au-dessous de celle de l'eau à 4° c.; ainsi par l'action de toutes ces variétés d'animaux qui peuplent les mers, cette eau chaude monte à la surface dans les froides latitudes. Ainsi donc, ces créatures que nous plaçons au bas de l'échelle de la création ont leur part de travail dans l'économie terrestre. Ils peuvent donc transporter cette douce chaleur des lieux où elle est tempérée par les vents pour adoucir plus ou moins les climats marins de la terre.

§ 558. — Les artistes qui font des instruments d'astronomie, comme des chronomètres, par exemple, trouvent toujours des irrégularités et des imperfections dans leurs ouvrages. C'est tantôt la dilatation, tantôt la contraction des différentes pièces qui accélère ou ralentit le mouvement. Pour parer à ces défauts, on a inventé une pièce chargée de corriger les irrégularités de l'intrument en s'opposant aux changements dus à l'influence de la température.

§ 559. — Cette pièce est appelée le *compensateur*. Un chronomètre bien réglé et bien compensé, doit conserver sa marche dans tous les changements de température.

§ 560. — Dans l'horloge de l'Océan et de l'univers, l'ordre et la régularité sont maintenus au moyen du même système compensateur. Les corps célestes, tournant autour du soleil, tendent à s'en écarter à cause de la force centrifuge ; mais ils sont maintenus dans leurs orbites par une force réglée par leur masse, leur vitesse et leur distance. La compensation est parfaite.

§ 561. — C'est le rôle que jouent dans l'Océan les coquilles ; elles forment un système de compensation parfait. Les effets de la chaleur, du froid, des pluies, des tempêtes, qui troublent l'équilibre et déterminent les courants, sont compensés, réglés et contrôlés par elles.

§ 562. — Les rosées, les pluies et les rivières charrient continuellement dans la mer des sels qu'elles ont dissous. Tous s'y accumulent. Et si elle n'était pas *compensée*, la mer deviendrait comme la mer Morte saturée de sels et un grand nombre de poissons n'y pourrait vivre.

§ 563. — Les coquilles marines et les insectes fournissent la *compensation* nécessaire : ce sont les conservateurs de l'Océan. Ils empilent les sels dans les profondeurs des mers pour en faire les bases de nouveaux continents qui sortiront des eaux pour y être de nouveau dissous et entraînés dans la mer par les rivières et les pluies.

§ 564. — L'attention des physiciens s'est portée sur la question d'origine des sels de la mer.

J'avais d'abord pensé, comme Darwin et d'autres philosophes, que la mer tenait ses sels des alluvions des rivières. Mon opinion a changé. Dans mes recherches pour la confection de mes *cartes des vents et des courants*, j'ai trouvé dans la Bible des raisons qui me semblent infirmer mon opinion.

Le récit fait dans le premier chapitre de *la Ge-
nèse*, et celui gravé par la nature en langage hiéro-
glyphique sur les colonnes géologiques, s'accordent merveilleusement sur l'ordre de la création.
Un savant chrétien les admet comme véritables tous
les deux, puisque, partis de deux points différents,
ils s'accordent sur les faits qu'ils nous enseignent.
Aucun d'eux ne paraît mettre en évidence que la
mer ait jamais été douce. Au contraire, elle paraît
avoir été salée dès le matin de la création, ou au
moins à l'aurore du jour qui vit surgir les terres du
sein des ondes.

§ 565. — Il n'y a aucun doute que la pluie et les
rivières n'y apportent une quantité de sels différents
qui ne sont pas susceptibles d'être enlevés par l'é-
vaporation : plusieurs lacs qui n'ont pas d'issues à
la mer, comme la mer Morte, reçoivent des rivières
et sont salés. Quelques physiciens passant du particulier au général (502), ont admis le même mode
d'action pour l'Océan. D'un autre côté, si ces sels
ne peuvent s'évaporer, ils sont extraits d'une autre
manière. Le chlorure de sodium, qui est le plus
abondant des sels tenus en dissolution dans l'eau de
mer, en est séparé de temps en temps, d'après le
calendrier géologique : les animaux constructeurs

en absorbent aussi une quantité notable. Cependant ils ne pourraient construire uniquement avec ce sel, parce que l'eau dissoudrait immédiatement leurs ouvrages. L'atmosphère leur vient en aide, en enlevant l'eau douce, qui sous forme de pluie, va rechercher des matériaux sur les terres.

§ 566. — Ces opérations se sont faites de tout temps, nous en avons une preuve sous nos yeux, dans les *eaux dures* des sources, les bancs de marnes de nos vallées, les mines de sel fossile, les falaises de craie d'Albion, et les îles de corail des mers.

§ 567. — Si tout cela ne prouve pas que la mer a toujours été salée, du moins cela ne l'infirme pas. Nous pouvons cependant en conclure que les alluvions èt les extractions se compensent.

§ 568. — Si la mer avait à l'origine des temps tiré ses sels des rivières, les recherches géologiques devraient constater que les lits des rivières ne contiennent aucune coquille marine fossile ou infusoire; car, en admettant avec Darwin une époque où l'eau de la mer était douce, nous devons admettre qu'à cette époque elle n'avait ni coquilles ni animaux siliceux ou calcaires. Il aurait toujours fallu un certain temps pour que les rivières pussent changer la nature de l'eau de mer. D'un côté les faits paléontologiques n'apportent aucune preuve à l'appui de cette opinion; de l'autre, le récit de Moïse lui est complétement contraire. Selon lui, elle était salée dès l'origine, puisque le cinquième jour les eaux reçurent l'ordre « de se remplir de tous les animaux qui ont vie. » Et aujourd'hui elles regorgent encore d'animaux, d'une variété et d'un nombre infini. Les myriades d'insectes qui peuplent les mers sont une des merveilles de ces profondeurs.

§ 569. — Le capitaine Forster, du navire américain *le Garrick*, qui est un de mes plus patients observateurs, parle sur son livre de loch de la description des animaux qu'il observe au microscope, dans l'eau puisée le long du bord. Dans ses nombreux voyages il m'exprimait son étonnement sur la quantité de créatures vivantes que l'eau de la surface contenait. Les dernières observations ont porté sur les eaux prises à certaines profondeurs.

§ 570. — « 25 janvier 1855. Jusqu'à présent je n'avais examiné que les animaux contenus dans l'eau prise à la surface ; cette après-midi, ayant fait prendre de l'eau à sept pieds de profondeur, je fus surpris de la trouver remplie d'animalcules de formes les plus variées. Quelques-uns pourvus de nombreuses têtes étaient nuancés de pourpre et de rouge.

§ 570. — L'ABONDANCE que le LIVRE rapporte être donnée aux eaux persiste jusqu'à nos jours.

§ 571. — Tout s'accorde à dire que la mer était salée lorsqu'elle reçut les *commandements*. Examinons si ce qui précède ne le fesait pas prévoir.

Le second jour de la création, les eaux furent mises dans leurs lits et les terres sortirent. Avant cette période, il n'y avait ni rivière pour dissoudre les sels, ni rosée, ni pluie pour les entraîner des montagnes, dans la plaine. Les eaux couvraient la terre : tel est le récit de la révélation ; récit que la nature a retracé dans son langage dans les montagnes, dans les plaines, dans la mer. La géologie trouve que la terre a été pendant une certaine époque couverte par les eaux, à l'exception peut-être de quelques pics isolés. En examinant les fossiles enfouis dans le flanc des montagnes ou qui couvrent les plaines, on peut affirmer que la mer a couvert le sol, avec autant de certitude qu'un naturaliste qui trouve sur son chemin un crâne ou un os blanchi peut affirmer qu'il a été couvert de chair.

§ 572. — Nous avons bien des raisons de conjecturer que la mer était salée dès « le commencement, lorsque les eaux sous les cieux couvraient le monde et que les terres ne s'étaient point encore élevées de

leur sein. » Car les dépôts géologiques les plus anciens sont remplis de coquilles marines ; et aussitôt
après le granit qui forme la fondation de nos montagnes, nous trouvons des restes d'organisations
marines succédant à la période de première formation et qui la complètent. A cette époque, la mer
était salée comme aujourd'hui. Toutes les coquilles
marines qui couvrent les sommets des Andes, ces
madrépores sécrétés au moyen des sels de la mer,
ces infusoires dont les dépôts étonnent les géologues
par leur masse, et ces immenses fossiles qui ont
été l'admiration de tous les âges, où auraient-ils pu
prendre naissance si la mer n'avait pu leur fournir
les matériaux nécessaires à leurs édifices? Une
grande partie de la croûte terrestre qui fournit à
l'homme sa nourriture a été fertilisée par les dépôts de coquilles et les sécrétions marines. Une
grande partie de notre planète est sortie des eaux,
dont les habitants travaillaient comme aujourd'hui
à conserver la pureté de l'Océan, pour lui permettre
d'accomplir avec régularité ses offices dans la nature. Les sels dissous sur la terre par les eaux et
jetés par les rivières dans le sein des mers, y sont
transformés, par les agents du créateur, en perles,
en coquilles, en corail et en mille choses précieu-

ses. Ainsi tout en purifiant les eaux, ils embellissent la terre de leurs transformations.

§ 573. — On trouve dans toutes les parties de la nature, ce beau système de *compensation*, se réglant lui-même et maintenant dans la machine universelle un ordre parfait.

§ 574. — Quant à l'origine première du sel marin, aucune recherche ne pourra satisfaire complétement un esprit philosophique : cependant un philosophe chrétien se contentera de remarquer que le sel comme le granit des montagnes se compose d'éléments gazeux ou volatils. Ainsi le granit se compose de feldspath, de mica, et de quartz qui sont des combinaisons de minéraux plus ou moins volatils avec l'oxigène. Le fer dont on ne trouve que des traces est le seul métal qui, non combiné, ne peut pas se volatiser. Le feldspath a-t-il été formé d'un côté, le mica d'un autre, le quartz d'un autre, et ont-ils été amenés par une force puissante à se combiner pour former nos montagnes ? ou bien le granit est-il sorti tout formé du chaos? Nul ne peut le dire.

§ 575. — L'eau de la mer est composée d'oxygène et d'hydrogène, et ses sels, comme le granit, contiennent des gaz et des métaux volatilisables. Quelle que soit d'ailleurs sa constitution, qu'elle ait d'abord été formée d'eau douce et que ce ne soit que dans la suite qu'elle soit devenue salée par une autre combinaison, cela n'influe en rien sur nos recherches. Quelques géologues supposent qu'à l'époque de la formation des terrains crétacés, lorsque les ammonites vivaient dans la mer avec leurs immenses coquilles, les carbonates nécessaires à la structure de leurs habitations devaient s'y trouver en plus grande abondance. Bien que les proportions des matières contenues dans la mer aient pu varier depuis que les eaux commencèrent à couler, elles ne peuvent cependant pas avoir beaucop varié quant à leur nature.

§ 576. — Il est vrai que cet étrange animal la Sèche de douze pieds de circonférence n'existe plus dans la mer, elle disparaît avec la période des formations crétacées; mais le petit nautile qu'on trouve avec elle reste encore pour nous dire qu'à cette époque éloignée, la constitution des eaux ne s'opposait pas à son existence. Le corail a survécu à tous les cataclysmes de notre planète, et les matières qu'il sécrétait pour former ses habitations sont encore les mêmes. De sorte que si l'eau avait été douce à un moment, cette espèce eût disparu comme la grande Ammonite, qui doit peut-être sa disparution à un changement de climat, et non pas à un changement de constitution dans les eaux.

§ 577. — Les physiciens qui prétendent que les sels tenus en solution dans la mer y ont été apportés par les pluies et les rivières, auraient dû calculer la masse solide que contiennent les eaux de l'Océan. En prenant 2 milles pour la profondeur moyenne et 3, 0/0 pour la salure des eaux, cette masse de sel serait capable de couvrir d'une couche d'un mille d'épaisseur une surface de sept millions de milles carrés. En admettant qu'une telle quantité de matières ait abaissé le niveau des terres au-dessous de la mer d'un demi-mille, il serait facile de prouver que là longueur du jour aurait été altérée.

Ces sept millions de milles cubes n'auraient pas augmenté le volume de la mer; car cette adjonction n'y change rien, puisqu'on sait en chimie que l'eau qui tient des sels en dissolution n'augmente pas de volume. L'auteur de la *pluralité des mondes* a lui-même été étonné de cette manière d'*économiser* la place.

§ 578. — Il y a une autre question que nous avons déjà soulevée, sur l'usage des sels dans la mer, dans les sublimes agencements de la terre.

§ 579. — Le 20 janvier 1855, le professeur Chapman, du collége de l'Université de Toronto, a communiqué à l'institut Canadien, un mémoire sur « les fonctions du sel dans la mer, » dans lequel il soutient *qu'ils servent surtout à régler l'évaporation.* Pour sa démonstration il fait des expériences délicates pour établir la différence d'évaporation des eaux douces et des eaux salées. D'après son résultat, l'eau de mer perdrait par vingt-quatre heures 0,54 0/0 de moins que l'eau douce.

« Ces expériences et ces hypothèses donnent en« core plus d'intérêt à nos recherches sur les nom« breux et merveilleux emplois assignés au sel de la « mer par le Créateur. Il est difficile de déterminer « la principale raison de l'arrangement divin. Que « ce soit pour régler les climats, la circulation de « l'Océan, ou bien pour transformer la terre en « transportant la portion solide d'un côté à un autre, « en employant le corail et les autres insectes à sé« parer la matière solide et l'élever au-dessus des « eaux en la mettant dans d'autres climats et d'au« tres conditions. » Ou bien que le principal but soit, comme le dit le savant professeur, « de régler l'évaporation. » Il n'est nullement nécessaire de nous livrer à cette discussion : tous ces emplois du sel de la mer peuvent être regardés comme les *principaux*.

Ces expériences font présager de nouvelles merveilles dans ce système de compensation que nous avons tant admiré dans l'étude des *merveilles des abîmes*. Les vents alizés évaporant les eaux douces sont limités dans leur travail par l'augmentation de salure des eaux, ce qui empêche les déluges. La surface ne peut pas non plus devenir de plus en plus salée, sans quoi, à cause de la difficulté de l'évaporation, les vents n'auraient plus assez de vapeurs à emporter. La compensation est ici des plus parfaites. Le sel probablement doit, sinon empêcher complétement les famines et les sécheresses, du moins les diminuer et pour ainsi dire les régler. Car, la compensation qui détermine l'évaporation, doit par suite déterminer les quantités de pluies. Si les sels étaient plus légers que l'eau, ils viendraient à la surface, s'opposeraient à l'évaporation, et les brises de mer, au lieu de ranimer les plantes de leur souffle frais et bienfaisant, « viendraient tout brû-
« ler de leur haleine desséchante. Le sel dans ses
« nombreux et merveilleux emplois vient entraîner
« dans les profondeurs les eaux qui ont subi l'éva-
« poration au contact des vents alizés et ceux-ci char-

« gés de vapeurs, peuvent alors remplir dans l'uni-
« vers la tâche qui leur a été confiée.

« La densité de la mer est une donnée nécessaire
« pour pouvoir continuer les recherches intéres-
« santes qui m'ont été suggérées par les travaux du
« professeur Chapman. Aussi, j'espère que mes col-
« laborateurs à la mer, ne négligeront pas de rem-
« plir sur leur livre de bord, la colonne de la den-
« sité de la mer.» (Maury's Sailing directions ; 7°
éd. p. 857).

§ 580. — Nous pouvons donc regarder les coquilles et les animaux marins à un nouveau point de
vue : du reste, nous leur avons toujours assigné une
tâche spéciale dans l'harmonie de la création, et principalement dans le système de circulation de l'Océan.
Ils règlent loin d'eux la température des climats. De
sorte que le travail du corail sous l'été perpétuel des
tropiques, distribue la chaleur sur la terre, et tempère les froids rigoureux des régions polaires.

§ 581. — Il est certain qu'une hypothèse qui
conduit à des résultats aussi nombreux et aussi remarquables ne peut être complétement fausse ; c'est
ce qui m'a engagé à la présenter, quoiqu'elle ne
soit pas entièrement basée sur des observations.

CHAPITRE X.

§ 582. — Les marins ont divisé la mer en régions appelées de noms particuliers, tirés des positions des vents. Ainsi les parages des vents alizés,
ceux des vents variables les *horses latitudes* (Latitudes
des chevaux), Pot au noir, etc. Les horses latitudes
sont sur la limite nord des vents alizés et bordent la
région des calmes (131). Ces régions ont été appelées ainsi parce que des navires allant de la Nouvelle-

Angleterre aux Indes-Occidentales avec des char-
gements de chevaux, étant tenus trop longtemps
dans les calmes du Cancer, ont été obligés de jeter
leur cargaison par dessus le bord à cause du manque d'eau.

§ 583. — *Le pot au noir* est un autre passage
de calmes. C'est un lieu de calmes de brises folles
et de grandes pluies, ce qui le rend d'un passage
très-désagréable. Les navires portant des émigrants
d'Europe en Australie le traversent. Ils y sont souvent arrêtés pendant deux ou trois semaines. Les
enfants et les personnes malades souffrent beaucoup
dans cette station sur le chemin de la terre de l'or.

§ 584. — Un navire qui va de l'Amérique et
de l'Europe dans l'hémisphères sud, après avoir
quitté les vents variables, et traversé les horses latitudes, entre dans la région des vents alizés.

Là, le ciel a rarement des nuages et il est presque toujours serein. Ici le baromètre a des mouvements réguliers, indiquant des marées atmosphériques; son exactitude pourrait dire l'heure à
quelques minutes près. Ces variations du baromètre
varient entre un pouce et un dixième de pouces
On a un maximum à 10 h. 30 m. du matin et à 10
heures du soir, et deux minimum entre 4 et 5 heures

du soir, puis à cinq heures du matin (1). Ces variations horaires du baromètre semblent suivre d'invisibles marées. A l'approche de la ligne, le baromètre monte de plus en plus. Dans ces parages de calmes et de pluies, l'air devient lourd et le temps désagréable, on entre dans le Pot au noir et sous un anneau de nuages.

§ 585. — En s'éloignant de ces lieux pluvieux, le marin se sent renaître ; en entrant dans les vents alizés du sud-est, il est surpris de trouver que le baromètre et le thermomètre sont restés plus bas sous les latitudes pluvieuses qu'au milieu du beau temps qui les borde. Et à droite et à gauche de cette zone de pluie, ces deux instruments sont plus haut, quand bien même l'équateur serait compris dans cette zone. En passant au milieu des orages de l'équateur, on reste sous un dais de nuages qui enveloppe la terre.

§ 586. — J'ai trouvé dans le journal du commodore, Arthur Sinclair, commandant la frégate des États-Unis Congress en 1817-1818, une peinture

(1) Voyez le mémoire sur les observations météorologiques aux Indes, par le colonel Sykes; Transactions philosophiques 1850, part ii, p. 297.

très-expressive du temps qu'il a eu à supporter sous cet anneau de nuages, dans sa croisière en Amérique du Sud. C'était au mois de janvier 1818, par 4° latitude nord et 19° 23' longitude ouest.

« Ces parages sont bien les plus désagréables de « notre globe. L'air y est lourd, épais, excepté quel- « ques heures après que les nuages qui versent des « torrents de pluie, l'ont un peu rafraîchi. Bientôt « les rayons d'un soleil brûlant, rendent l'atmos- « phère insupportable, malgré l'abri des tentes et les « battements constants des voiles qui agitent un peu « l'air. Il faut avoir passé dans ces lieux pour com- « prendre les désagréments de cette traversée. En « se plongeant dans la mer, le bain ne peut même « vaincre la lassitude qu'on éprouve. Ce sont les « plus mauvais jours du marin, si l'on en excepte les « jours de danger pour le navire.

« Je passai la ligne le 17 janvier, à 8 heures du « matin par 21° 20' de longitude, et tous ces ennuis « disparurent.

« Une brise fraîche variant autour du sud-est « donnait un temps clair et une bonne température : « ce changement si agréable fesait oublier comme « par enchantement, les souffrances des quinze « jours écoulés. »

§ 587. — On n'a pas besoin d'aller en mer pour
voir le merveilleux travail des nuages rassemblant
les vapeurs sous la voûte azurée, pour aller les répandre dans les plaines et les faire tomber en cas-
cades sur les flancs des montagnes. Hiver comme
été « les nuages apportent la fertilité sur la terre. »
Ce bienfait étant sensible pour tout le monde,
il n'est pas nécessaire de nous en occuper ici. Mais
le marin qui sur mer peut suivre les phénomènes
dans leurs emplois divers pour l'économie terrestre,
et observer l'exactitude des nuages de la machine
atmosphérique, le marin, dis-je, sait bien que les
nuages ont un autre emploi que de donner des pluies,
et de couvrir d'un manteau de neige, nos champs,
pendant l'hiver. Il sait que les nuages ont d'autres
offices à remplir, qui, quoique n'étant pas aussi évi-
dents, n'en sont pas moins bienfaisants. Ils doivent
modérer le froid et la chaleur. En se déployant ils
couvrent la terre d'un manteau qui conserve la chaleur, en empêchant le rayonnement vers les espaces.
Une autre fois, ils s'interposent entre la terre et les
rayons du soleil, qui brûleraient les plantes délicates
et donneraient la sécheresse au pays. Ou bien, s'é-
tendant sur les mers, ils la défendent contre les rayons
solaires, et arrêtent l'intensité de l'évaporation;

quand ils ont rempli leur office en un endroit, ils
s'élancent sur les ailes des vents pour aller continuer
leur tâche en d'autres lieux.

§ 588. — Un marin d'un esprit droit, familier
avec l'observation des nuages, des rayons solaires,
des tempêtes, des calmes et de tous les phénomènes
qui constituent la géographie physique de la mer,
cesse de regarder des nuages sans pluie comme une
chose inutile. Il connaît leur emploi comme modé-
rateurs de la chaleur et du froid : ce sont encore
des *compensateurs* de la machine atmosphérique.

§ 589. — La constitution de l'atmosphère est
merveilleuse pour remplir la tâche qui lui est confiée. Que l'on soit homme de terre ferme ou de mer,
je ne connais certes aucun sujet plus profitable à
l'extension des connaissances et à la recherche de la
vérité que l'étude de l'atmosphère. Dans le mécanisme universel, c'est l'atmosphère qui me paraît la
chose la plus étonnante la plus belle et la plus parfaite dans la manière dont elle remplit les différentes tâches qui lui ont été confiées. Sa création suppose la perfection. L'homme droit de cœur, de Hus,
dans un moment d'inspiration, demande à Dieu de
le secourir et s'écrie : « Mais où trouvera-t-on la sa-
« gesse, et quel est le lieu de l'intelligence? L'abîme

« dit : elle n'est point en moi ; et la mer : elle n'est
« point avec moi. Elle ne se donne point pour l'or
« le plus pur et elle ne s'achète point au poids de
« l'argent. On ne fera pas mention auprès d'elle du
« corail et des perles ; car le prix de la sagesse est
« au-dessus du rubis.

« D'où vient donc la sagesse et où l'intelligence
« se trouve-t-elle ? La perdition et la mort ont dit :
« nous avons ouï parler d'elle.

« C'est Dieu qui comprend quelle est sa voie, c'est
« lui qui connaît le lieu où elle habite ; car il voit le
« monde d'une extrémité à l'autre et il considère
« tout ce qui se passe sous le ciel. C'est lui qui a
« donné DU POIDS AUX VENTS, c'est lui qui a pesé et
« mesuré l'eau lorsqu'il prescrivait une loi aux
« pluies, lorsqu'il marquait un chemin aux foudres
« et aux tempêtes. C'est alors alors qu'il l'a vue, qu'il
« l'a découverte, qu'il l'a préparée et qu'il en a sondé
« la profondeur » (1).

§ 590. — Lorsque les fontainiers vinrent demander à Galilée de leur expliquer pourquoi l'eau
ne montait pas dans les pompes à plus de trente-deux
pieds, le philosophe, malgré ses réflexions, n'osa

____

(1) Job, chap. XXVIII.

pas dire que c'était à cause « du poids du vent (1). »
Et ce poids de l'air reconnu à une époque qui n'est
pas très-éloignée de nous, fut proclamé comme une
grande découverte. Cependant le fait était écrit
aussi clairement dans le livre de la nature que dans
le livre de la révélation ; car l'enfant, qui profite de
la pression atmosphérique pour puiser le lait dans
le sein de sa mère, le proclamait sans le savoir.

§ 591. — Le thermomètre et le baromètre restent plus bas (585) sous cet anneau de nuages que
de chaque côté de la zone où il règne. Sa position
n'est pas constante ; ces nuages ne servent donc pas
seulement à donner des pluies à un lieu ou à un
autre, mais élevés par les rayons solaires dans les
espaces, ils dérobent à leur tour la surface à l'influence solaire, et par ces alternatives ils activent la
circulation atmosphérique et donnent de la vigueur
à la végétation.

§ 592. — Après avoir traversé cette région nord
et sud de calmes et de nuages, on trouve un ciel pur
sous l'équateur. Le soleil, dardant ses rayons sur
la terre, élève fortement sa température ; l'air

____

(1) Le mot hébreu de la bible se traduirait plus exactement par *ponderatio* que par *pondus*.   T.

danse (302) et ses colonnes tremblantes montent, descendent pour délivrer le pays d'une partie de cette chaleur, et entraîner l'air dans le chemin de la circulation générale. La saison sèche continue : le soleil est au zénith, la terre est desséchée, la chaleur accumulée à la surface ne peut plus s'écouler assez vite dans les espaces, les plantes commencent à se flétrir et les animaux à périr. Les nuages viennent s'interposer; ils interceptent les rayons solaires, ils déplacent leur action en la transportant de la surface de la terre à leur propre surface.

§ 593. — Les nuages absorbent, par le rayonnement, la chaleur qui s'échappe de la terre et de la mer et cette absorption arrête la précipitation.

§ 594. — D'un côté, les vents alizés du nord et du sud versent dans les régions de calmes et de pluies de l'équateur, qu'on peut appeler réservoir des nuages, de nouvelles provisions d'un air échauffé qui, saturé de vapeurs d'eau, doit s'élever et s'affranchir de ces nuages pour pouvoir se refroidir par le rayonnement. De l'autre, les vapeurs que les vents alizés amènent du nord et du sud se dilatent et se refroidissent en montant, et se condensant sous ce voile de nuages, abandonnent leur chaleur latente qui prévient les précipitations et les déluges.

§ 595. — Pendant que ces opérations se passent en dessous de ce lit de nuages, de non moins importantes se passent à la partie supérieure. Du lever du soleil au coucher, les rayons solaires frappent sur ces nuages sans interruption. Lorsque la chaleur développée par les rayons solaires est trop forte pour que les vapeurs puissent la transmettre à l'air par réflection, ils l'absorbent sous forme latente pour la restituer à l'occasion et dans les lieux qui leur sont assignés.

§ 596. — En voyant ce qui se passe dans la zone de calmes et de pluies de l'équateur, on ne peut qu'admirer les combinaisons de la nature pour départir la chaleur, pour élever la limite des neiges au delà des nuages, afin que les vapeurs aient une place pour se dilater, s'élever et s'écouler dans le grand chenal de la circulation. Lorsque la vapeur se condense et tombe sous forme de pluie, elle atteint un double but. Venant de la région des nuages, les gouttes de pluie sont plus froides que l'air inférieur et que la terre ; en tombant, elles absorbent le surplus de la chaleur qui, pendant la saison sèche, n'a pu s'échapper par le rayonnement. Cette bande de nuages modifie les climats de tous les lieux qu'elle couvre. Ils ombragent, à différentes époques, tous les parallèles compris entre 3° latitude sud et 13° nord.

§ 597. — La pluie, dans sa condensation, abandonne une grande quantité de la chaleur absorbée par les vapeurs, amenée par les vents alizés, celle-ci transportée plus loin sert à éloigner de la terre la limite de la perpétuelle congélation. Si on pouvait tracer dans les espaces des courbes thermométriques, on verrait certainement ces courbes s'élever tantôt à l'équateur, tantôt de chacun de ses côtés, mais certainement avoir une direction qui les ferait passer par-dessus ces nuages ; elles n'auraient pas leurs points minima toujours sous les mêmes parallèles ; mais elles doivent toujours monter où se trouvent ces nuages. La distance à l'équateur, de ces nuages, vers le nord ou vers le sud, dépend des saisons.

§ 598. — Si nous imaginons un équateur atmosphérique placé au milieu de la zone de calmes qui sépare les régions des deux vents alizés, le nœud de la courbe qui représente les lieux de perpétuelle congélation dans l'air devra se trouver sur cet équateur. Et en supposant un thermomètre maintenu sur la terre au milieu de cette zone de pluie, il devra marquer la même température, comme le baromètre devra aussi marquer la même pression.

§ 599. — Revenons à l'emploi que ce dais de nuages peut avoir dans la circulation atmosphérique : en couvrant successivement de son ombre la zone terrestre qu'il recouvre, il joue le rôle du ventricule et de l'oreillette de cet immense cœur atmosphérique, corps qui ne reçoit de force et de vie que de la chaleur ; cœur d'où part l'impulsion qui lance l'air dans les tortueuses artères de la circulation.

§ 600. — Ce dais, cette zone, cet anneau de nuages est placé autour de notre globe pour réglementer la précipitation qui se fait au dessous, pour départir la quantité de chaleur nécesaire à chaque partie de la terre, pour régler les vents, pour distribuer aux quatre points cardinaux la quantité de vapeurs nécessaire aux rivières, aux climats, aux saisons, à chaque lieu sa part de soleil, de nuages et d'humidité. Semblables au balancier d'un excellent chronomètre, ces nuages apportent dans l'atmosphère le système d'une *compensation* se faisant par elle-même. Si le soleil ne donne pas assez de chaleur à une région, les vapeurs se condensent en plus grande quantité, abandonnent plus de chaleur latente et rétablissent la compensation. D'un autre côté, si les rayons solaires déversent une trop grande quantité de calorique, la compensation est toute prête; une plus grande quantité de vapeurs s'élève de la surface terrestre, vaisseau tout prêt à enlever dans ses flancs la chaleur en excès pour l'y garder et ne la rendre à l'état sensible que quand il lui sera ordonné pour continuer la grande œuvre du monde.

§ 601. — Les recherches que j'ai faites sur la température et les observations que j'ai présentées n'ont pas été convenablement discutées pour établir par des faits que le thermomètre doit rester *invariablement* plus bas sous ce dais de nuages que de chaque côté (591). On peut cependant le démontrer aussi facilement que la rotation de la terre sur son axe ; car, la nature a suspendu dans les airs un thermomètre parfait dont les indications sont certaines.

§ 602. — Les vapeurs qui forment cet anneau de nuages qui se condensent et reviennent en pluie à la mer, viennent de la région des vents alizés (162). Elles s'élèvent sous ces nuages, se dilatent, se refroidissent, deviennent nuages, et se résolvent en pluie. Il n'est pas besoin de thermomètre pour deviner que l'air qui apporte ces vapeurs et celui qui les voit retomber en pluie ne peut avoir la même température. La précipitation et l'évaporation étant deux opérations contraires, elles ne peuvent se passer dans le même milieu, ni à la même température : lorsque cette dernière s'élève, l'air prend une plus grande capacité pour la vapeur ; elle la perd avec l'abaissement de la température. Ce sont des lois physiques : et il est bien clair que lorsque nous voyons la vapeur se condenser, elle doit avoir une tension moindre que lorsqu'elle s'élevait de la surface des eaux.

§ 603. — Le calorique nécessaire pour les eaux à l'état de vapeur a été emprunté à l'Océan, et quand ces mêmes vapeurs viennent à se condenser, elles l'abandonnent, puisque le fait de la condensation exige une température plus basse que celui de l'évaporation. Sous ce dais de nuages la précipitation est incessante, tandis que l'évaporation est complètement interrompue. Les vents alizés soufflent sans interruption vers l'équateur ; ils forment un cercle autour de la terre, et de là nous pouvons déduire que cette ligne qui les accompagne s'étend aussi autour de notre globe. La saison des pluies de la zone torride maritime peut nous donner la déclinaison de cette ligne de nuages qui entoure la terre comme une ceinture, oscillant alternativement vers le nord et vers le sud.

§ 604. — Cette zone de nuages est plus large que

celle des calmes où elle prend son origine. L'air qui dans cette région s'élève chargé de vapeurs, condense celles-ci en nuages (602), opération qui les fait gonfler et qui force ces nuages à se diriger vers le nord et vers le sud, l'air prenant la même direction, prend le caractère d'un contre-courant supérieur des vents alizés (Pl. I). Ils entraînent les nuages et élargissent cette zone. C'est-là, supposons-nous, la cause des pluies que l'on rencontre dans la région des vents alizés, et qui s'étendent quelquefois très-loin dans le nord et dans le sud.

§ 605. — Pour un observateur placé sur une autre planète, ces nuages lui présenteraient le même aspect que ceux que nous voyons sur Saturne. Il les verrait entraînés dans un mouvement contraire à celui de la terre, de l'est à l'ouest. Les vents, qui dans la zone des calmes alimentent ces nuages, s'élèvent, et la terre paraît tourner sous eux. Et, bien qu'en réalité ces nuages soient entraînés comme la terre de l'ouest à l'est comme ils vont moins vite, ils devront paraître avoir besoin d'un temps plus long pour faire une révolution complète.

§ 606. — Comme les nuages vus sur Saturne à travers le télescope, leur surface supérieure devra paraître raboteuse, inégale et fortement frangée.

§ 607. — Les rayons du soleil se jouant au milieu de toutes les inégalités, doivent créer de grandes élévations et par contre de fortes dépressions. Toute cette masse doit être en ébullition. La chaleur abandonnée par la condensation, les courants d'air chaud s'élevant de la terre, l'air froid descendant, toutes ces causes réunies, doivent entretenir une agitation perpétuelle dans ce lit de nuages.

§ 608. — Maintenant qu'un coup de tonnerre se fasse entendre au milieu de tout ce chaos ; le fluide ira de pics en pics, se répétant de vallées en vallées, jusqu'à ce que le dernier écho vienne répéter en mourant l'éclat du tonnerre lointain. C'est ainsi que nous entendons la voix grave du tonnerre, rouler et se répercuter dans les nuages, comme l'écho d'une décharge d'artillerie dans les montagnes !

§ 609. — Ces nuages interceptent dans l'atmosphère le développement du son ainsi que celui de la chaleur et de la lumière, et ils nous renvoyent comme dans les régions Alpestres, les échos roulants d'un tonnerre lointain.

§ 610. — En continuant de raisonner ainsi, nous fesons voir l'intérêt qui s'attache à toutes les observations que le marin est appelé à faire. Tout a un sens dans la nature. — Aucun fait physique n'est indigne de l'observation. Les marins, en portant sur leurs livres de loch la nature des éclairs, droits, fourchus où striés, du tonnerre, roulant, grondant ou éclatant, peuvent fournir des indications précieuses sur la nature des nuages, dans les diverses saisons et sous les diverses latitudes. Les faits physiques sont le langage de la nature, et chacune de ses expressions doit être recueillie avec soin parce que c'est la voix de la SAGESSE.

CHAPITRE XI.

ROLE GÉOLOGIQUE DES VENTS.

§ 611. — Pour apprécier d'une manière exacte les différentes tâches que les vents et les vagues ont à remplir, il faut regarder la nature comme *un tout*

dont les parties sont intimement liées. Lorsqu'on
étudie l'une d'elles en particulier, on se trouve
entraîné insensiblement vers d'autres parties, complétement différentes.

§ 612. — L'étude des couches souterraines demande au géologue la connaissance de la mer et
par suite celle des vents, des vagues, des courants,
de la navigation et de l'hydrographie qui lui apparaissent comme intimement liés à ses recherches fa-
vorites.

§ 613. — Un astronome observe les astres dans le
ciel, il ne peut réduire ses observations, et en faire
usage avant d'avoir tenu compte de certains principes d'optique. Il doit consulter le thermomètre et
le baromètre, pour calculer la réfraction. Pour déterminer la longueur exacte du pendule, il doit calculer la valeur de pesanteur. Il doit connaître la
composition de la couche terrestre d'un pôle à l'autre, de la circonférence au centre; dans le cours de
ses recherches, il se rencontre avec le navigateur,
le géologue, le météorologiste qui dans le but de recherches différentes, s'engagent dans le même labyrinthe. — Recherches qui, faites dans un but
particulier concourent à l'instruction générale. C'est
ainsi que, pensant n'étudier que la géographie physi-

que de la mer, je me suis vu entraîné côte à côte avec le géologue dans l'intérieur des terres, examinant les phénomènes des bassins intérieurs, ces immenses excavations sans communication à la mer.

§ 614. — La mer Morte est parmi ces dernières celle qui présente le plus d'intérêt. Le lieutenant Lynch de la marine des Etat-Unis, a conclu son niveau de celui de la mer Méditerranée, et il l'a trouvé de 1,300 pieds (390^m) inférieur au niveau général des mers. Le géologue examine les contrées avoisinantes pour se rendre compte de cette grande différence de niveau; il cherche parmi toutes les forces qu'il peut y rencontrer celles qui ont été capables de produire une dépression et une élévation aussi forte. Les forces ne manquent pas; elles ont élevé sur les différents points de la terre des monuments constatant leur puissance. Mais est-il bien nécessaire qu'elles aient résidé dans le voisinage, ne peuvent-elles provenir de la mer, si non pour ce cas-ci, du moins pour d'autres? ne peuvent-elles pas même provenir de l'autre hémisphère? Ce sont des questions que je n'ai pas la prétention de résoudre définitivement. Mais mes recherches m'ont amené à chercher quelle était l'action géologique des vents dans de pareilles circonstances. Quoique prenant leur origine sur la mer, je crois que leur action doit être examinée dans la formation de ces bassins intérieurs.

§ 615. — N'y a-t-il pas quelques raisons de penser qu'à des époques déjà anciennes, la quantité annuelle de précipitation devait surpasser sur la mer Morte l'évaporation actuelle? Et si cela était, de quelle partie de la mer venaient ces vapeurs et qu'est-ce qui a interrompu leur arrivée? l'élévation de la rive et la dépression de ce lac (614), l'auraient elles donc interrompu.

§ 616. — Si nous pouvons établir ce fait, que la mer Morte avait un affluent à l'Océan, il s'en suit forcément que les nuages amenaient plus d'eau que les vents n'en pouvaient évaporer, et que cette rivière n'était que le trop plein de la mer Morte (165).

§ 617. Nous avons beaucoup de raisons de croire qu'actuellement l'évaporation et la précipitation se compensent dans les bassins de la mer Caspienne, Aral, mer Morte et tous les autres bassins intérieurs de l'Asie; sans quoi les niveaux de ces mers changeraient, et les observations pas plus que l'histoire ne relatent rien de semblable. La permanence de ces niveaux a été constatée, et on peut difficilement admettre une communication souterraine avec l'Océan. Car, la mer Morte étant plus basse serait le récipient des eaux de l'Océan, et il ne lui serait pas possible de conserver un niveau différent.

§ 618.—Ce n'est point la mer Morte qui a soulevé pour moi cette question. Une élévation locale et une dépression eussent suffi pour expliquer le niveau actuel. Mais est-il probable qu'à l'époque des transformations géologiques, lorsque la terre et l'eau se distribuaient sur notre globe, les vents qui passaient alors sur la mer Morte, soient restés seuls immuables ? Est-il probable que les vents aient apporté autant d'humidité qu'ils en enlevaient au milieu de toutes ces transformations, exactament comme à notre époque? évidemment non. Les mines de sel, les traces des eaux, les formations géologiques et tous les faits que la nature a inscrits sur ses tablettes de rocher, nous indiquent que la mer Morte comme la mer Caspienne ont eu des périodes où les pluies étaient plus abondantes. D'où venaient ces pluies et qui les a arrêtées? ce n'est certainement pas l'élévation ou la dépression de la mer Morte.

§ 619. — Mes recherches sur les vents m'ont indiqué (172), les vents alizés du sud est de l'océan Pacifique, comme fournissant problablement les pluies dans nos vallées : le Saint-Laurent les rapporte à l'océan Atlantique. Supposons que ces vents qui apportent des vapeurs aient leur point de condensation à 10° c : ils seraient vents de sud-ouest et vents de pluie pour les lacs en général, aussi bien que pour la vallée du Mississipi, en thèse générale en Europe et certainement aussi pour la partie extra-tropicale de l'Asie.

§ 620. — Maintenant supposons qu'à cent milles dans le sud-ouest des lacs, il s'élève tout d'un coup une rangée de montagnes, dont le sommet couvert de neige ait une température de 1° c. A leur passage sur ces montagnes, les vents verraient leur point de rosée descendre à 1° c, et ne rencontrant plus (196) de surface évaporante jusqu'à leur arrivée sur les lacs, ils n'auraient plus d'humidité à déposer sous une température de 10° c. Ils n'en pourront déposer qu'en dessous de 1°. La précipitation cesserait donc complétement et les vents ne pourraient alimenter les lacs du Saint-Laurent. Cette rivière et le Niagara feraient baisser le niveau jusqu'à celui de leur lit. L'évaporation serait augmentée par la sécheresse de l'atmosphère : le niveau baisserait comme dans la mer Caspienne, jusqu'à ce que l'équilibre s'établît entre la précipitation et l'évaporation.

§ 621. — Cet équilibre s'établit de lui-même : car les eaux baissant, leur surface diminue; la quantité d'eau enlevée par l'évaporation diminue aussi jusqu'à ce qu'elle devienne égale à celle qui y retombe en pluie, précisément comme dans la mer qui reçoit par les pluies les brumes et les rosées (1), tout ce qui lui a été enlevé par l'évaporation. C'est ainsi que les grands lacs du continent conservent leur niveau. Les sels amenés par les rivières et les pluies, ne seraient plus amenés vers l'Océan, et finalement, les grands lacs de l'Amérique dans la suite des âges, deviendraient saumâtres et salés.

§ 622. — Supposons que la profondeur de ces lacs soit de 6,000 pieds au lieu de 420 pieds, comme elle est réellement. Lorsque le Saint-Laurent sera desséché, l'évaporation aura action sur une surface ayant mille ou deux mille pieds de moins de profondeur, et on aura ou une différence de niveau comme dans la mer Morte, ou la contrée deviendra un pays très-sec et les lacs eux-mêmes tariront.

§ 623. — Prenons un autre exemple. Le corail est en travail dans le Gulf-Stream : il forme d'un

____

(1) La quantité de rosée en Angleterre ne s'élève qu'à cinq pouces (12°, 7) dans une année. — Glaisher.

côté les récifs de la Floride, et de l'autre les bancs de Bahama : supposons qu'ils s'élèvent dans la passe de la Floride et qu'ils obstruent le Gulf-Stream, et qu'ils relient Cuba au Yucatan en comblant la passe, de sorte que les eaux de l'Atlantique ne puissent plus sortir du golfe par le courant. Qu'arrivera-t-il?

§ 624. La plus grande profondeur du golfe n'est pas des trois quarts d'un mille. Les officiers du navire l'*Albany* des État-Unis, ont tracé une ligne de sondes de l'ouest à l'est. La plus grande profondeur a été trouvée de 6,000 pieds (800ᵐ); des expériences plus récentes ont conduit à penser que cette profondeur était trop forte.

§ 625. — En interrompant ainsi la communication du golfe avec l'Atlantique il ne s'y conserverait pas un niveau égal à celui des mers, mais bien un niveau dépendant de la quantité d'évaporation et de précipitation. Si la première était la plus forte, ses eaux descendraient jusqu'à ce que la surface présentât une superficie donnant une quantité de vapeurs égale à l'apport du Mississipi et des autres affluents. On aurait alors une mer dont le niveau serait encore inférieur à celui de la mer Morte.

§ 626. — Outre les deux causes déjà mentionnées qui ont pu séparer ces bassins intérieurs du

Grand-Océan, on peut encore penser que des continents s'étant élevés du sein des mers ont substitué à l'action des vents, un terrain sec à la place des eaux.

§ 627. Supposons un soulèvement à l'endroit de la mer, d'où partent les nuages qui vont alimenter les grands lacs de l'Amérique. Voyons ce qu'il en résultera. La quantité de pluies diminuant dans ces contrées, le climat changera. L'évaporation augmentera proportionnellement à la diminution de la précipitation, l'étiage des lacs devra nécessairement baisser.

§ 628. Tout ce que nous venons de dire sur le golfe du Mexique et sur les grands lacs ne sont que des hypothèses, mais qui nous permettront de procéder par analogie.

Il est certain que des montagnes ont dû s'élever en travers de la course des vents, des continents sont sortis des eaux, et par suite, l'état climatérique de lieux éloignés a dû changer par l'action seule des vents.

§ 629. — Dans le lac salé de l'Utah, nous voyons un exemple d'une interruption de communication, et de la méthode employée par la nature pour égaler l'évaporation à la précipitation. Elle a d'abord rendu salé le réservoir des eaux de ce bassin. On m'a dit que l'on retrouvait les traces d'un cours d'eau par où il aurait communiqué avec la mer. Prenons une époque où ce cours d'eau existait et allait jeter à la mer les eaux du drainage de cette vallée que l'évaporation n'avait pu enlever. Les vents qui parfois faisaient le même office apportaient cependant plus d'eau qu'ils n'en retiraient, tandis que maintenant faisant le contraire, ils ont changé en une couche de sel les terrains qui étaient couverts d'eau. Il est même évident qu'à une certaine époque les grands lacs de l'Amérique s'écoulaient dans le golfe du Mexique. Car, on sait que des canots passèrent dans des moments de crue, du Mississipi dans les lacs supérieurs. Pendant les eaux basses on peut suivre le lit de cette rivière desséchée. Les lacs salés de l'Utah sont dans le sud-ouest des lacs du nord. Ils sont dans la direction que l'on donne (366) aux vents de pluie. Ce ne sont donc pas les mêmes causes qui augmentant l'évaporation et diminuant la précipitation, ont pu opérer ici comme dans les grands lacs.

§ 630. — Si les montagnes à l'ouest. — La Sierra-Nevada par exemple, — sont plus élevées qu'elles ne l'étaient primitivement, et si les vents qui amenaient les pluies aux lacs salés (361) passaient sur les sommets de ces montagnes, il est facile de voir que, passant sur des sommets plus hauts et plus froids, ces vents doivent apporter moins d'humidité qu'auparavant.

§ 631. — Les Andes, dans la région des vents alizés de l'Amérique du sud, sont si élevées que les vents abandonnent à leur contact toute leur humidité, de sorte que les pays de l'ouest sont pays secs. De là, on peut conclure qu'il suffit de l'élévation d'une chaîne de montagnes en travers de la direction des vents, pour rendre complétement sèche la contrée qui se trouve de l'autre côté.

§ 632. — Si je me suis étendu sur ces hypothèses, c'est pour éclairer la question que quelques physiciens ont déjà traitée sans tenir compte de l'action géologique des vents, sur les changements de niveau de bassins intérieurs : car, quand ce changement de niveau est évident, on ne peut cependant en conclure qu'il est dû à un abaissement du fond ou à un soulèvement du terrain dont ce bassin devait recueillir les eaux.

§ 633. — Les causes de ces perturbations peuvent être éloignées ; elles peuvent tenir à des obstacles qui se sont élevés dans la course des vents dans toute autre partie du monde, obstacles qui, séchant les vents, ont concouru à l'abaissement du niveau des eaux d'un autre pays.

§ 634. — L'action des vents et l'influence possible des soulèvements sur les climats de contrées très-éloignées étant posées ainsi, revenons à la mer Morte et aux grands bassins de l'Asie. N'est-il pas possible que le soulèvement de l'Amérique du Sud ait eu un effet sur le niveau de ces mers ? Il est certain (§ 618) qu'autrefois leur niveau était plus haut, et, par conséquent, la précipitation plus considérable. Que sont devenues les sources de ces pluies ? qu'est-ce qui les a taries ? Deux causes peuvent avoir produit ce résultat : ou la substitution de terres à l'Océan qui fournissait les vapeurs pour cette région (§ 627), ou bien les vapeurs ont été déposées sur des sommets neigeux qui sont venus (§ 620) couper le cours des vents destinés à ces lieux.

§ 635. — Nous avons développé dans des chapitres précédents, toutes les raisons qui nous font affirmer que les vents de pluie des régions extra-tropicales boréales viennent de l'hémisphère sud.

§ 636. — S'il est vrai que ces vents alizés prennent dans cette partie du monde les pluies destinées à l'hémisphère nord, les vents alizés sud-est de l'Afrique et de l'Amérique, après être redescendus dans l'hémisphère nord, comme vents régnants du sud-ouest, doivent passer sur des pays secs, puisqu'ils n'ont pas soufflé vents alizés sur la mer. Ces vents, avec plus ou moins de vapeurs, après s'être élevés dans les calmes de l'équateur, soufflent courant supérieur entre le nord et l'est, jusqu'à ce qu'ils aient passé le tropique du Cancer. La limite des dernières pluies entre les tropiques et les pôles, doivent être précisément sous les vents résultant des vents alizés de l'Afrique et de l'Amérique.

§ 637. — En traçant sur l'hémisphère nord le passage des vents alizés, il nous sera possible de remarquer la trace des vents qui viennent des Andes; car les vents qui ont puisé leurs vapeurs en Afrique et dans l'Amérique du Sud ne peuvent en fournir aux contrées qu'ils étaient chargés d'arroser.

§ 638 — Il est du reste très-remarquable que les contrées extra-tropicales du nord, qui se trouvent dans le nord-est des vents alizés sud-est de l'Amérique et de l'Afrique australe, et que la théorie regarde comme passage des vents de ces régions, renferment les grands déserts de l'Asie et les pays les moins pluvieux de l'Europe. Une ligne partant des îles Gallapagos jusqu'à Florence, en Italie, et une autre partant des bouches des Amazones jusqu'à

Alep en Terre-Sainte (Pl. VII) limitent, après le passage du Cancer, la route de ces vents sur la surface de la terre. Cette contrée sous le *vent* (§ 200), doit, dans notre système atmosphérique être la moins pluvieuse. La carte etnographique de l'Europe de l'Atlas physique de Johnston, place les pays les plus secs entre ces deux lignes.

§ 639. — Il semble que la nature ait disposé des relais de bassins sur la route de ces vents pour leur fournir de temps en temps des vapeurs. Ce sont la Méditerranée, la mer Caspienne et la mer d'Aral, qui sont toutes situées dans la direction de ces vents et qui ont été chargées dans la circulation générale de restituer à ces vents les pluies qui ont déjà alimenté les Amazones et l'Orénoque.

§ 640. — Quant au soulèvement des terres, il est bien certain que les Andes ont été sous les eaux, puisqu'on trouve sur leurs sommets des débris d'organisations marines. A l'époque où ces montagnes et leur continent étaient submergés, en admettant que l'Euroqe avait déjà sa configuration, il est certain qu'avec la circulation atmosphérique aujourd'hui connue, la partie de l'ancien monde sous le vent de ces montagnes, ne pouvait être aussi privée d'humidité que maintenant. Lorsque l'Amérique

du Sud était sous les eaux, les vents avaient à distribuer toutes les eaux qui forment aujourd'hui la
rivière des Amazones.

§ 641. — Si, ce qui n'est pas douteux, la mer
Caspienne offrait une plus large surface à l'évaporation; si la précipitation excédait l'évaporation, ce
qui a toujours lieu dans toute vallée aboutissant à
une mer libre, les conditions hygrométriques doivent avoir changé. En prenant l'origine des vapeurs
destinées à cette vallée où, nous le supposons, la
sortie des eaux d'un continent, le soulèvement d'une
chaîne de montagnes en Amérique, en Afrique ou
en Espagne, en travers du chemin des vents de
pluie de la mer Caspienne, peuvent avoir privé ce
bassin intérieur de toute l'humidité qui lui était apportée. Les Andes ont fait d'Atacama un désert, et
du Pérou occidental un pays sec. Il a suffi du soulèvement d'une chaîne de montagnes au vent pour
accomplir ce changement.

§ 642. — La partie de l'Asie qui est sous le vent
des alizés sud de l'Afrique, est comprise au nord du
tropique du Cancer, entre deux lignes, allant l'une
du cap des Palmes à Médine, et l'autre d'Aden à
Delhi. En les continuant jusqu'à l'équateur, on
aura la direction des vents alizés sud-est de l'Afri-

que, qui ont traversé des terres la plupart du temps (Pl. VII).

§ 643. — La partie de la carte comprise entre ces deux lignes, représente la route des vents d'Amérique avec leurs nuages, et celle qui représente les vents d'Afrique se trouve sous le vent des alizés qui ont traversé l'Océan comme vents de sud-est. Une simple inspection de la planche VII montre que les vents qui viennent traverser l'équateur entre 15° et 50° de longitude ouest (de Greenwich), et qui vont dans l'autre hémisphère, ont traversé autant de terre que d'eau. Les cartes des vents alizés (1) montrent que ce sont précisément ces vents qui, en hiver et en automne, sont convertis en moussons du sud-ouest sur les côtes de Guinée. Après avoir alimenté les rivières de ces côtes, ils passent généralement dans le système de la circulation atmosphérique comme vents secs. Néanmoins, leurs limites ne sont pas aussi exactement définies sur la terre que sur notre carte VII.

§ 644. — Toute la partie extra-tropicale de l'ancien continent, comprise entre ces deux lignes, qui contient le plus de terres au vent dans l'hémisphère

(1) Série des cartes des vents et courants, de Maury.

sud a, par une *curieuse coïncidence*, les déserts et les parties de l'Europe et de l'Asie sans pluies, renfermés entre ces mêmes limites; que les pays situés dans cette position, par rapport au continent austral, aient peu de pluie, ce peut être une coïncidence, je l'admets, mais que les déserts de l'ancien continent s'y trouvent aussi, ce ne peut être l'effet du hasard. Ils ont été placés où ils sont, et ils l'ont été dans un but qui doit se faire sentir dans l'économie des arrangements terrestres. Cherchons à découvrir quelques raisons de leur existence, pour quels desseins ils ont été créés et quelles connexions existent entre leurs positions et celles des pays où les vents régnants vont puiser leurs vapeurs.

§ 645. — Nous remarquerons encore une fois que toutes les mers intérieures de l'Asie et toutes celles de l'Europe, sauf les mers à moitié salées du nord, sont rangées dans cette direction. Le golfe Persique, la mer Rouge, la mer Méditerranée, la mer Noire et la mer Caspienne, toutes sont alignées. Et pourquoi? Pourquoi vont-elles nord-est et sud-ouest justement dans la direction des vents que la théorie regarde comme les plus secs? Il est évident que c'est pour suppléer aux vapeurs qui manquent à ces vents; et ces vents ont été privés complétement de vapeurs, parce que, dans leur course ils ont été peu en contact avec des surfaces évaporantes, ou bien qu'ils ont dû abandonner leur humidité au contact des sommets des montagnes qu'ils ont eu à traverser.

§ 646. — Sur la Méditerranée, l'évaporation surpasse la précipitation: sur la mer Rouge, il ne tombe pas une goutte d'eau. Ne pouvons-nous pas regarder cette mer comme un réservoir où les rayons solaires vont puiser les pluies destinées à une portion de la terre, suivant la saison.

§ 647. — Les vents qui passent au-dessus de la Méditerranée ont si peu de vapeurs, qu'ils en prennent plus qu'ils n'en abandonnent. En allant même plus loin, nous dirons qu'ils déposent plus d'eau sur les rivages de cette mer que sur la mer elle-même, ces eaux retournent à la mer par les rivières; les vents qui passent au milieu de cette mer sont tellement déchargés de toute humidité, qu'ils absorbent l'eau amenée par les affluents, et nécessitent même, comme l'ont supposé quelques physiciens, le secours du courant de l'Atlantique pour remplacer l'eau enlevée par l'évaporation.

§ 648. — L'évaporation sur la Méditerranée surpasse trois fois l'eau reçue pas les rivières (1); cette estimation est peut-être exagérée, mais certainement l'évaporation surpasse la précipitation : le courant de Gibraltar le constate; et cette différence va modifier quelques climats éloignés et fertiliser une autre partie du globe.

§ 649. — Le grand bassin intérieur de l'Asie qui contient la mer Caspienne et la mer Aral est sur la route des vents alizés sud de l'Afrique et de l'Amérique; ils ne déposent pas de vapeurs sur ces mers; ils en enlèvent au contraire : le niveau de l'Océan ne changeant pas (§ 166), parce que les eaux qui lui sont enlevées y retournent sous une autre forme, les niveaux de ces deux mers étant aussi invariables, il faut que les pluies, les rivières et les rosées compensent exactement la déperdition causée par l'évaporation.

§ 650. — Ces vents ne recommencent à abandonner de l'humidité qu'à leur passage sur les monts Ourals. A partir des steppes d'Issam, quand ils fournissent à l'alimentation des sources de l'Amazone, ils commencent à abandonner plus d'eau qu'ils n'en prennent. Le débit de l'Obi, de l'Ienisei, du Lena,

(1) Voyez Physical geography, Encyclopædia Britannica.

est l'expression du volume d'eau enlevé par ces vents à l'hémisphère sud, à la Méditerranée et à la mer Rouge. La basse température de la Sibérie suffit pour enlever à ces vents l'humidité qu'ils ont conservée après leur passage sur les hautes montagnes, et après avoir alimenté les grands fleuves de l'hémisphère austral.

§ 651. — Il faut maintenant appeler l'attention sur une autre *coïncidence* aussi remarquable, qui peut nous faire admirer les magnifiques arrangements pris pour assurer le travail de la circulation des eaux et de l'atmosphère. Cette coïncidence — ne pourrais-je pas plutôt l'appeler ce résultat, — est dans les conditions hygrométriques des pays compris dans la bande que j'ai tracée sur la carte VII, pour montrer le trajet des vents de l'hémisphère sud venant de l'Afrique et de l'Amérique australes dans le nord, et ces mêmes conditions en dehors de ce trajet. A droite et à gauche, sous le même parallèle, on trouve des rivières portant à la mer l'eau qu'elles ont reçue de l'atmosphère. D'un côté, en Europe, il y a le Rhin, l'Elbe et tous les grands fleuves qui se jettent dans l'Atlantique ; de l'autre, en Asie, le Gange et les grands fleuves de la Chine, dans l'Amérique du nord par la latitude de la mer Caspienne, tous les grands lacs d'eau douce; tout ce système renvoie à la mer par de magnifiques cours d'eau les eaux qu'il a reçues de l'atmosphère.

§ 652. — Il est très-remarquable que tous ces pays, abondamment pourvus de cours d'eau, ont dans le sud-ouest les vents alizés de l'hémisphère sud qui soufflent sur des surfaces évaporantes et très peu sur les terres. Il n'y a absolument que les régions extra-tropicales du nord qui sont sous le vent des alizés de l'Amérique, de l'Afrique australe qui soient privées d'eau. L'examen de la carte VII tend à confirmer les lois énoncées dans ce chapitre.

§ 653. — La surface de la mer Caspienne est à peine égale à celle de nos lacs, la précipitation y compense l'évaporation. Les lacs sont sous le même parallèle et presque à la même distance des côtes occidentales de l'Amérique, que la mer Caspienne l'est des côtes ouest de l'Europe. Et cependant le débit du Saint-Laurent peut nous donner une idée de la différence qu'il y a entre la précipitation et l'évaporation. Sous le vent de ces lacs, dans l'hémisphère sud il n'y a pas de terres, tandis que pour la mer Caspienne les vents alizés ne soufflent que sur les terres. En admettant le système de distribution de pluie que je démontre ici, cette différence de précipitation n'est-elle pas suffisamment expliquée ?

§ 654. — La position de la Nouvelle-Hollande (393) et de l'Afrique australe, est la même, par rapport aux vents alizés de l'hémisphère nord ; aussi ces contrées ont elles très-peu de pluie. Tandis que la partie extra-tropicale de l'Amérique du sud est sous le vent des vents alizés de l'hémisphère nord, soufflant sur une grande étendue de l'Océan, et la quantité d'eau tombée sur ce pays (205) est immense. Cette coïncidence de climat dans le nord et dans le sud, suivant la position des vents alizés de l'autre hémisphère, est très-remarquable.

§ 655. — Maintenant que nous avons fait remarquer ces *coïncidences*, efforçons-nous de démontrer l'entente de la distribution des terres et des eaux pour assurer le *circuit* des vents (Pl. VII).

§ 656. — Dans l'étude du mécanisme de la circulation, on ne doit pas perdre de vue que l'atmosphère est destinée à transporter une certaine quantité d'humidité, que cette humidité doit fournir à la terre une quantité d'eau qui s'en retourne à la mer par le moyen des fleuves et des pluies. S'il n'en était ainsi, la quantité d'eau tenue en suspension par les vents, changerait continuellement ; l'état hygrométrique de l'air suivrait ces changements qui nécessiteraient à leur tour des changements de climats. Tout le règne animal et végétal serait affecté par ces dernières variations.

§ 657. — La quantité d'humidité tenue en circulation par l'atmosphère est déterminée par la quantité nécessaire au bien-être et au développement physique des animaux et des plantes : Et cette proportion dépend des positions respectives de la terre et de l'eau, des montagnes et des déserts, des rivières et des mers. En changeant la place des mers et des grandes surfaces évaporantes, la place de la précipitation changerait. Toutes les plantes dépériraient par le manque de pluie ou de soleil, par l'humidité ou la sécheresse, tout cela ne venant plus à sa saison. Avec les plantes, des familles entières d'animaux disparaîtraient. Avec un tel arrangement nous ne devons compter sur des pluies hâtives et tardives ; elles viennent à leur temps, pour les semailles et les moissons, envoyées *d'en haut*. Car Il les *envoie* sur les ailes des vents, messagers de ses commandements, dans la proportion et dans la place nécessaire. Cela est, et cela sera.

§ 658. — D'après l'hypothèse décrite dans la planche I, les vents alizés sud-est, après s'être élevés sur l'équateur, passent par dessous les vents alizés du nord-est. En conséquence ils reviennent vers la terre près du tropique du Cancer (voyez les flèches barbelées planche VIII), et plutôt au nord qu'au sud. Pendant une partie de l'année, l'endroit où ces vents alizés du sud-est redescendent est très près du tropique. Du côté de l'équateur de ce cercle, soufflent les vents du nord-est, tandis que du côté du pôle ce sont les vents alizés du sud-est qui règnent, devenus vents du sud-ouest de notre hémisphère. L'examen de la planche VII fait voir que plus de la moitié de la mer Rouge est au nord du tropique du Cancer, l'autre reste au sud, la première est dans les vents du nord est, l'autre dans les vents régnants du sud-ouest.

§ 659. — Le Tigre est probablement le résultat de l'évaporation opérée sur la première moitié de cette mer. Les vents alizés du nord-est alimentent le Nil en déposant l'humidité qu'ils avaient prise sur cette mer, au contact des sommets froids des montagnes de la Lune. Deux vents se croisent donc dans leur circuit sur cette mer. Au vent le pays est sec, et sous le vent dans chaque cas, il se trouve un fleuve alimenté par leur action.

§ 660. — Le golfe Persique se trouve sur la route de ces vents de sud-ouest, au vent du golfe est un désert, sous le vent la rivière le Sind. C'est bien la route désignée par la théorie pour les vapeurs enlevées sur la mer Rouge et sur le golfe Persique, et nous y trouvons un fleuve. Toujours sous le vent nous trouvons un cours d'eau qui nous indique que nous ne nous trompons pas dans nos hypothèses, et que ces vents donnent plus d'eau qu'ils n'en enlèvent.

§ 661. — N'est-il pas digne de remarque que les vents qui viennent de l'hémisphère sud, et qui reviennent vers la terre au nord des tropiques du Cancer, sont plus ou moins chargés de vapeurs, suivant qu'ils ont soufflé dans le sud sur des terres ou sur des mers.

§ 662. — La Méditerranée donne à ces vents trois fois plus de vapeurs qu'elle n'en reçoit (648). La mer Rouge leur donne de l'eau et n'en reçoit pas, sauf un peu de rosée (407). Le golfe Persique donne aussi plus qu'il ne reçoit. Que devient le reste ? Il ne faut pas douter qu'il ne soit emporté vers d'autres climats, qu'il doit fertiliser, et qui sans ce secours resteraient déserts, arides et brûlés ?

§ 663. — Ces mers et les dépendances de l'Océan servent de compensateurs dans le système hygrométrique de notre planète. Les masses d'eau doivent contrebalancer l'effet des terres de l'Afrique et de l'Amérique du sud sur les vents alizés. Quand les fondations de la terre furent posées, nous savons qu'il est écrit : « Il pesa les eaux dans le creux de « sa main; il mesura les cieux avec un empan, sou-« pesa la poussière de la terre, prit les dimensions « des montagnes, et pesa les collines dans la ba-« lance. » De là nous devons conclure que tout a été en proportion et à sa place.

§ 664. — C'est de là que provient l'harmonie des vents, le but des montagnes, l'arrangement des mers, les formes des terres et celle des déserts. Là est la grandeur et la beauté du travail. Quand le Tout-Puissant mettait dans un plateau de la balance les Andes et les collines de l'Afrique, dans l'autre il mettait la mer Rouge et la Méditerranée.

§ 665. — Le grand bassin intérieur de l'Asie, large d'un million et demi de milles carrés, et qui contient la mer Caspienne, a son climat si bien organisé que l'évaporation compense exactement l'eau amenée par les rivières et les pluies. — Preuve que l'empan qui a servi à mesurer les cieux a servi aussi à mesurer la surface des eaux.

§ 666. — Nous sommes donc autorisé à regarder (639), la mer Méditerranée, la mer Rouge et le golfe

Persique comme des relais placés sur la route des vents *altérés* de l'autre hémisphère, pour leur restituer les vapeurs qu'ils ont abandonnées aux sources des Amazones, du Niger et du Congo.

§ 667. — Tant de faits viennent coïncider avec l'hypothèse que nous avons émise (Pl. VII), sur la direction des vents de l'Afrique et de l'Amérique, vers l'Europe et l'Asie, qu'elle devient une probabilité ; les coïncidences étant prises pour des preuves.

§ 668. — Revenons à nos considérations sur l'action géologique des vents dans la dépression de la mer Morte : il est maintenant palpable que si le détroit de Gibraltar venait à être bouché, le niveau de la Méditerranée baisserait d'une manière très-sensible, puisque l'évaporation y est trois fois plus considérable (648), que l'apport des eaux par les rivières. Une partie de l'eau d'évaporation y retournerait probablement par les affluents. Mais comme l'évaporation est plus considérable que la précipitation, son niveau baisserait ; elle présenterait une surface moins grande à l'action solaire, les rivières par cela même recevant moins d'eau deviendraient moins considérables, jusqu'à ce que l'équilibre entre les pertes et les apports fût établi comme dans la mer Morte et dans la mer Caspienne. Du reste, pour arriver à cet état, le niveau de la mer Méditerranée deviendrait bien inférieur à celui de la mer Morte.

§ 669. — Le lac Tadjura est maintenant dans ce travail d'équilibre. Il est encore en communication avec un chenal qui l'écoulait à la mer. La surface du lac est de 500 pieds au-dessous du niveau de la mer, et il devient salé. N'avons-nous pas à nous poser ici la même question que pour la mer Morte, quelle action ont eue les vents sur le phénomène qui se passe sous nos yeux?

§ 670. — Les vents sont à ce point de vue, des agents géologiques d'une grande puissance. Il est possible qu'ils nous fournissent le moyen de comparer directement des événements géologiques d'un hémisphère avec ceux de l'autre. Par exemple : les Andes ont été sous les eaux. Eh bien ! quelle est la plus ancienne formation, les Andes ou la mer Morte ? Si la dernière est la plus ancienne, son état hygrométrique a dû avoir subi un grand changement.

§ 671. — En regardant les vents comme susceptibles d'action géologique, nous ne pouvons les regarder comme le type de l'irrégularité : il faut plutôt les regarder comme de vieux chroniqueurs, qui, consultés avec soin peuvent nous éclairer sur l'histoire de la nature, histoire gravée en caractères li-

sibles sur les tablettes de rochers de l'histoire géologique.

§ 672. — Les eaux du lac Titicaca, qui égouttent
le grand bassin des Andes sont seulement saumâtres ; elles n'ont pas encore eu le temps de devenir
salées comme celles de la mer Morte; elles sont donc
d'une plus récente formation. D'un autre côté, le
capitaine Lynch m'informe que dans son exploration,
il a trouvé le lit desséché d'un cours d'eau qui sor-
tait de la mer Morte. Cette nouvelle circonstance
vient éclairer d'un jour nouveau la question : elle
apporte son témoignage irrécusable dans l'explication que j'ai donnée des œuvres de la nature, et elle
vient certifier et nous dire qui le premier s'est formé,
des Andes élevant vers les astres leurs sommets neigeux, ou de la mer Morte dormant sur son lit de
sel.

CHAPITRE XII.

LES PROFONDEURS DE L'OCÉAN.

§ 673. — Se plonger dans le cristal liquide de l'Océan indien, dit Schleiden, c'est entrer tout à coup dans le domaine des enchantements les plus merveilleux et des réalisations les plus splendides

dont les fées de l'enfance et les rêves du jeune âge
savent à peine donner une idée. Dans ce domaine
liquide et mystérieux, à chaque pas se découvrent
les choses les plus étranges et les plus inattendues.
Ici, des bocages fantastiques portent des fleurs vivantes; là, des Méandrinas et des Astracas magnifiques opposent leurs masses épaisses aux calices
feuillus des épanouissements de l'Explanaria. Plus
loin, les Madrépores aux ramifications complexes
aux doigts étendus, tantôt se dressent en troncs as-
semblés, et tantôt, avec élégance, projettent dans
l'espace leurs rameaux enlacés. Partout la couleur
éblouit, étincelle et se reflète. Les verts les plus
tendres et les plus vifs s'étalent, çà et là, près des
jaunes les plus riches et des bruns les plus transpa-
rents; les pourpres de tous les tons, les rouges de
toutes les teintes passent harmonieusement jusqu'aux bleus les plus sombres et les plus vaporeux.
Les Nullipores de rose et d'or, ou nuancés comme le
fruit savoureux du pêcher, s'élancent des végétaux
flétris qu'ils recouvrent avec grâce et se parent eux-
mêmes des perles nacrées des Rétipores, courant
autour de ceux-ci en festons d'ivoire capricieuse-
ment roulés. Près de la vague qui les berce molle-
ment, les Gorgones agitent leurs éventails jaunes et

lilas, plus artistement travaillés qu'un tissu de filigrane. Le sable du sol est jonché, par milliers, de hérissons et d'étoiles de mer, aux formes bizarres et curieuses. Les Flustres comme des feuilles, et les Eschares comme des mousses ou des lichens, adhèrent aux projections des canaux pendant que les Patelliers jaunes, vertes et tachetées de pourpre, se cramponnent furtivement sur leurs lames. Pareilles à des fleurs gigantesques, d'impossibles cactus, peints des couleurs les plus ardentes, les couronnes tentaculaires des Anémones marines ornent fièrement les roches brisées par la tempête; ou bien, plus modestes, consentent à couvrir le fond des eaux d'un tapis émaillé comme un lit de renoncules. Et pour animer ces paysages de corail, le colibri de l'Océan, beau petit poisson revêtu tour à tour de minium ou d'azur, d'or, d'émeraude, ou de l'argent le plus pur, folâtre et bourdonne joyeusement sous les berceaux ravissants de ces régions inexplorées.

§ 674. Légères comme l'esprit des abîmes liquides, les fragiles clochettes bleues ou blanches des Physalies flottent dans les espaces de ce monde enchanté. L'Isabelle violette, verte, dorée et luisante, y dispute sa proie à la Coquette, orange noire et mouchetée de vermillon. Les Bandes de mer, ram-

pantes comme des serpents, moirées comme des rubans d'argent à reflets roses et bleus, traversent rapidement des clairières, et disparaissent sous des
massifs. Puis voici la Sèche fabuleuse, drapée des
couleurs et des nuances de l'arc-en-ciel qui brillent
de place en place sur son corps, sans y garder de limites définies. La Sèche va, vient, paraît, disparaît,
se joint aux groupes de poissons, les quitte pour
les croiser en tous sens et les laisser encore. Sa
course vagabonde surprenante, imprévue, est vraiment indescriptible à force de rapidité et des effets
surprenants de la lumière et des ombres, effets
changeant à tous les souffles de la brise, à toutes
les ondulations de la lame amollie. Quand le jour
décline, et que les voiles de la nuit s'étendent sur
les eaux, ces jardins féériques sont illuminés de
splendeurs nouvelles. Des millions d'étincelles en-
flammées, qui ne sont autre chose que des Méduses
et des crustacés microscopiques dansent dans l'obscurité, qu'elles éclairent comme des lucioles. Les
Gorgones qui dans le jour, aiment à s'habiller du
cinabre pompeux, deviennent alors verdâtres, phos-
phorescentes et lumineuses. Chaque retraite luit,
chaque saillie rayonne. Les endroits qui, dans la
journée, ternes et indécis, n'appelaient pas le re-

gard, dardent dans l'ombre leurs feux multicolores en gerbes éblouissantes ; et pour couronner les prestiges innombrables des nuits fascinatrices des profondeurs immenses de l'Océan indien, le peuple aquatique, voit dans son firmament semé d'étoiles, se promener majestueusement une Phœbé marine. Cette lune d'un nouveau genre, comme l'astre des nuits terrestres, a son disque argenté ; elle est suffisamment large et lumineuse, pour remplir ses hautes fonctions. Les humains la connaissent comme un poisson de six pieds de diamètre, et l'ont baptisée du nom charmant et poétique d'*Orthagoriscus mola*.

§ 675. — La végétation si luxuriante des forêts tropicales des continents terrestres, localement impuissante à produire des formes si belles, si riches, si gracieuses, si variées dans leurs contours, est encore ici bien autrement surpassée par les magnificences de la couleur que par celle de la Ligne. Cela tient à ce que les pelouses, les jardins et les bocages, des jardins océaniques n'ont pour toute plante que des animaux. Et quoique dans les zones tempérées, le développement extraordinaire de la végétation soit un des caractères les plus frappants du lit de la mer, les faunes marines atteignent dans les

ondes tropicales une telle ampleur, une telle multi-
plicité que la supériorité du règne animal demeure,
dans ces dernières régions incontestable et incon-
testée. Tout ce qui est beau, merveilleux ou rare
dans les grandes classes des poissons, des Échino-
dermes, des Physalies, des Polypes et des Mollusques de toute espèce, pullule dans les eaux chaudes
et cristallines de l'océan tropical, repose dans ses
sables blancs, envahit ses roches rugueuses et ses
précipices abruptes, dispute la place occupée,
rampe pour vivre aux dépens du premier venu,
comme les parasites de tous les âges et de tous les
pays; — nage sur les bas-fonds ou plonge dans les
abîmes, tandis que les masses végétales au milieu desquelles ces créatures résident, sont comparativement de dimensions très inférieures à celles des habitants. Cette singularité provient d'une
loi également valable sur la terre et dans les eaux,
et qui veut que le règne animal, mieux adapté
aux circonstances extérieures, étende ses variétés
sur de plus vastes espaces que le règne végétal. C'est
ainsi que les mers polaires abondent en baleines,
en phoques, en oiseaux aquatiques, en multitude
innombrable d'êtres inférieurs; qu'on les rencontre même dans les latitudes où l'eau refroidie ne

nourrit plus la sève des herbes marines, où toute trace de végétation a depuis longtemps disparu, enfouie sous les glaces éternelles. C'est aussi la raison qui fait que la vie végétale s'éteint bien avant la vie animale dans les directions de la mer perpendiculaire à l'horizon, et qu'à partir de ces profondeurs, où le plus faible rayon de lumière est incapable de pénétrer, jusqu'au sol, la sonde amène à la surface des milliers d'infusoires vivants dont le nombre et l'existence surprennent l'explorateur.

(Scheilden, Lectures, p. 403-406.)

§ 676. — Avant l'établissement d'un système régulier d'opérations pour sonder les grandes profondeurs pareil à celui qui est en usage aujourd'hui dans la marine américaine, le fond de ce qu'on appelle les *eaux bleues* nous était aussi inconnu que l'intérieur des planètes de notre système. Ross, Dupetit-Thouars, ainsi que d'autres officiers des marines anglaise, française et hollandaise, avaient bien tenté de sonder les mers profondes, soit avec des lignes spéciales en soie ou en chanvre, tissées d'une façon particulière, soit avec des lignes de cordes ordinaires; mais toutes ces tentatives étaient basées sur la supposition qu'un choc était ressenti au moment où le plomb touchait le fond, ou que la ligne cessant d'être tendue, ne devait plus filer à ce moment-là.

§ 677. — Des expériences récemment faites prouvent que le choc ne se transmet plus pour les grandes profondeurs, et que les courants sous-marins continuent à entraîner la ligne, lorsque le plomb a cessé de le faire. Elles établissent que, au delà de huit ou dix mille pieds on ne peut plus guère accorder de confiance aux sondes obtenues par les méthodes ordinaires.

§ 678. — On a fait bien des efforts pour trouver un moyen de connaître les profondeurs des *eaux bleues*. Les plombs de sonde les plus ingénieux ont été inventés. De puissantes explosions produites au fond de l'Océan, alors que les vents se taisaient et que tout était tranquille, pouvaient se transmettre à la surface, grâce aux échos ou à la réflection du sol, et alors la distance eût été déterminée par la connaissance de la vitesse de propagation du son à travers la masse des eaux. Mais l'écho est resté silencieux, et aucune réponse n'est arrivée en haut. Ericsson, et d'autres à son exemple, construisirent des plombs munis d'une colonne d'air susceptible d'être comprimée et d'accuser la pression qu'elle avait supportée de la part des eaux. Ce système réussit pour les profondeurs ordinaires; mais pour celles où la pression se mesure par centaines d'atmosphères, l'instrument se trouva hors d'état de résister.

§ 679. — M. Baur, ingénieur mécanicien à New-York, a construit, d'après mes instructions, un appareil pour sonder. On avait attaché des ailettes ayant la forme d'un propulseur à hélice à un compteur notant le nombre de révolutions accomplies pendant la descente. On avait conclu par expérience que l'hélice fesait une révolution par chaque pied de descente verticale, et que le compteur l'enregistrait lui-même. Il fonctionne parfaitement et répond merveilleusement à son but pour des profondeurs modérées. Il devient inutile dans les eaux profondes à cause de la difficulté de le ramener quand la ligne est d'un petit diamètre, ou de lui faire atteindre le fond quand la ligne est assez forte pour le hâler avec sécurité.

§ 680. — Un vieux capitaine proposa une bombe, comme on se sert quelquefois pour la pêche des cétacées, mais qui n'aurait pu faire explosion qu'en touchant le fond. Il voulait déterminer d'avance la vitesse d'ascension du son et des gaz, et par le temps écoulé entre les deux arrivées, en conclure la profondeur. Cette méthode ne donnait rien sur la natu-

re du fond, et d'autres obstacles s'opposèrent à l'exécution.

§ 681. — Enfin on a proposé le moyen du télégraphe électrique. Le fil conducteur étant enveloppé
et isolé dans la ligne de sonde, un mécanisme adapté
au plomb serait disposé de telle sorte qu'à chaque
abaissement de 100 brasses dans la profondeur,
par l'effet du surcroît de pression, la circulation du
fluide s'établirait à peu près comme dans l'électro-
chronographe du docteur Locke, et un message
viendrait accuser à la surface le nombre de centaines
de brasses mesurant la chute du plomb. Cette idée
si ingénieuse ne fut susceptible d'aucune application pratique pour le sondage des hautes mers.

§ 682. — Les grandes difficultés qu'on éprouvait
à faire des sondages entraînèrent dans d'autres recherches physiques. Ces différents essais entretin-
rent l'ardeur des recherches, quoique n'ayant pas
apporté de résultats pratiques. Les astronomes ont
mesuré les planètes et pesé leur masse, et par là
augmenté la somme des connaissances humaines. Il
n'était pas admissible que le sondage des profondeurs
de la mer pût être relégué dans les problèmes in-
solubles. *Ses vases* et *ses profondeurs* doivent être
riches de légendes anciennes et éloquentes dont les

leçons ne pourront être que profitables à l'homme. Une barrière de vagues mugissantes de plusieurs milliers de pieds d'épaisseur nous sépare de lui, ne pourra-t-on pas la briser? La curiosité de plus en plus excitée fit naître une foule d'entreprises et mit en mouvement l'esprit d'invention : rien ne put réussir et nous apporter des spécimens du fond à plus de deux ou trois cents brasses.

§ 683.—La mer avec ses mythes a toujours attiré tous les peuples de tous les âges. Comme les cieux, elle apporte une variété de sujets sans fin pour l'étude et la contemplation : L'esprit humain désire de plus en plus s'instruire de ces merveilles et comprendre ces mystères. La Bible y fait souvent allusion. Quel est son passé? Quelle est sa profondeur? Quel est son fond ? L'esprit et les travaux de notre époque ne pourraient-ils pas répondre à ces questions ?

§ 684. — Le gouvernement se montra libéral et éclairé : le moment paraissait favorable. Mais, après avoir si souvent échoué dans la recherche de cet intéressant problème, une des premières difficultés à vaincre était de savoir comment et où il fallait commencer.

§ 685. — L'opinion commune, déduite de relations physiques, donnait à la mer une profondeur à peu près égale à la hauteur des plus grandes montagnes. Cette conjecture n'était que théorique ; quoique plausible, elle n'était pas satisfaisante. Il y a dans les profondeurs de la mer des merveilles ignorées et des mystères inexplicables. Un marin, placé au milieu de l'Océan en contemplant sa surface, éprouve des sentiments analogues à ceux de l'astronome lorsqu'il observe les astres et interroge la nuit et les profondeurs des cieux.

§ 686. — Néanmoins la mer restait fermée et nous refusait l'explication de ses mystères comme le firmament. Toutefois, des télescopes énormes et d'un grand pouvoir amplifiant ont été construits grâce à la munificence de quelques particuliers, et permettent des recherches étendues dans les espaces. La difficulté de sonder les abîmes de la mer devait être moindre que celle de mesurer les cieux. Le résultat de l'observation avec les télescopes d'un pouvoir amplifiant si fort, fut de séparer des groupes d'étoiles et de diviser les nébuleuses en nébuleuses résolubles et en nébuleuses irrésolubles (1). Il y a encore

(1) Voyez les travaux de Herschel et de Ross, et leurs télescopes.

d'autres régions de ce royaume que les rayons du soleil ne peuvent atteindre, et encore moins pénétrer. Et allant plus loin encore, ces instruments nous ont révélé dans ces régions éloignées des agrégations de *matière cosmique* où agissent des forces que nous ne pouvons comprendre, et qui font demander si la loi de la gravitation est universelle, et si sa force agit dans les abîmes de l'espace.

§ 687. — Pourquoi n'arriverait-on pas à faire pour la mer ce que l'on a fait pour les cieux ? Les profondeurs de la mer excitent la curiosité de toute la marine. Quoiqu'aucune découverte n'ait été faite à ce sujet, les recherches faites ont accru l'intérêt et le désir de connaître plus encore. Dans cet état de la question, l'idée fut mise en avant de revenir aux moyens ordinaires et d'employer un boulet. L'idée était simple et par cela se recommandait, et pouvait être mise immédiatement en pratique.

Des expériences bien dirigées commencèrent à se poursuivre avec ce moyen, et l'opinion publique put s'étonner des profondeurs considérables qui furent accusées dès le principe.

§ 688. — Le lieutenant Walsh du Shonner des États-Unis le *Taney* annonça une sonde mesurée à 34,000 pieds (10,363 m.) sans trouver fond. Il avait

fait usage d'une ligne en fil de fer, longue de plus
de 11 milles marins. Le lieutenant Berryman du
brick des Etats-Unis, *Dolphin*, rendit compte d'une
autre tentative sans résultat faite au milieu de
l'Océan avec une ligne longue de 39,000 pieds
(11,888 m.). Le capitaine Denham du navire de
S. M. britannique, le *Herald*, annonça le fond à la
profondeur de 46,000 pieds (14,020 m.) dans
l'océan Atlantique austral, et le lieutenant J.-P.
Parker de la frégate des Etats-Unis, *Congress*, es-
sayant plus tard de sonder dans les mêmes parages,
fit filer 50,000 pieds (15230 m.) de ligne, sans que
rien lui indiquât que le fond eût été atteint.

§ 689. — Ces trois tentatives furent faites avec
des lignes adoptées uniformément dans la marine
américaine, et conduites d'une manière très-simple.
Elles ne nécessitaient que la perte d'un boulet et de
la ligne nécessaire pour atteindre le fond. Ce plan
avait été donné par l'Observatoire national, et il a
montré combien il était avantageux pour les recherches sur les vents, les courants et les autres phénomènes de l'Océan. Le congrès des États-Unis avait
déjà donné son approbation à ces recherches ; car
ce corps, avec l'esprit qui caractérise un peuple libre et éclairé, autorisa le secrétaire de la marine

à employer trois navires de l'État à ces recherches.

§ 690. — Le plan de sondage finalement adopté
et maintenant en usage fut celui-ci : chaque navire
de l'État, en prenant la mer, devait recevoir, sur
sa demande, un certain nombre de lignes de sonde
marquées toutes les cent brasses; chacune d'elles
avait 10,000 brasses de longueur. Le commandant
avait l'ordre de choisir lui-même le moment favorable pour sonder la profondeur des *eaux bleues*. Il
devait se servir d'un boulet de 32 ou de 68 livres
pour plomb de sonde. Ayant attaché le boulet au
bout de la ligne, on devait le jeter d'un canot en
laissant la corde se dérouler d'elle-même.

§ 691. — Le dévidoir était fait pour tourner avec
facilité. Une corde de soie, ou simplement de la ficelle d'emballage, paraissait suffisante pour l'expérience; car on supposait que l'effort fait sur la
corde ne serait dû qu'au poids qui devait l'entraîner
au fond, la pesanteur spécifique du cordage, étant
presque égale à celle de l'eau, ne devrait pas augmenter l'effort à supporter. Puis, on pensait (676)
que le plomb touchant le fond, la ligne devait s'arrêter, et il aurait suffi de couper la corde et de voir
combien il en restait sur le dévidoir pour avoir la

sonde. La perte n'eût été que du boulet et de quelques livres de ficelle.

§ 692. — Des difficultés d'exécution sur lesquelles on ne comptait pas se montrèrent dans chaque
tentative, et ce ne fut qu'après les avoir vaincues
que l'on put obtenir les grandes sondes rapportées
nº 688. D'abord on reconnut que la ligne ne cessait
pas de filer, et que par conséquent, on n'avait nul
moyen de reconnaître le fond. Ensuite il fut certain
que la ligne ordinaire n'était pas d'un bon usage
(687); car elle supportait en filant une tension très-
forte, et, par conséquent, elle devait pouvoir y résister. On l'éprouvait en lui faisant supporter un poids
de 60 liv. (27 k. 2) dans l'air. On fit plusieurs centaines de mille brasses de ligne destinée à cet usage;
elle était assez fine pour mesurer cent brasses à la
livre, tout en supportant l'épreuve.

§ 693. — En outre, les officiers furent prévenus
que les sondes ne pouvaient être prises du navire
lui-même, et qu'il était nécessaire d'amener un canot pour chaque opération, et que les hommes devaient rester sur les avirons, de manière à se maintenir constamment à pic de la ligne de sonde.

§ 694. — On expliquait facilement la continuation du déroulement de la ligne, après que le boulet

était tombé au fond, par la conjecture de l'existence dans l'eau, comme dans l'air, de courants sous-marins dont l'action tirait la ligne, même après que le plomb était au fond. De sorte que le dévidoir ne s'arrêtait jamais, et qu'on avait grande peine à hâler la ligne à bord.

§ 695. — Des observations émanant de sources non suspectes prouvent l'existence de cette circulation de l'Océan, destinée à réglementer les climats et les offices divers de la mer que les habitants des eaux (498) nous disent dans leur muet langage.

§ 696. — Le système de circulation a commencé le troisième jour de la création « avec le rassemble- « ment des eaux qui furent appelées mers, » et il continuera probablement toujours, tant qu'elle se conservera fluide et salée.

§ 697. — En poursuivant ces opérations, on prit l'habitude de noter le temps écoulé de cent brasses en cent brasses, et en employant toujours des lignes de même échantillon, identiques en poids et en volume, on réussit à établir la loi des vitesses pour la descente. Les expériences donnèrent pour résultats principaux :

2' 21", durée moyenne de la descente de   400 à   500 brasses.
3' 26",   —   —   1000 à 1100   —
4' 29",   —   —   1800 à 1900   —

§ 698. — Désormais, à l'aide de la loi indiquée, on pourrait apprécier avec assez d'exactitude le moment où le boulet cessant d'entraîner la ligne, celle-ci n'obéirait plus qu'à l'action des courants; car les courants devaient lui imprimer un mouvement uniforme, tandis que le poids lui communiquait une vitesse décroissante.

§ 699. — Le développement de cette loi fut un grand progrès; il permit de reconnaître que les sondes rapportées ci-dessus n'étaient pas exactes, et que la profondeur dans les parages où elles avaient été prises n'atteignait pas les chiffres accusés. Cependant, bien que ces résultats fussent pleins d'intérêt, le problème n'était qu'imparfaitement résolu, et il importait d'obtenir une solution plus satisfaisante.

§ 700. — Aucun spécimen n'avait été rapporté du fond. La ligne était trop faible, le boulet trop pesant, on ne pouvait songer à ramener l'appareil; et cependant si l'on atteignait le fond, pourquoi ne réussissait-on pas à constater sa nature? Les choses en étaient là quand le Passed Midshipman J. M. Brooke (U.-S.-N), qui m'avait été associé dans mes travaux à l'Observatoire, proposa d'adapter au boulet un système de déclic qui, en dégageant le poids lors du contact avec le fond, permettrait de ramener la

ligne avec les spécimens tant désirés. Cette ingénieuse disposition représentée planche II et III a été
appelée sondeur de Brooke pour les grands fonds.

Le boulet de canon est percé d'un trou pour laisser passer un tuyau B représenté planche II : D D
représente l'attache au déclin dans la descente. La
planche III représente l'appareil au moment où il
touche le fond qui reste attaché en G dans un enduit
de suif. On a pu ainsi ramener des échantillons de
deux milles de profondeur (3700 m.).

§ 701. — Les plus grandes profondeurs où on ait
atteint le fond de la mer se trouve dans l'océan
Atlantique nord, et, autant qu'on en peut juger
par les sondes obtenues, les profondeurs de cet
océan ne dépassent par 21,000 pieds (7630 m.)

§ 702 — La partie située (planche IX), de 35° et
de 40° latitude N. immédiatement au sud des grands
bancs de Terre-Neuve, est celle où il paraît y avoir
le plus de fond. Des premiers spécimens ont été
recueillis dans l'océan Pacifique nord et dans la mer
de Corail de l'Archipel indien. On a obtenu également quelques sondes dans l'océan Atlantique austral ; mais on ne peut encore rien établir de signifi-
catif relativement à sa profondeur et à la nature de
son lit.

CHAPITRE XIII.

BASSIN DE L'OCÉAN ATLANTIQUE.

§ 703. — *Le bassin de l'océan Atlantique*, suivant les sondages faits par la marine américaine, est décrit dans le chapitre précédent, et représenté sur la pl. XI. Cette carte représente principalement la partie de l'Atlantique comprise dans notre hémisphère.

§ 704. — Le bassin de cette mer, dans le sens de sa longueur, est une sorte de fossé qui sépare l'ancien monde du nouveau, et qui s'étend probablement d'un pôle à l'autre.

§ 705. — C'est un vaste sillon que la main du Tout-Puissant a tracé lorsqu'il a appelé « toutes les eaux dans un seul lieu et pour laisser paraître la terre, » pour qu'elle devînt habitable à l'homme.

§ 706. — Du sommet du Chimborazo au fond de la partie nord de l'océan Atlantique, au point le plus bas qu'ait encore atteint la sonde, la distance, mesurée sur la verticale, est de 9 milles.

§ 707. — Si les eaux se retiraient de cette entaille profonde qui sépare les continents, le squelette de la terre ferme serait en quelque sorte mis à nu, et parmi les lignes tourmentées du fond de la mer on découvrirait peut-être les restes d'innombrables naufrages.

Alors apparaîtrait sans doute ce terrible mélange d'ossements humains, de débris de toutes sortes, d'ancres pesantes, de perles, de pierres précieuses dont l'image fantastique a troublé bien des songes.

§ 708. — De même que dans les opérations ordinaires de la géographie, on a soin de mesurer les montagnes et de rapporter sur la carte leur élévation, de même il importe en introduisant la *Géographie physique de la mer* dans le domaine reconnu de la science, de ne point omettre ce qui regarde l'orographie sous-marine, et de traduire sur les cartes les connaissances acquises relativement au relief du fond de l'Océan.

§ 709. — La planche XI est faite pour faire connaître l'océan Atlantique sous ce point de vue jusqu'à 10° latitude sud. Elle est ombrée de quatre teintes différentes. La teinte la plus foncée, celle qui borde les rivages, indique des profondeurs moindres que 1,000 brasses (1,827 m.) ; la seconde couvre les fonds moindres que 2,000 brasses (3,657 m.) ; la troisième ceux qui sont au-dessous de 3,000 brasses (5,486 m.) ; la quatrième enfin, qui est la plus claire, indique les fonds qui ne dépassent pas 4,000 brasses (7,315 m.). Au delà de ce dernier chiffre il n'y a plus aucune teinte. L'espace blanc situé au sud de la Nouvelle-Ecosse et des bancs de Terre-Neuve, renferme des points où l'on a signalé des profondeurs considérables ; mais, après mûr examen, les résultats de la sonde sont restés douteux.

§ 710. — Le point le plus bas de l'océan Atlantique nord (§ 702) est probablement entre les Bermudes et le grand banc, mais il reste encore à le déterminer.

§ 711. — Dans le golfe du Mexique la profondeur maximum est d'environ 1 mille.

§ 712. — *Le fond de l'océan Atlantique* ou ses dépressions au-dessous du niveau de la mer, sont données dans cette planche aussi exactement, peut-être, que le sont sur les plans des meilleurs géographes les élévations de l'intérieur de l'Afrique et de l'Australie au-dessus de ce même niveau.

§ 713. — « A quoi peuvent servir les sondages des grandes profondeurs ? » Telle est la question que l'on a faite souvent. Il est aussi difficile d'y répondre catégoriquement qu'à cette question de Franklin : « A quoi peut servir un enfant nouveau-né? » Chaque fait physique, chaque acte de la nature, chaque description de la terre, et tout travail des différents agents sur la surface du globe sont, comme nous l'avons vu, des faits intéressants et instructifs. Jusqu'à ce qu'on ait groupé les faits physiques, nous ne pouvons pas connaître leur utilité pratique ; cependant des esprits droits doivent les considérer comme de précieux jalons, dont les savants se serviront

pour guider les hommes dans de très-belles appli-
cations. Déjà la réponse à la question d'utilité des
sondages par de grandes profondeurs, s'est faite,
lorsqu'on a annoncé l'immersion du câble télégraphique à travers l'Atlantique.

§ 714. — Il existe au fond de cette mer, du cap
Race à Terre-Neuve au cap Clear en Irlande, un plateau remarquable déjà connu sous le nom de plateau télégraphique. Une compagnie a entrepris d'é-
tablir un télégraphe sous-marin, dont les fils doivent
aller des côtes ouest de l'Irlande aux côtes est de
Terre-Neuve; la distance entre les deux rivages,
suivant l'arc du grand cercle, est de 1,640 milles,
et la profondeur tout le long de la route n'est probablement nulle part au dessous de 10 à 12,000 pieds.
La compagnie dispose de grandes ressources ; elle
se compose d'hommes capables et puissants, qui se
sont assurés par eux-mêmes de l'entière possibilité
de l'exécution, et, en vertu d'un contrat passé avec
une société Anglaise, le câble destiné à joindre l'Irlande à Terre-Neuve doit être posé sur le plateau, et
livré en juin 1858. Cette compagnie a déjà perdu
un câble, en l'immergeant, entre le port au Basque
à Terre-Neuve et le cap Breton. Il faut espérer
qu'un nouveau malheur n'arrivera pas dans la pose

de la grande ligne, et qu'avec des précautions le succès deviendra certain.

§ 715. — Il semble que le soulèvement de la croûte terrestre, découvert au fond de l'océan Atlantique, se poursuive à travers les continents et qu'il accomplisse presque régulièrement le tour entier du globe. Entre les parallèles de 45° et de 50° nord, nous trouvons d'abord les îles Britanniques dans sa direction ; sur le continent nous le suivons sur la ligne de partage qui s'élève entre le bassin Arctique et le bassin du sud ; en Asie, il forme une chaîne de montagnes ou de steppes élevées, traverse toute cette partie du monde de l'ouest à l'est, et ne s'abaisse qu'aux abords du Pacifique. Nous ne savons pas ce qu'il devient au fond du Grand Océan ; seulement la chaîne des îles Aléoutiennes, qui sort de l'eau à mi-distance entre l'Asie et l'Amérique, paraît indiquer qu'il continue aussi de ce côté. Enfin, à l'inspection du continent d'Amérique, nous reconnaissons encore sa trace, dans la ligne qui sépare l'écoulement vers le nord de l'écoulement vers le sud.

§ 716. — C'est en attaquant cette nervure du globe dans la partie qui s'étend sous l'Atlantique que l'appareil de Brooke a conquis sur le fond de la mer ses premiers trophées. Le lieutenant Berryman et ses officiers jugèrent que les spécimens n'étaient que vaseux ; ils prirent soin de les conserver intacts, et à leur retour aux États-Unis de les remettre à qui de droit. Ils furent partagés : une partie fut soumise à l'examen du professeur Ehrenberg, de Berlin, et l'autre au professeur Bailey, de West-Point, tous deux microscopistes célèbres. Je n'ai rien appris du premier; mais le dernier, en novembre 1853, me répondit.

§ 717. — « Je vous suis très-obligé des échan-
« tillons de sondages à grande profondeur que vous
« m'avez envoyés la semaine dernière : je les ai exa-
« minés avec un grand intérêt. Ils sont bien ce que
« je supposais. J'avais peu d'espoir d'avoir à ma dis-
« position des spécimens pris à plus de deux milles
« de profondeur. Grâce à l'appareil de Brooke, j'ai
« pu les soumettre à l'examen du microscope. J'ai
« été agréablement surpris en les trouvant compo-
« sés de coquilles microscopiques sans sable ni
« gravier. Il y avait des coquilles calcaires (*Forami-*
« *niferæ*) parfaitement faites, et un petit nombre
« de coquilles siliceuses du genre *Diatomaceæ*.

« Il est peu probable que ces coquilles existent à
« l'état vivant dans ces profondeurs ; je pense qu'elles

« vivent plutôt à la surface, et que ce n'est que quand
« elles meurent que les coquilles coulent au fond.
« Je serai très-désireux d'examiner des bouteilles
« d'eau rapportées des différentes profondeurs par
« le Dolphin, ou tout autre spécimen. Je les étu-
« dierai avec soin..... Les résultats déjà obtenus sont
« d'un grand intérêt pour la géologie et la zoologie.

   « J'espère que l'on pourra vous apporter assez
« d'échantillons de sondage pour vous permettre de
« tracer des cartes de tous ces animalcules, comme
« vous l'avez fait pour les baleines. Engagez aussi
« les baleiniers à colliger les vases détachées des
« glaces sous les régions polaires, etc.; elles sont
« toujours remplies d'êtres microscopiques. »

§ 718. — Ces petites parcelles de coquilles ne
semblent donner qu'un fil bien délicat pour guider
les recherches à travers les mystérieuses régions des
profondeurs de l'Océan. Cependant les résultats obtenus sont significatifs; mis en bonnes mains et
commentés par des esprits avides de progrès, ils doivent conduire vers la lumière et le savoir.

§ 719. — Le premier fait important constaté par
le microscope au sujet des spécimens examinés,
est, qu'ils appartiennent entièrement au règne animal, et qu'ils n'ont rien du règne minéral.

§ 720. — Nous savons que l'Océan fourmille d'ê-
tres vivants. La mer est l'élément où la vie se déve-
loppe davantage parmi les quatre éléments des anciens philosophes : le feu, la terre, l'air et l'eau.
L'espace, occupé sur notre planète, par les restes
des animaux paraît être en raison inverse de leur
taille. Plus l'animal est petit, plus les dépouilles de
l'espèce occupent d'étendue. Quoique cette règle ne
soit pas invariable, elle est vraie dans une certaine limite, qui répond aux besoins de la question actuelle.
Prenons les restes d'un éléphant et ceux d'un animal
microscopique et comparons-les. Le rapport des dimensions est le même que celui qui existe entre l'ani-
malcule du corail et la baleine. Les cimetières des
premiers qui sont des îles de corail ne sont pas
comparables à ceux des éléphants.

§ 721. — Nous pouvons tirer une autre conséquence des spécimens du fond des mers profondes
ramenés par l'appareil de Brocke. Bailey avec son
microscope (§ 717) n'a pu découvrir une parcelle de
sable ou de gravier parmi ces coquilles si délicates.
Ne faut-il pas en induire que sur le grand plateau
télégraphique (§ 714) d'où ils proviennent, les
eaux de la mer sont dans un repos absolu, autant
que le repos peut exister quelque part. Il n'y a pas

de mouvement capable d'endommager ces organismes si fragiles, puisqu'ils sont restés intacts, ni de
courants susceptibles de les mélanger de corps étran-
gers, puisqu'on ne rencontre parmi eux aucun grain
de sable ni de gravier que présente le fond qui est
à notre portée. Ce plateau est donc très-propre à recevoir le fil électrique; il n'est point si loin de la
surface qu'on ne puisse y couler le câble, et il l'est
assez pour qu'une fois placé, ce câble n'ait à redou-
ter ni choc, ni courants, ni agents destructeurs
d'aucune espèce.

§ 722. — Ainsi que le professeur Bailey le remarque, les animalcules dont le plomb de Brooke a rapporté les restes du fond de la mer, n'ont pas dû y
vivre et y mourir. Ils y auraient manqué de lumière,
et pour s'y développer, ils auraient dû soulever avec
leur frêle carapace le poids d'une colonne d'eau de
12,000 pieds de hauteur équivalent à une pression
de 400 atmosphères. Ils ont probablement vécu près
de la surface, à portée de la lumière et de la chaleur,
ces deux puissantes sources de la vie; et ce n'est
qu'après leur mort que leurs dépouilles sont tombées
dans les profondeurs.

§ 723. — Grâce au plomb de Brooke et au microscope, il semble que nous devons considérer l'O-

céan sous un nouvel aspect. Son sein, qui fourmille d'animaux sans cesse renaissants, sa surface toujours la même sur laquelle le temps n'imprime aucune ride, sont soumis à la grande loi du changement autant que toutes les choses qui passent et qui dépendent du domaine actif de la nature, soit dans le règne animal, soit dans le règne végétal. Chacune de ses lames est comme un berceau; sa vie se répand de toutes parts dans ses couches supérieures; ses profondeurs sont le champ de repos de toutes ces organisations.

§ 724. — A côté du berceau se trouve toujours le tombeau; telle est la condition de l'existence animale de notre globe. Mais jamais on n'avait pensé à trouver que la mer était une vaste crèche avec ses berceaux mouvants, et que le fond était un vaste ossuaire.

§ 725. — Toute la partie supérieure de la croûte terrestre en contact avec l'atmosphère voit une foule de forces en travail pour la vie et la mort. La chaleur, le froid, la pluie, la chaleur solaire, les vents, les nuages aidés de la pesanteur dévastent incessamment les parties supérieures et encombrent les profondeurs.

§ 726. — La comparaison entre les forces vitales qui se développent sur la terre et dans l'atmosphère avec celles que l'on trouve en activité dans la mer, nous montre la pauvreté des premières par rapport à celles de l'Océan.

§ 727. — Dans les profondeurs de la mer il n'y a pas de frottement; la pluie ne pénètre pas là, et la force de la pesanteur est tellement contrebalancée qu'elle ne peut agir comme sur terre, où elle précipite dans la vallée le roc suspendu au-dessus de l'abîme.

§ 728. — En considérant le fond de l'Océan, on peut en imagination regarder les eaux placées entre l'air et l'eau comme un matelas destiné à défendre le fond de l'action de l'air agissant par frottement.

§ 729. — La géologie paraît entrer dans une nouvelle ère; elle détermine une période après l'autre. Aussi longtemps que l'Océan restera dans son bassin, aussi longtemps que le sol sera couvert par les eaux bleues, aussi longtemps que ce profond sillon tracé dans l'écorce terrestre restera loin des regards, magnifique et ignoré, rien ne pourra jamais le remplir. Nous ne connaissons aucune force capable de descendre dans ces profondeurs ni de monter à la surface du fond de la mer.

§ 730. — Il me semble que nous oublions ces immenses agglomérations d'animalcules qui rendent l'Océan si animé. Ils tirent des eaux des matières solides qui vont remplir les cavités. Ces petits insectes construisent leurs habitations à la surface, et lorsqu'ils meurent, ils tombent dans les profondeurs. Ce sont les atomes qui forment les montagnes et couvrent les plaines, les marnes, les argiles des lits de nos rivières et une grande partie des bassins sont formés des débris de ces petites créatures que l'invention de Brooke et l'habileté de Berryman ont été chercher à plus de 2 milles de profondeur sous les eaux.

§ 731 — Ces foraminifères durant leur vie ont peut-être travaillé à la préparation d'un terrain qu'un tremblement de terre ou un soulèvement amènera dans les siècles futurs à la surface pour servir aux besoins des hommes.

§ 732. — L'étude de ces trésors, hors des rayons solaires arrachés au fond de la mer, nous suggère de nouvelles vues sur l'économie physique de l'Océan.

§ 733. — Dans le chapitre IX sur les sels de l'Océan, je me suis efforcé de faire voir l'action des coquillages et des insectes de la mer, et de les faire considérer comme des compensateurs chargés de régler la délicate machine qui conserve l'harmonie de la nature.

§ 734. — Mais le plomb de sonde et le microscope travaillant de concert, nous montrent ces animaux sous un nouveau jour. Ils n'aident pas seulement la mer à suivre les routes qui lui sont assignées pour régler et adoucir les climats, mais, agissant comme poids, ils maintiennent l'équilibre entre les matières fluides et solides.

§ 735. — Lorsqu'il sera bien établi que ces animaux microscopiques vivent à la surface et tombent seulement au fond de l'eau lorsqu'ils sont morts, nous devrons encore les considérer comme *les conservateurs* de l'Océan. Car, enlevant les sels amenés par les pluies et les rivières, ils garantissent la pureté des eaux de la mer.

§ 736. — Les eaux du Mississipi, des Amazones et de tous les cours d'eau qui se jettent dans la mer contiennent en solution une grande quantité de chaux, de soude, de fer et d'autres matières. La quantité apportée ainsi annuellement représenterait un volume dont la masse surpasserait toutes les estimations.

§ 737. — Les matières solubles ne peuvent s'évaporer. Une fois dans l'Océan, elles doivent y rester; le cours des fleuves étant constant, il faudrait nécessairement (§ 502) que la mer devînt de plus en plus salée.

§ 738. — Ces sels, entraînés à l'Océan par des eaux douces qui sont plus légères que celle de la mer, restent pendant un temps considérable près de la surface. Là se trouvent tous ces organismes microscopiques qui sécrètent la chaux, la soude, etc., et retirent des eaux ces matières aussi vite que les rivières les apportent. Ils vivent et meurent à la surface et descendent couvrir le fond de leurs restes.

739. — Ainsi, ces spécimens tirés du fond des eaux sont reconnus appartenir à des animaux qui, invisibles aux yeux du vulgaire, ont néanmoins un important emploi dans l'économie physique de la nature : c'est de régulariser la salure des eaux de la mer (563).

§ 740. — Ces considérations nous entraînent dans un autre ordre d'idées. On peut aussi regarder l'Océan comme un vaste laboratoire où toutes les parties solides du globe vont se transformer, se filtrer et se précipiter sous de nouvelles formes, avec de nouvelles propriétés.

Ce sont peut-être des matières usées, vieillies, qui vont se transformer pour de nouveaux usages nécessaires au bien-être de l'humanité.

§ 741. — Toutes ces idées ne sont que des suppositions ; on peut même les regarder comme des rêveries sans fondements; mais je suis sûr qu'elles ne peuvent être absurdes. Car, lorsque nous venons à considérer de près les différentes forces qui règlent l'économie physique de notre globe, nous avons été extrêmement étonnés du travail dont devaient être chargés les animalcules de la mer.

§ 742. — Mais d'où viennent ces petites coquilles calcaires que le plomb de Brooke a rapportées comme preuves de sa descente à deux milles et un quart? Ont-elles vécu à la surface, ou bien dans les régions profondes de l'Océan, où les courants les ont entraînées et les livrent maintenant comme signes de mort au plomb qui va les chercher.

§ 743. — Considérés ainsi, ces petits organismes deviennent doublement intéressants. A leur mort, la chute de leurs coquilles ne peut être très-rapide; elles doivent être entraînées dans le mouvement des eaux dans lesquelles elles sont restées très-longtemps.

§ 744. — Le microscope entre les mains d'Eh-remberg a pu *marquer* les vents (372) et nous donner quelques renseignements sur leurs circuits.

§ 745. — Ces coquilles, si fines et si impalpables que les officiers du *Dolphin* les avaient regardées comme une masse de vase, ne pourraient-elles pas à leur tour, ramenées à la surface par la sonde, *marquer* les différents cours de l'Océan et nous révéler par quels chenaux la circulation de l'Océan est entretenue ?

§ 746. — Supposons, par exemple, qu'on constate par la comparaison avec des êtres vivants que la partie des eaux habitée par ces animalcules soit le golfe du Mexique ou une autre région; que *l'ossuaire* en soit très-éloigné, pourra-t on supposer autre chose, sinon que des courants ont dû amener du lieu de leur naissance au lieu de leur tombeau ces petites créatures ayant par elles-mêmes une puissance de locomotion si restreinte.

§ 747. — L'homme ne verra jamais, ni ne touchera jamais le fond des eaux si ce n'est avec le plomb de sonde. Tout ce qu'il en rapportera sera pour le philosophe d'un puissant intérêt; car ce ne sera que par cet examen qu'il pourra augmenter la masse des connaissances humaines sur la nature de la terre couverte par les eaux.

§ 748. — Chaque spécimen du fond des eaux doit être regardé comme devant apporter un tribut aux connaissances déjà acquises. De plus en plus intéressants, ils éclaireront l'humanité sur les merveilles des profondeurs.

§ 749. — « On nous a envoyé, dit Brooke, dans une lettre sur l'expédition dans le Pacifique boréal, un tableau des températures observées de 100 à 500 brasses, et deux sondages à de grandes profondeurs. Différents essais de sondages faits du navire par le capitaine Ringgold ont été considérés comme manqués : je partage cette opinion; car pour des profondeurs considérables on ne peut compter que sur le temps mis à filer les cent brasses. En thèse générale, je crois qu'on peut toujours retrancher de cent à mille brasses pour la dérive du navire. Dans une de ces occasions, un vent frais prenant le navire debout rendit l'expérience complétement mauvaise. »

§ 750. — D'après les expériences faites dans l'Océan indien et dans la mer de Corail, je suis porté à croire que l'on pourra avoir du fond de toutes les profondeurs. J'ai toujours vraiment regretté que dans les expériences tentées sous mes yeux dans l'Océan indien, il nous ait été impossible de ramener la ligne avec les échantillons du fond à 7,040 brasses. Dans de pareilles localités les occasions sont difficiles à trouver; avec un courant qui va 60 milles par jour il est difficile de déterminer la profondeur exacte.

§ 751. — L'expérience faite dans la mer de Corail

fut satisfaisante à tous les points de vue. Le cylindre revint couvert d'une argile calcaire très-adhérente et qui montrait la force du choc à l'arrivée de la sonde sur le fond. Nous étions tombés sur un terrain qui présententait les caractères de celui de l'Angleterre.

§ 752. — Ces spécimens pris dans la mer de Corail par la sonde Brooke ont été retirés de 2,150 brasses (3,931 m.), latitude 13° sud, et longitude 162° est (de Greenwich).

§ 753. — Le professeur Bailey, à qui on confia l'examen de cet échantillon, me répondit : « Vous « pouvez être certain que je n'ai pas tardé à exami- « ner le spécimen que vous m'avez envoyé; sa pro- « venance est trop intéressante. Cette sonde, prise « à 2,150 brasses, quoiqu'en petite quantité, est « bonne, puisqu'elle contient la plus grande partie « des organisations marines qui se trouvent ordinai- « rement dans les sédiments marins.

« Les spicules siliceuses des éponges sont en « grand nombre; elles varient de formes. Quelques- « unes sont longues, fusiformes ou aciculaires; d'au- « tres en aiguilles de pin, et quelques-unes à trois « lobes.

« Les diatomes (*silicious infusoria* d'Ehrenberg)

« sont en petit nombre et en beaucoup de frag-
« ments : J'ai trouvé, du reste, quelques coquilles
« entières de coscinodiscus.

« Les foraminifères (*polythalamia* d'Ehrenberg)
« sont très-rares, je n'en ai trouvé qu'une entière,
« avec quelques fragments d'autres échantillons.

« On y trouve aussi des polycistiniæ ; quelques
« échantillons de Haliomma sont complets. Des dé-
« bris d'autres coquilles indiquent d'autres espèces
« très-intéressantes ; mais leur petite quantité ne
« permet pas de les déterminer.

§ 754. — « Vous voyez que ce sondage diffère
« complétement de celui obtenu dans l'océan Atlan-
« tique. Ce dernier était complétement composé de
« coquilles calcaires de l'espèce des foraminifères :
« ici, au contraire, leur nombre est petit, et les pro-
« duits siliceux l'emportent sur les produits calcaires.
« Ce qui qui rend l'observation faite dans l'océan
« Atlantique boréal si intéressante, ajoute ce physi-
« cien, c'est qu'elle prouve que les profondeurs ne
« sont pas nécessairement tapissées de foraminifères ;
« et que ce ne sont que des conditions climatériques
« locales, des courants ou un sous-sol particulier,
« qui ont pu faire du nord de l'Atlantique une es-
« pèce de vivier pour les coquilles calcaires.

755. — « La carte que vous m'avez envoyée
« (pl. IX) est très-intéressante ; elle relate une foule
« de phénomènes étonnants. L'histoire de l'Océan,
« tracée au moyen des sédiments venant de ses pro-
« fondeurs, pourrait bien à la fin faire connaître
« par des relations inattendues les faits qui se pas-
« sent à la surface. Je désire vivement voir le ré-
« sultat des sondages faits dans la mer des Antilles,
« le long des côtes du Mexique et du Texas.

§ 756. — Votre carte semble indiquer une espèce
« de mer de *sargasse* au sud-est de Madagascar. En est-
« il ainsi ? Faites donc sonder en cet endroit ; faites
« sonder, çà et là, partout, même quand on n'aurait
« rien : la négation est un fait qui a sa valeur. »

§ 757. — Nous retrouvons encore ces *conservateurs* de la mer en travail. Les échantillons apportés
par la sonde de Brooke viennent de la région du corail, et les petites créatures ne se sont assimilées que
les parties siliceuses, abandonnant aux madrépores
et aux coquillages les matières calcaires. La division
du travail est vraiment merveilleuse dans les organisations marines ; c'est un grand atelier dans lequel
les machines ne sont jamais en défaut (1).

(1) Maury's, *Sailing Direction*, 7ᵉ édit., p. 15.

§ 758. — D'autres échantillons de vase et du fond de la mer obtenus au moyen de la sonde de Brooke ont été ramenés de 2,700 brasses (4,937 m.) dans le nord de l'océan Pacifique ont été soumis à l'examen du professeur Bailey (1)

(1)   West Point N. Y., 29 janvier 1856.
    Mon cher Monsieur,
J'ai examiné avec grand plaisir et beaucoup d'intérêt les différents échantillons ramassés par le lieutenant Brooke de la marine des Etats-Unis, que vous avez eu la bonté de me remettre pour les soumettre à l'examen microscopique. Je vais vous en rendre un compte succinct, me réservant de publier dans un travail prochain les descriptions des nouvelles espèces que j'y ai découvertes. Les échantillons envoyés sont classés ainsi :

N° 1. Fond de la mer à 2700 brasses. Latitude 56° 46'nord, longitude 168° 18' est, obtenu le 19 juillet 1855, par le lieutenant Brooke au moyen de sa sonde.

N° 2. Fond de la mer à 1700 brasses. Latitude 60° 15'nord, longitude 17° 53'est, le 26 juillet 1855.

N° 3. Fond de la mer, 900 brasses. Température du fond 32, Saxton. Latitude 60° 30'nord, longitude 175° est.

Une étude approfondie de ces spécimens m'a donné :

1° Tous les échantillons contiennent une certaine partie de minéraux qui diminue en raison de la profondeur. Ce sont des particules de quartz, de hornblende, de feldspath et de mica.

2° Dans les sondes profondes (n° 1 et n° 2), les produits or-

§ 759. — Nous avons obtenu des spécimens pris dans les eaux bleues près de la mer de Corail, au fond

goniques, qui sont les mêmes pour tous, l'emportent sur les matières minérales : le contraire a lieu dans le nº 3.

3º Tous ces échantillons sont *très-riches* en coquilles siliceuses du genre Diatomaceæ, qui sont dans un état de conservation parfaite, ayant souvent leurs deux valves, et toujours au moins une valve ayant encore un fragment de l'autre.

4º Parmi les Diatomes il y a de magnifiques échantillons de Coscinodiscus. Entre autres, se trouvent aussi de nouvelles espèces de Rhizosolenia, de Syndendrium, un curieux échantillon de Chætoceros avec deux cornes, un très-beau genre d'Asteromphalus que je me propose de nommer Asteromphalus-Brooke, en l'honneur du lieutenant Brooke dont l'ingénieuse invention nous a mis à même de connaître les trésors cachés dans les profondeurs.

5º Les échantillons contiennent un grand nombre d'aiguilles siliceuses d'éponges, et de coquilles siliceuses de Polycestineæ. Parmi ces dernières, j'ai remarqué la Cornutella elathrata d'Ehrenberg que l'on rencontre souvent dans les sondages de l'Atlantique. J'ai trouvé dans ces sondes des coquilles que je dois décrire et dessiner, des espèces Eucyrtidium, Halicalyptra, Perichlamidium, Stylodictya et plusieurs autres.

6º Je n'ai pu trouver même un fragment des coquilles calcaires de Polythalamia. C'est un fait remarquable quand on le compare aux sondages de l'Atlantique, qui ne présentent que des coquilles calcaires. La différence ne doit pas être attri-

du Pacifique, le long de l'Atlantique, et tous disent
la même chose, que le fond des mers est un vaste ci-

buée à la température, parce qu'il est connu que les Polythalamia sont très-abondantes dans les mers arctiques.

7° Ces dépôts d'organisations microscopiques, qui sont très-
riches et s'étendent vers les hautes latitudes, ressemblent à
ceux des régions antarctiques, où leur existence a été démontrée par Ehrenberg; et la découverte des espèces Asteromphalus et Chæteceros dans les sondes du nord, est un
nouveau point de ressemblance très-remarquable. Ces genres, bien qu'ils ne soient pas exclusivement d'une forme polaire, ont été trouvés par moi récemment dans le golfe du
Mexique et le long du Gulf-Stream.

8° L'état de conservation des coquilles et le fait que la
plupart se tiennent encore ensemble, indiquent qu'elles n'é-
taient pas mortes depuis longtemps, sans cependant amener
à conclure qu'elles vivaient à ces profondeurs. J'en ai reconnu quelques-unes qui vivent sur nos rivages comme
parasites sur les algues, etc., etc. Elles ont pu être entraînées
par les courants, par les glaces, par les poissons qui ont pu
les porter avec eux, ou par toute autre cause. Il est probable qu'elles ont été trouvées loin des eaux où elles vivent.
Elles sont très-légères et doivent le devenir plus encore par
les gaz qui se forment dans leur décomposition; de sorte
qu'il n'est pas surprenant de les trouver transportées loin des
lieux où elles vivent.

9° Pour terminer, j'espère que l'exemple du lieutenant
Brooke sera suivi, et que tous les efforts pour avoir des
échantillons des profondeurs seront couronnés de succès.

metière. La sonde Brooke a ramené partout des restes d'infusoires. Le Gulf-Stream a littéralement jonché le fond de l'Atlantique de coquilles microscopiques. Les ingénieurs du *Coast-Survey* ont trouvé les mêmes infusoires dans le golfe du Mexique, au fond du Gulf-Stream, sur les côtes de la Caroline, et la sonde Brooke les a ramenés du fond près des côtes de l'Islande.

§ 760. — L'état de conservation de ces coquilles et l'absence complète de mélange de sable et de détritus donne de fortes raisons de penser que le fond est très-tranquille.

§ 761. — Quelques échantillons ramenés à la surface par la sonde Brooke ont la pureté de la neige qui vient de tomber. Ces profondeurs, loin des rayons solaires, semblent avoir un manteau couvrant la surface du globe, chargé de conserver les

L'analyse microscopique de ces spécimens ne peut être que très-intéressante, et doit nécessairement apporter des résultats très-remarquables.

Tout ce qui précède n'est que le préliminaire d'un travail que je fais sur les sondes, que je m'efforcerai de décrire et de dessiner, et j'espère être bientôt en état de le publier.

Votre dévoué, J.-W. BAILEY.

Au lieutenant M.-F. Maury, Observatoire national à Washington D. C.

restes des infusoires de tous les siècles, et les conservant intacts comme la neige qui couvre le voyageur mourant dans une avalanche. L'océan, surtout
près des tropiques, fourmille de créatures ayant vie.
Les restes de ces myriades de créatures sont entraînés depuis la suite des siècles et logés dans les profondeurs. C'est ainsi qu'ils couvrent depuis l'éternité
le fond de l'Océan comme la neige couvre le sommet
des montagnes.

CHAPITRE XIV.

LES VENTS.

§ 762. — La planche VIII est une carte des vents,
extraite des cartes des pilotes, une des séries des
cartes pour les vents et les courants de Maury. Le

but de cette carte est de faire connaître les directions des vents dans chaque partie de l'Océan.

Les flèches indiquent la direction des vents; les moitiés de flèches, les moussons ou les vents périodiques ; les zones pointillées sont les régions de calmes ou de brises folles.

§ 763. — Les moussons proprement dits sont des vents soufflant une moitié de l'année dans une direction, et l'autre moitié dans une direction opposée ou à peu près.

Nous allons commencer l'étude de la pl. VIII par la région des vents alizés. C'est aussi la zone où les moussons sont le plus distincts.

§ 764. — Nous avons déjà fait remarquer que les vents alizés du sud-est ont une zone plus large que les vents alizés du nord-est. On explique cette différence par la plus grande quantité de terres situées dans la région des vents alizés du nord-est, et parce que les plus grands déserts de la terre, — ceux de l'Afrique et de l'Asie — sont situés ou derrière ces vents, ou dans leur parcours; de sorte que ces déserts, plus ou moins chauffés, aspirent, pour ainsi dire, ces vents et font un appel d'air pour rétablir l'équilibre. Comme le parcours des vents alizés du sud-est ne rencontre pas de ces sortes de régions, ces vents prévalent et empiètent sur la zone des vents du nord-est.

§ 765 — En énumérant les diverses forces qui mettent les vents en mouvement, nous avons mis en première ligne l'action de la chaleur et la rotation diurne. Nous sommes conduits à admettre que, dans l'hémisphère nord, c'est l'influence de cette dernière qui prédomine. Ses effets sont moins sensibles dans l'hémisphère sud.

La carte nous montre que le courant austral a un plus fort volume que le courant boréal, c'est-à-dire qu'il met en mouvement une masse d'air plus considérable.

Les vents du sud-est traversent l'équateur, qui est un grand cercle, et vont aboutir à la région des calmes, tandis que les vents du nord-est n'aboutissent qu'à un parallèle. En prenant comme type ce qui se passe dans l'Atlantique, nous dirons que l'air mis en mouvement par les vents alizés du sud-est, est dans le rapport de la circonférence d'un grand cercle, au parallèle de 9° de latitude avec l'air déplacé par les vents du nord-est. En supposant que ces deux courants constants aient la même hauteur et la même vitesse, un volume d'air plus considérable s'écoulera au sud par l'équateur dans un temps donné, que du nord par le parallèle de 9°, le rapport sera comme le rayon est à la secante 9°. La quantité de terre située au nord des vents alizés nord-est est plus grande que celle située au sud des vents du sud-est. On peut avec certaine raison attribuer une influence à cette différence; car, les chaînes de montagnes, les forêts, les surfaces inégalement chauffées et d'autres causes de déviations doivent nécessairement avoir une grande puissance sur la direction des vents nord-est.

§ 766. — Ainsi que nous l'avons déjà constaté, nos recherches nous montrent que l'action des vents alizés sud-est reste assez puissante pour refouler les autres alizés jusqu'au 9° parallèle nord et les y maintenir. De plus, on constate que les vents alizés nord-est ne font en général dans l'Atlantique qu'un angle de 23° avec l'équateur (E. N.-E), tandis que les vents du sud-est font un angle de 30° (S.-E.1/4E), ce qui indique que ces derniers vents arrivent plus directement à l'équateur; et comme l'action de la rotation diurne est la même des deux côtés de l'équateur, il faut que l'action solaire ait plus d'influence dans l'hémisphère sud que dans l'hémisphère nord. En d'autres termes, les vents alizés du sud-est sont en général plus frais que ceux du nord-est.

§ 767. — Les vents alizés du sud-est de l'Atlantique hâlent de plus en plus le sud en s'approchant de l'équateur, particulièrement, dans les mois d'été et d'automne. Les routes des navires allant d'Europe aux Indes le montrent d'une manière frappante. Ils coupent généralement l'équateur par 20° de longitude ouest (de Gre). Ils trouvent là des vents du sud-est et souvent du sud sud-est qui forcent les navires à faire un bord vers l'ouest et le sud. En descendant vers le sud, les vents hâlent l'est de plus en plus, de sorte que les navires marchands ne peuvent gouverner entre l'est et le sud avant d'être sortis de la région des vents alizés du sud-est.

§ 768. — L'influence des terres sur la direction des vents alizés NE est d'autant plus probable que tous les grands déserts sont de ce côté-ci de l'équateur, et que la surface des terres y est plus considérable. La chaleur absorbée et le rayonnement doivent être très-différents suivant la nature des surfaces, et il faut certainement un volume d'air plus considérable pour combler le vide d'air fait par l'action solaire sur les sables de notre hémisphère que partout ailleurs. Par la même raison, les vents nord-ouest du sud doivent être plus violents que les vents sud-ouest de l'hémisphère nord.

§ 769. — « Les navires qui vont de la Manche
» vers l'équateur, dit Jansen, tâchent de gagner le
» plus tôt les vents du nord-est. Les vents régnant,
» au nord des calmes du Cancer sont les vents du
» sud-ouest. Le temps et le vent sont peu maniables
» et peu fixes dans cette partie de l'Océan; l'été on
» trouve des vents constants du nord le long des
» côtes du Portugal. Ces vents sont remarquables en
» ce sens : qu'ils arrivent en même temps que les
» moussons d'Afrique, que nous trouvons aussi en
» Méditerranée des vents de la partie du nord,
» comme dans la mer Rouge, et même plus à l'est,
» les moussons indiens venant du nord.

§ 770. — » Les navires hollandais qui, entre les
» mois de mai et de novembre, sont restés à battre
» la mer sous les calmes du Cancer, parviennent
» enfin à gagner les vents alizés pour faire route vers
» îles du Cap Vert, semblent passer dans un autre
» monde. Un ciel sombre et changeant, un temps
» alternativement froid et brûlant, se trouve tout
» d'un coup remplacé par une température régu-
» lière et un beau temps constant. Les cieux sont
» purs, et on n'y voit que ces petits nuages des vents
» alizés qui rendent si beaux les couchers du soleil.
» Une masse considérable de hérissons de-mer de

« toutes espèces se jouent dans la lumière du soleil
» et font ressembler ces eaux d'un bleu foncé à un
» parterre de fleurs. Les vagues se couronnent d'é-
« cume argentée, à travers laquelle les poissons vo-
« lants se glissent. Les dauphins aux couleurs bril-
« lantes, des bandes de thons, tout cela bannit la
« monotonie de la mer (1), exalte l'âme du jeune
« marin et le rend sensible aux douces impressions :
« tout fixe son attention et a droit à son étonnement.

§ 771. — « Si toutes les émotions qui remplissent
« le cœur du marin étaient mises à profit pour les
« livres de bord, combien les connaissances de la
« mer et de la nature s'étendraient vite ! Le senti-
« ment des abîmes et de l'immutabilité est ce qui
« frappe d'abord celui qui se lance sur l'Océan.

« Les navires les plus splendides sont perdus sur
« cette surface sans limites, et nous font connaître
« tout notre néant. Les plus grands vaisseaux sont
« les jouets des vagues et semblent à chaque mo-
« ment mettre notre existence en jeu. Mais lorsque
« les yeux de l'esprit ont sondé les espaces et les

(1) Quand nous aurons consigné comme nos aïeux tout ce
que nous aurons observé à la mer, nous aurons d'abondants
matériaux de travaux qui pourront nous occuper nous-mêmes
très-agréablement.

« profondeurs de l'Océan, on commence à com-
« prendre l'immensité et la toute-puissance, et le
« danger disparaît ; l'homme s'élève et se comprend
« lui même. Les distances des astres sont observées
« avec soin. Le capitaine instruit par l'astronomie,
« dirigé par les routiers et par les cartes des vents et
« des courants de Maury, trace sa route sur l'Océan
« avec toute la sécurité désirable. Il dirige sa course
« vers les îles du cap Vert, se laissant emporter par
« les vents alizés. Il atteint ces îles plus ou moins
« tard, suivant la saison; et alors le ciel commence
« à devenir nuageux, les vents alizés s'apaisent et
« commencent à varier, les nuages s'élèvent, le
« tonnerre se fait entendre et des pluies abondantes
« tombent; enfin, un silence de mort se fait : on
« entre dans la zone des calmes. Cette région s'élève
« vers le nord, du mois de mai au mois de septem-
« bre. Ce mouvement du sud au nord ne suit pas
« immédiatement le soleil dans sa déclinaison : il
« semble attendre que la température des eaux ait
« déterminé le mouvement. Les vents alizés et la
« région de calmes ne redescendent vers le sud que
« quand les eaux de l'Océan du nord ont atteint
« F. (2°08 9°9 c.), au printemps. Ils ne remontent
« au nord que sous l'influence de cette même tem-

« pérature. L'atmosphère et la mer sont unies et se
« prêtent mutuellement secours pour remplir les
« devoirs qui leur sont attribués.

§ 772. — « Si un navire pouvait jeter l'ancre
« dans cette zone de calmes, entre les mois de mai
« et de septembre, il verrait un renversement de
« mousson ou de vents alizés. La zone des calmes
« s'élève vers le nord, et, après avoir eu des vents
« du sud-ouest et même de l'ouest, on trouve des
« vents du sud-est. Passé le mois de septembre, les
« vents du nord-est reviennent graduellement. La
« zone de calmes redescend vers le sud, et s'éloigne
« du navire mouillé au nord (1). »

§ 773. — Les recherches auxquelles nous nous
sommes livrés à l'Observatoire nous ont démontré
l'influence des terres sur la direction normale des
vents. On en suit la trace à plus de 1,000 milles sur
l'Océan. Par exemple, l'action des rayons solaires
pendant les mois d'été et d'automne, se fait sentir
sur l'océan Atlantique jusqu'à l'équateur, et même

(1) Natuurkündige Beschrijving der zeën, door M. F. Maury,
LL, D. Luitenant der Nord–Amerikaansche Marine, vertaald
door M. H. Jansen, Luitenant der zee (Bijdrage). Dordrech,
P. K. Braat, 1855.

jusqu'au parallèle de 13° nord. Entre ce parallèle et l'équateur, les vents alizés du nord-est sont arrêtés dans cette saison par les plaines brûlées de l'Afrique : au lieu de suivre leur route naturelle vers l'équateur, ils cessent de souffler et s'élèvent vers les déserts de sable du continent. Les vents alizés du sud-est qui arrivent à l'équateur à cette époque, ne trouvant plus les vents du nord-est pour les empêcher de couper la ligne, continuent leur course et soufflent moussons du sud-ouest vers les déserts, où ils s'élèvent. Ces vents du sud-ouest apportent des pluies en Afrique et partagent l'année en deux saisons. La région de l'Océan où soufflent ces moussons a la forme d'un triangle dont la base est en Afrique et le sommet par 10° et 15° de latitude près des bouches des Amazones.

§ 774. Lorsque nous venons à étudier les effets que l'Amérique et l'Afrique du sud ont développé sur les vents de la mer (Voyez les cartes des vents et des courants), nous sommes amenés à conclure que, quoique le pied de l'homme civilisé n'ait jamais foulé l'intérieur de ces deux pays, l'un est humide, ses vallées étant la plupart du temps couvertes d'une végétation qui protége le sol contre les rayons du soleil ; et que l'autre n'a que des plaines arides, qui sont comme des fourneaux où l'air venu de la mer s'échauffe et s'élève en colonnes.

§ 775. — En continuant les déductions tirées des observations et des recherches intéressantes faites sur ce sujet, on peut affirmer que, outre le grand désert de Sahara et les autres plaines arides de l'Afrique, les côtes occidentales de ce continent, comprises dans la zone des vents alizés doivent être à peu près aussi sèches et aussi arides que le désert lui-même.

§ 776. — Le lieutenant Jansen a appelé mon attention sur un courant atmosphérique qui est aussi remarquable que le Gulf–Stream dans la mer. Ce Gulf-Stream atmosphérique se trouve dans les vents alizés du sud–est de l'Atlantique ; il part du cap de Bonne-Espérance et va en droite ligne à l'équateur, au méridien du cap Saint-Roque (planche VIII). La route habituelle du cap de Bonne-Espérance passe au milieu de ces vents qui ont la direction la plus invariable de l'Atlantique. A côté de ce courant atmosphérique, les vents sont variables et souvent irréguliers. Les navires indiens en retour pour l'Europe se servent de ce courant, comme en Amérique les retours vers l'Europe se font par le Gulf–Stream. On l'a figuré sur la carte.

§ 777.—Ces recherches, avec tous leurs développements, captivent singulièrement l'esprit ; elles ouvrent le champ à l'imagination ; elles lui montrent les déserts sabloneux les plaines arides, les mers intérieures, comme les compensateurs du grand système de la circulation atmosphérique. Comme les contrepoids des télescopes, qu'un ignorant peut considérer comme des embarras, tandis qu'ils servent à donner de la légèreté et de la certitude à l'instrument, et à faciliter les observations.

§ 778. — Quand on fait une traversée sur l'Océan, loin des terres qui peuvent avoir influence sur les directions des vents, on se trouve dans les conditions les plus favorables pour étudier les lois générales de la circulation atmosphérique. Ici, à l'exception du grand courant équatorial et du courant polaire de la mer, il n'y a pas de surface chauffée d'une manière exceptionnelle : il n'y a pas de chaînes de montagnes, aucun obstacle à la circulation de l'atmosphère, rien enfin qui puisse en altérer la direction normale. La mer est le champ le plus convenable pour les observations des lois générales de l'atmosphère : la terre doit nous fournir les exceptions ; c'est sur la mer qu'on doit établir la règle. Chaque vallée, chaque montagnes doit nous dire son influence particulière sur le système des calmes, des vents, des pluies et des sécheresses. Il n'en est point ainsi sur la mer : chaque agent travaille avec son caractère propre.

§ 779. — Les *vents de pluie* sont des vents qui apportent des vapeurs de la mer sur les terres, où elles se résolvent en neige, pluie ou grêle. En thèse générale, les vents alizés (179) doivent être regardés comme vents évaporants; et , lorsque dans leur cours ils sont convertis en moussons ou en vents variables de l'un ou l'autre hémisphère, ils sont généralement vents de pluie, surtout comme moussons dans certaines localités. Ainsi les moussons du sud-ouest de l'océan Indien sont vents de pluie pour les côtes occidentales de l'Hindoustan (202); les moussons africains de l'Atlantique sont des vents qui alimentent les sources du Niger et du Sénégal.

§ 780. — Dans toutes les vallées qui ont un cours d'eau tombant à la mer, la précipitation doit surpasser l'évaporation de la quantité qui s'écoule par la rivière. A ce point de vue, toutes les rivières peuvent être comparées à un immense udomètre; le volume d'eau écoulé annuellement à la mer est l'expression de la quantité d'eau enlevée par l'évaporation sur la mer, apportée sur les terres par les

vents, et rendue à la mer par les divers cours d'eau
qui drainent les vallées. Maintenant, en distinguant
les vents de pluie des vents secs, pour chaque saison,
pour chaque localité, ou plutôt pour chaque bassin,
nous pourrons déterminer avec quelqu'exactitude,
de quelle partie de l'Océan arrivent les pluies. Alors,
malgré les remous causés par les chaînes de montagnes, par les mouvements du sol, nous pourrons
suivre la circulation atmosphérique sur la terre
aussi bien que sur la mer, et la rendre aussi certaine, pour un physicien, que la direction du Mississipi ou de tout autre grand cours d'eau.

§ 781. — D'après ces recherches, les sources
des Amazones doivent être alimentées par les vapeurs
prises sur l'océan Atlantique par les vents alizés
nord-est et sud-est. Un grand nombre de faits qui
ont déjà été détaillés (389) tendent à prouver que le
Mississipi doit son existence aux vapeurs amenées de
l'autre hémisphère par les vents alizés. De plus,
nous savons par observation que la région des vents
alizés de l'Océan loin du voisinage des terres est privée de pluies; de sorte que, sous le rapport hydro-
graphique, on doit la considérer comme une surface
évaporante (32). On peut donc indiquer comme une
loi générale, qu'au delà des limites polaires des

deux zones de vents alizés, en approchant des pôles, la précipitation surpasse l'évaporation jusqu'au
point du froid maximum.

§ 782. — Nous pouvons aussi poser comme une
règle générale que les vents alizés nord-est et sud-
est sont vents évaporants lorsqu'ils viennent d'une
région froide à une région chaude, et qu'ils deviennent vents de pluies dans le cas contraire. Le fait ne
se déduit pas seulement des observations, mais il
est conforme aux lois de la physique.

§ 783. — Ainsi l'Atlantique doit suffire à l'alimentation de la rivière des Amazones et de tous ses
affluents, mais encore à celle du Mississipi, du Saint-
Laurent et de tous les cours d'eau de l'Amérique et
de l'Europe.

§ 784. — Une étude attentive des vents de pluie
sur les cartes des vents et des courants (§ 32) pourra
nous indiquer « les sources de l'Océan » qui ali-
« mentent les grands fleuves. « Toutes les rivières
« coulent dans la mer : cependant la mer n'est pas
« remplie; et de la place d'où viennent les rivières,
« elles y retournent de nouveau. »

§ 787. — Les MOUSSONS (§ 763) sont la plupart
du temps dérivés des vents alizés. Lorsqu'à une
époque déterminée de l'année un vent alizé change

de direction de 90° environ, ou qu'il est entraîné vers un pays très-chauffé par l'action solaire, on le regarde comme une mousson. Ainsi les moussons de l'Afrique dans l'Atlantique (pl. VIII), les moussons du golfe de Mexique, ceux du Pacifique dans l'Amérique centrale, sont presque tous formés par les vents alizés qui sont déviés de leur cours, pour rétablir l'équilibre dans les plaines brûlantes de l'Afrique, de l'Utah, du Texas et du Mexique. Ces moussons soufflent pendant cinq mois de suite ; car il faut un mois pour que le vent change et s'établisse, bien qu'ils soient alors remplacés par les vents alizés, on les appelle encore des moussons.

§ 788. — Les moussons du nord-est et du sud-ouest de l'océan Indien sont de ce genre. La chaleur de l'été crée dans l'intérieur des plaines de l'Asie une force perturbatrice dans l'atmosphère qui s'exerce sur les vents alizés nord-est. Cette force peut contrebalancer celle qui produit les vents alizés ; elle les arrête : de sorte que, si ces conditions particulières n'existaient pas, il n'y aurait pas de moussons de sud-ouest, et les moussons du nord-est souffleraient toute l'année comme vents alizés ; ce qu'ils sont réellement.

§ 789. — Déjà en 1831, Dove disait (1) que les moussons du sud-ouest n'étaient que des vents alizés du sud-est détournés de leur direction pour remplir le vide fait dans le désert du nord. Dove admet que la preuve de son assertion ne peut être qu'indirecte, à cause de la difficulté du problème (2).

§790. — J'étudiais déjà les vents dans leurs circuits, et déjà cent marins interrogeaient pour moi les girouettes des bâtiments : Jansen m'encouragea par ses raisonnements à continuer la recherche de la solution de la difficile proposition de Dove.

§ 791. — La rencontre des vents alizés nord-est et sud-est, près de l'équateur (122), produit une zone de calmes (162). Tous les navires qui donnent dans les vents alizés doivent traverser ces calmes ; quelques-uns les ont franchis en peu de jours, d'autres y sont restés des semaines. Les pluies sont tellement abondantes dans ces régions qu'elles changent la surface de la mer en un marais d'eau douce.

§ 792. — S'il était vrai, comme Dove l'affirme, que les moussons du sud-ouest de l'océan Indien ne fussent que des vents alizés du sud-est attirés par les déserts de l'Asie, il faudrait qu'un navire allant à

(1) Voyez Pogg, ann. XXI.
(2) Annalen der physik, n° 94.

Calcutta à l'époque de la mousson de sud-ouest n'eût pas à traverser de zone de calmes : il devrait au contraire trouver les vents du sud-est hâlant continuellement le sud; et, finalement, le vent du sud-ouest devrait venir enfler ses voiles sans qu'il eût à traverser la zone des calmes équatoriaux.

§ 793. — De même, Jansen maintient que les moussons du nord-ouest ne sont qu'une déviation des alizés du nord-est.

§ 794. — J'ai en ma possession un grand nombre de journaux de bord relatifs à l'océan Indien : au commencement de mes travaux sur les cartes des vents et des courants, j'avais examiné les moussons de l'océan Indien. Les documents étaient trop peu nombreux, et le temps m'avait manqué. Depuis, les matériaux se sont accumulés, et, quoique n'étant pas encore assez nombreux, ils commencent à l'être cependant assez pour jeter quelques lumières sur cette question. Encouragé par Jansen et par le nombre de livres de bord, je les ai remis entre les mains du lieutenant West pour les examiner.

§ 795. — Le résultat du travail n'a donné *aucune indication de la moindre zone de calmes entre les vents alizés du sud-est et les moussons du sud-ouest de l'océan Indien.*

§ 796. — Le désert de Cobi et les vastes plaines arides de l'Asie (202) sont les causes de ces moussons. Lorsque le soleil est au nord de l'équateur, ses rayons tombant d'aplomb sur ces plaines sablonneuses échauffent la masse d'air qui se dilate et s'élève. Il se fait alors un appel d'air dans les régions avoisinantes, pour remplacer celui qui s'élève en colonnes. L'air qui doit produire les vents alizés du sud-est est arrêté, échauffé et entraîné dans les espaces : d'un côté, les vents alizés nord-est sont d'abord affaiblis, puis anéantis et entraînés dans ce tourbillon d'air s'élevant de ces sables brûlants; d'un autre côté, les vents alizés du sud-est, ne trouvant pas dans les zones des calmes équatoriaux les vents alizés du nord-est pour leur disputer le passage, s'élèvent dans l'hémisphère nord. Après avoir dépassé l'équateur, ils tendent à obéir à la rotation diurne (126) aussi bien qu'à l'appel d'air fait dans ces plaines brûlantes ; ces deux causes réunies les changent en moussons du sud-ouest. Si ces considérations sont justes, la zone des calmes de l'océan Indien doit être transportée dans le désert de l'Asie centrale pendant la mousson du sud-ouest.

§ 797. — On peut me dire que, que tant que l'on n'aura pas reconnu à des marques particulières que l'air de la mousson du sud-ouest est le même que celui des vents alizés du nord-est, il est impossible d'affirmer ce changement. Je répliquerai qu'en compulsant les observations faites sur ces mers nous n'avons pas trouvé (795) de *région de calmes entre les vents alizés du sud est et les moussons du sud-ouest*, mais un changement graduel, et pour ainsi dire une transformation d'un vent dans l'autre. En nous bornant seulement au mois d'août, qui est un mois de la mousson de sud-ouest, et en ne prenant que la partie de la mer comprise entre 85° et 90° de longitude est (de Gre), nos recherches nous ont donné les résultats suivants :

10° lat. S. à 3° sud, 133 observations, 0 calmes, vents S.-E.
5°   S. à 0° » 102   —   3   —   » S.
8°   S. à 5° nord, 99   —   3   —   » S.-O.
5°   N. à 10° nord, 77   —   0   —   » S.-O.

§ 798. — Ces moussons ne commencent et ne finissent pas en même temps dans tout l'océan Indien, comme on le dit quelquefois.

§ 799. — La carte-pilote (Pl. V) met ce fait très-bien en évidence. Prenons par exemple l'espace de l'Océan compris entre 85° et 90° longitude est au sud de Calcutta, et en nous rapprochant de l'équateur; divisons la planche V en quatre lignes représentant les parallèles de 5°, 10°, 15° et 20° de latitude nord.

§ 800. — Dans la première partie, près de Calcutta, c'est-à-dire entre la terre et le parallèle de 20° nord, vers la fin de janvier, les vents alizés du nord commencent leur conflit avec les moussons du sud-ouest; la lutte est à sa plus grande force en février, et au mois de mars les moussons sont considérés comme bien établis. Ils restent vents dominants pendant six mois, quelquefois jusqu'à la fin de septembre. La lutte recommence avec les vents nord-est; elle se poursuit avec force jusqu'à la fin de novembre, où ils prévalent jusqu'à la fin de janvier; là, ils commencent à s'apaiser, et les moussons du sud-ouest recommencent leurs assauts pour les remplacer.

§ 801. — Dans la partie suivante, comprise entre 15° et 20° de latitude nord, les moussons du nord-est commencent à devenir incertains, variables, et luttant avec les vents du sud-ouest en février. La période de ce conflit, ou de ce renversement, comme on l'appelle communément, se prolonge jusqu'en mars, jusqu'à ce qu'enfin la force qui fait naître les moussons ait pris le dessus. Alors ils soufflent sans interruption jusqu'en septembre, où les vents du nord-est commencent à reprendre de la force et à renouveler le conflit pendant le mois d'octobre, époque à laquelle les moussons ou les vents alizés du nord-est redeviennent vents prédominants. De sorte qu'en s'éloignant de deux cents à trois cents milles du point où la raréfaction de l'air occasionne ce système de vents, la durée des vents de nord-est est prolongée de près d'un mois. Dans cette région, ils prévalent de novembre à janvier inclusivement, tandis que les vents du sud-ouest, soufflant du milieu de mars au milieu de septembre prennent six mois de l'année.

§ 802. — Dans la zone suivante, comprise entre 10° et 15° de latitude, les moussons du sud-ouest soufflent seulement cinq mois, et peut-être même pas aussi longtemps ; ils commencent plus tard et finissent plutôt plus tôt. Ils commencent leur lutte avec les vents alizés du nord-est à la fin de mars et ne prévalent qu'en mai. Ils restent maîtres du terrain jusqu'en octobre, où les vents alizés du nord-est, s'échappant des plaines de l'intérieur qui les ont retenus, renouvellent le combat annuel, d'où ils sortent vainqueurs. Ils recommencent leur course sans conteste jusqu'en mars ou au commencement d'avril.

§ 803. — Entre 5° et 10° latitude nord, les moussons du nord-est soufflent jusqu'à la fin d'avril. Le conflit est plus court ici, parce que le soleil échauffe alors fortement les plaines asiatiques et y appelle l'air pour remplacer celui qui s'élève. Aussi à la fin d'avril, les moussons du sud-ouest sont établis pour environ cinq mois. Au milieu d'octobre le conflit recommence, faiblement d'abord, avec force en novembre, et se prolonge souvent jusqu'à la fin de décembre. C'est un signe que les vents alizés du sud-est commencent à paraître. Leur action combinée avec celle des vents du nord-est et de la mousson de sud-ouest prolonge la lutte.

§ 804. — De 0° à 5° nord, les moussons du sud-ouest ne sont bien marqués que pendant un court intervalle de temps. Le conflit finit en mai pour recommencer en août, et les vents alizés nord-est ne sont fixes que de janvier à mars. Ici donc les conflits des vents durent six mois, et chaque mousson trois mois.

§ 805. — Un navire stationnant dans l'une de ces zones pour observer, verrait, dans celle comprise entre la terre et 22° latitude nord, que les moussons s'établissent régulièrement au commencement de mars, après une lutte d'environ six semaines. Celui qui serait placé entre 15° et 20° nord, ne verrait les moussons s'établir qu'au milieu de mars, et le renversement ayant commencé à se faire sentir en février au lieu de janvier, comme dans la zone précédente. Entre 10° et 15°, ils s'établissent au plus tôt en mai, après un conflit de quatre à cinq semaines, et entre 5° et 10°, ce n'est qu'en mai qu'ils s'établissent, et plus tard encore entre 5° et 0° de latitude. Il s'en suit donc que les moussons du sud-ouest s'étendent progressivement sur la mer en partant d'un centre sur la terre. D'après la *carte-pilote* qui a été construite, sur 11,800 observations pour ces cinq zones, la marche des moussons, à partir de Calcutta vers l'équateur, se fait à raison de 15 à 20 milles par jour.

§ 806. En d'autres termes, un navire partant de 23° de latitude nord, entre 85 et 90° longitude est, au commencement de mars, et faisant par jour de 15 à 20 milles vers le sud, arriverait à la fin de chaque jour de mer à l'établissement régulier de la mousson du sud-ouest.

§ 807. — C'est ainsi qu'un désert peut avoir une influence sur des vents situés à une grande distance. Le premier effet de l'échauffement de la plaine se fait sentir sur l'air le plus près de la terre, de loin

en loin, de sorte que la propagation des moussons
du sud-ouest se fait de la terre vers la mer.

§ 808. — Les vastes plaines de l'Asie ne peuvent
être portées en un jour à la température nécessaire
pour former les moussons, et une fois arrivées à
cette température, il leur faut un certain temps pour
se refroidir.

§ 809. — On peut toujours connaître la saison
des moussons en se reportant aux causes de leur formation. Ainsi, sur ces plaines arides et brûlantes,
ces vents doivent souffler avec une grande violence
au moment des fortes chaleurs.

§ 810. — L'influence de ces plaines brûlantes sur
les vents se fait sentir à une distance qui surpasse
1,000 milles. Ainsi, le désert de Cobi et les steppes
brûlées de l'Asie, qui sont situés par 30° de latitude
nord, font les moussons (§ 797) qui s'étendent jusqu'au sud de l'équateur (Pl. VIII). Il en est de même
pour le grand désert de Sahara, par rapport aux
moussons d'Afrique dans l'Atlantique : la contrée
des lacs Salés ont la même influence sur les moussons du Mexique, comme l'Amérique centrale sur
ceux de l'océan Pacifique. L'influence des déserts
de l'Arabie (§ 202) se fait sentir en Autriche et dans
d'autres parties de l'Europe, ainsi que l'ont fait

voir les observations de Kriel, de Lamont et d'autres physiciens.

§ 811. — Il en est de même pour les îles de la Société et de Sandwich, qui, quoique placées loin des grandes terres, ont un effet très marqué sur les vents alizés et les renversent ; car des vents de la partie de l'ouest et de l'équateur s'y voient souvent pendant l'hiver. Quelques ingénieurs hydrographes ont pris ces vents d'ouest des îles de la Société comme un prolongement des moussons de l'océan Indien. Il n'en est pas ainsi : ils sont dus à une cause locale et ne s'étendent pas loin au large des îles de Sandwich et de la Société.

Un examen de la feuille numéro 5 des cartes-pilotes du Pacifique nord montrera de suite que ces vents sont particuliers à cet archipel.

§ 812. — L'action de ces îles sur les vents alizés de l'océan Pacifique est vraiment curieuse. Tous les marins qui ont croisé dans cette partie de l'Océan ont pu admirer les splendides amoncellements de *Cumuli* dont les masses moutonnées forment des effets vraiment magnifiques. Non-seulement ces nuages couronnent les montagnes des îles, mais on les voit souvent s'arrêter sur les plus petites îles des tropiques, même sur des rochers de corail, des récifs cachés, pour servir d'arrêt au marin isolé et le prévenir des dangers avant que l'œil du matelot ait pu les découvrir.

§ 813. — Ces nuages qui se rassemblent au-dessus des îles basses de corail aident merveilleusement bien la végétation de ces terres. Ils semblent une délicate éponge placée en dessus, prête à verser la pluie sous la pression d'une main invisible (*Maury's Sailing directions*, 7ᵉ édition, p. 820).

§ 814. — La puissante intervention des déserts sur la direction des vents alizés du nord-est parvient à la changer, mais elle n'a pas le même résultat sur les vents alizés du sud-est. Au contraire, elle les accélère ; car, la même force qui annule les vents alizés du nord-est ou les retarde seulement, tend à attirer les vents du sud-est et à les accélérer. C'est ce qui fait passer les vents du sud-est si facilement dans l'hémisphère nord.

§ 815. — On peut tirer de ces faits une autre conséquence : c'est qu'entre certains parallèles de l'hémisphère nord les rayons solaires portant sur une étendue de terres plus considérable, ont une plus grande action que dans l'hémisphère sud; de sorte que la moyenne de la température de l'été est plus élevée au nord de l'équateur qu'au sud. Les vents ont révélé ce beau fait physique que les observations thermométriques avaient suggéré aux météorologistes.

§ 816. — De ce que nous avons dit, on peut donc induire que c'est l'action solaire sur les terres et non sur la mer qui cause les moussons. Examinons la planche VIII pour nous en convaincre. Les régions à moussons sont marquées par les demi-flèches. Toute l'Europe, une partie de l'Afrique, presque toute l'Asie et toute l'Amérique du nord sont du côté nord de la limite supérieure des vents alizés du nord-est; tandis qu'une partie de l'Australie, une petite partie de l'Amérique du sud, et encore moins de l'Afrique, restent situées dans la zone tempérée australe. En d'autres termes, il ne se trouve pas dans l'hémisphère sud, excepté en Australie, de grandes plaines où la chaleur solaire puisse raréfier l'air suffisamment pour arrêter les vents alizés dans leur course. Dans notre hémisphère il se trouve d'assez grandes plaines près de la limite polaire des vents alizés pour produire une chaleur capable de renverser les vents du nord-est (810); il y a aussi dans la zone tempérée d'autres plaines nombreuses qui, l'été, n'ayant pas la force nécessaire pour transformer les vents nord-est en moussons, sont cependant assez chauffées par le soleil de l'été pour permettre (§ 815) aux vents alizés sud-est de passer dans l'hémisphère nord.

§ 817. Puisque cette immixtion des terres dans la direction des vents n'a lieu que l'été, la position de la zone des alizés doit être variable. La limite équatoriale des vents alizés sud-est s'élève vers le nord, l'été, quand les vents alizés nord-est sont affaiblis, et redescend l'hiver.

§ 818. — Nous venons de voir une force dont l'action variable sur la zone des vents alizés les déplace sur l'Océan entre certaines limites, suivant les saisons. Ces limites sont indiquées sur la planche VIII pour le printemps et pour l'automne. Pendant cette dernière saison, cette zone atteint sa latitude nord la plus grande et au printemps sa latitude sud.

§ 819. — *Renversement des moussons*. — Le lieutenat Jansen, dans un appendice à l'édition hollandaise de cet ouvrage, décrit ainsi ce phénomène :

« Nous avons vu (§ 262) que le calme qui précède
« la brise de mer est généralement de plus longue
« durée, et est accompagnée d'un mouvement ascen-
« dant de l'air, tandis qu'au contraire le moment qui
« précède la brise de terre dans la mer de Java est

« plus court, l'atmosphère est lourde ; de sorte qu'il
« y a une différence évidente entre les deux change-
« ments de vents.

§ 820. — « Le changement de moussons dans
« la mer de Java ne se produit pas de la même ma-
« nière au printemps et en automne. Aussitôt que
« le soleil a dépassé l'équateur, et que du zénith il
« commence à darder ses rayons sur l'hémisphère
« nord, les plaines intérieures de l'Asie du nord,
« de l'Afrique et de l'Amérique, accumulent une
« telle chaleur qu'elles donnent naissance aux
« moussons du sud-ouest dans la mer de la Chine,
« dans l'océan Indien, dans le nord de l'Atlantique
« et sur les côtes occidentales de l'Amérique cen-
« trale ; alors les moussons nord-ouest disparaissent
« de l'archipel Indien de l'est, et font place aux
« vents alizés de sud-est connus sous le nom de
« moussons de l'est, comme les vents de nord-ouest
« qui soufflent pendant l'été de l'hémisphère sud
« sont appelés moussons ouest.

§ 821. — « C'est la seule mousson qu'on trouve
« dans l'hémisphère sud, pendant que les vents
« alizés nord-est soufflent dans la mer de la Chine
« et dans l'océan Indien. Dans l'archipel Indien est,
« les moussons ouest prévalent ; et quand les vents

« sud-est soufflent ici comme mousson est, nous
« trouvons la mousson sud-ouest dans les mers voi-
« sines de l'hémisphère nord. Généralement la
« mousson ouest souffle dans les mois d'été de l'hé-
« misphère où on les trouve.

§ 822. — « De même que chaque jour la brise de
« terre agissant en petit détruit les vents alizés ; ainsi
« fait ce dernier pour la mousson ouest; et des obser-
« vations pourraient probablement constater aussi
« des perturbations mensuelles.

§ 823. — « Pendant le mois de février, la mous-
« son ouest souffle avec force dans la mer de Java ;
« en mars, elle souffle irrégulièrement et par vio-
« lentes rafales ; mais en avril les rafales deviennent
« moins fréquentes et moins fortes. Le changement
« commence à se faire sentir ; des coups de vents
« viennent de l'est ; ils sont souvent suivis de calmes.
« Les nuages qui se croisent dans le ciel donnent le
« spectacle des deux courants d'air qui se brisent
« l'un contre l'autre.

§ 824 — « L'électricité enfermée dans ces masses
« où elle restait silencieuse, invisible, mais avec la
« pleine conscience de sa puissance et de la tâche
« qui lui a été imposée, commence à se révéler avec
« une effrayante majesté. Sa voix vient remplir

« d'étonnememt et de respect l'esprit du marin, si
« impressionnable en présence d'un sombre orage
« qui le remplit d'une inquiétude dont il s'efforce
« de se distraire par ses occupations (1).

§ 825. — « Nuit et jour nous avons des orages
« accompagnés de tonnerre. Les nuages sont toujours
« en mouvement, et l'air, chargé de vapeurs, court
« dans toutes les directions. Les combats que les
« nuages semblent se livrer paraissent les rendre plus
« *altérés* que jamais. Ils ont recours aux moyens les
« plus extraordinaires pour se *rafraîchir*. Lorsque
« le temps et les circonstances ne leur permettent
« pas d'emprunter à l'atmosphère environnante
« l'eau dont ils sont avides, ils descendent sous
« la forme d'une trombe à la surface de l'Océan,
« et aspirent directement avec leurs noires bouches
« les eaux de la mer. Les typhons se voient souvent
« aux changements de saison, surtout près des petits
« groupes d'îles où ils semblent prendre nais-
« sance (2). Les typhons ne sont pas toujours

(1) Il n'y a pas de phénomène atmosphérique qui fasse plus
d'impression sur le marin qu'un orage accompagné de tonnerre sur une mer calme. — JANSEN.

(2) Je n'ai jamais vu plus de typhons que dans l'archipel de
Bioun Singen, pendant le renversement de la mousson : chaque
jour on en voyait un au moins. — JANSEN.

« accompagnés de vents violents. Souvent, lorsque,
« le typhon se brisant par son milieu, les nuages se
« dispersent dans toutes les directions, l'eau, que
« l'on voit écumer à sa base, a à peine un mouve-
« ment latéral. »

§ 826. — Le vent empêché souvent la formation
des typhons; les trombes de vent frappent dans
leur flanc comme une flèche, et la mer semble faire
de vains efforts pour les réformer. Une mer déchaî-
née couvre d'écume le passage où se fait le conflit, et
mugit sous l'effort du typhon. Alors, malheur au
marin qui se trouve dans cette direction (1) !

La hauteur de ces trombes est d'environ 200 yards
et leur diamètre de 20 pieds. Quelquefois elles sont
plus hautes et plus larges. Lorsque les circonstances
m'ont permis de les mesurer avec exactitude, lors
de leur passage près des îles, je ne les ai jamais
trouvées plus hautes que 700 yards (490 mètres), ni

(1) Les trombes d'air près de l'équateur m'ont toujours
paru plus dangereuses que les typhons. Un de ces derniers
passa à une longueur de navire de moi, je reçus un peu d'eau
et pas de vent. Il faut cependant se défier des typhons. J'ai
souvent vu de ces trombes arriver sur des rivages, détruire
des maisons isolées. Je n'ai jamais pu voir dans quelle direction ils tournaient.   JANSEN.

plus larges que 50 yards. Dans l'archipel de Rhio, elles vont du sud-ouest au nord-est en octobre; elles durent quelquefois un peu plus de cinq minutes. En général, elles se dissipent vite. Le tube creux qui les forme est visible comme celui d'un thermomètre; il s'élargit à la base, et des petits nuages semblables à la vapeur échappée d'une locomotive s'échappent de la circonférence jusqu'à ce que l'eau s'étant élevée, les nuages viennent fermer l'orifice du tube (1).

(1) Un typhon en miniature peut être produit au moyen de l'électricité qui est la cause supposée de ces phénomènes. « On suspend au conducteur d'une machine électrique, dit le docteur Bonzano, de la Nouvelle-Orléans, une chaîne ou un fil de fer terminé par une boule de métal (une balle de bois couverte d'étain), et sous cette balle on place un vase en métal un peu large contenant de l'huile de térébenthine; la distance doit être des trois quarts d'un pouce. Lorsqu'on fait tourner vivement la machine électrique, le liquide du bassin commence à s'agiter dans différentes directions et à former des tourbillons. Lorsque l'électricité s'est accumulée sur le conducteur, le liquide en mouvement s'élève et vient s'attacher à la balle. En déchargeant le conducteur de son électricité, le liquide reprend sa position, et une partie de l'huile reste attachée à la balle. En remettant la machine en mouvement, la goutte d'huile attachée à la balle prend la forme d'un cône la pointe en bas, tandis que le liquide inférieur prend la forme inverse jusqu'à leur réunion. Comme

§ 827. — A l'époque du renversement de la mousson, il fait plus calme et plus frais, ou de jolies brises alternent avec des orages et des coups de vents venant de tous les aires de vents. Les équipages sont harassés ; on a la figure brûlée sous un ciel nua-

le liquide ne peut pas s'accumuler sur la balle, il se produit deux courants verticaux qui donnent à la colonne de liquide un rapide mouvement de rotation, qui continue jusqu'au moment où le conducteur s'est déchargé soit silencieusement, soit par une étincelle traversant le liquide. On obtient le même résultat avec de l'eau ; mais il faut rapprocher la balle et avoir plus d'électricité. Si pendant l'expérience on fait balancer la balle, ce typhon en miniature suivra le mouvement entraînant avec lui les tourbillons du liquide. Quand il se brise, une portion du liquide, quel qu'il soit, reste attachée à la balle. Les poissons, les feuilles, les graines, etc., qui retombent sur la terre après ces ouragans ne doivent peut-être leur élévation dans les nuages qu'à la même cause qui attache à la balle les impuretés contenues dans le liquide. »

En examinant la planche XIII, nous voyons que le tonnerre et les éclairs sont plus fréquents dans le nord que dans le sud de l'Atlantique. J'en conclus que nous avons dans le nord plus de phénomènes électriques que dans le sud. Pourquoi les typhons arrivent-ils plus fréquemment au nord de l'équateur qu'au sud ? J'ai croisé bien souvent dans l'hémisphère austral, et je n'y ai jamais rencontré de typhon. D'après les livres de bord de l'Observatoire, ils arrivent surtout du côté nord de l'équateur. — M.

geux (1), et il faut toujours manœuvrer les voiles pour suivre le vent. Quoique l'atmosphère soit généralement claire contrairement à toute attente, le vent du nord-ouest vient d'un ciel sans nuages. Depuis le commencement de la mousson le vent vient de la partie du nord. Tantôt les nuages s'amoncèlent en un point, et le vent s'apaise, pour s'élever de nouveau et venir d'un autre point de l'horizon. Enfin les brises de terre et de mer régulières remplacent graduellement la pluie, la tempête, les calmes et les coups de vent. La pluie cesse durant tout le jour et la mousson est s'établit dans la mer de Java. Nous sommes en mai ; plus au sud de Java, la mousson est commencée depuis avril (2).

§ 828. — Cette mousson dure jusqu'en septembre et en octobre, où elle commence à tourner pour devenir mousson de l'ouest. Il m'a paru que la mousson est ne souffle pas de même dans chaque mois (851) ; sa direction incline de plus en plus vers le sud, et

(1) À la mer, la figure et les mains se brûlent (la peau s'en va) plus vite sous un ciel nuageux que sous un ciel clair.

(2) Dans la partie nord-est de cet archipel, la mousson d'est donne de la pluie. Les phénomènes dans cette partie de l'archipel sont entièrement différents que dans la mer de Java.

JANSEN

sa force augmente après avoir soufflé pendant quelque temps (1).

§ 829. — Il faut faire attention à une chose assez importante ; c'est que dans beaucoup de détroits de l'archipel, où on trouve des courants violents, ils ont grande influence sur les vents. Ces courants sont très violents, surtout dans les détroits à l'est de Java. J'ai trouvé des courants qui faisaient huit milles ; cependant ils ne sont pas toujours aussi rapides, et n'ont pas toujours la même direction. Ils sont probablement plus violents quand le courant de marée se rencontre avec le courant équatorial. On dit que dans les détroits, les courants sont pendant huit heures au nord et six heures au sud pendant la mousson est, et que le contraire a lieu pendant la mousson ouest. Le passage de la lune au méridien semble être l'heure du renversement des courants. Il est probable que les eaux chaudes de l'archipel

(1) Le détroit de Sœrabaya a la forme d'un coude dont l'entrée de l'est regarde l'est et celle de l'ouest, s'ouvre au nord. Au commencement de la mousson de l'est, le vent de mer (la mousson est), souffle dans l'entrée occidentale jusqu'à Grissé (au fond du coude) ; à la fin de cette mousson, le vent de mer souffle au contraire par l'entrée est jusqu'à Sambilangan (étroit passage qui s'ouvre à l'ouest, à la mer.)

JANSEN.

sont versées vers le nord pendant la mousson est, puis vers le sud pendant la mousson ouest.

§ 830. — Lorsque la mer fait connaître aux habitants des côtes de Java le commencement de l'été du sud (1), le changement de la mousson de l'est en celle de l'ouest commence. Lorsque le soleil redescend vers le sud pour y faire sentir son influence, un changement se fait dans le beau temps de la mousson est de Java. Aussitôt qu'il se trouve au-dessus de Java (6° sud) le renversement de la mousson commence et s'effectue bien plus rapidement qu'au printemps. Les calmes ne sont pas aussi constants. Les combats dans les régions supérieures de l'atmosphère sont moins violents ; les vents alizés du sud-est qui ont soufflé comme moussons de l'est, ne paraissent pas avoir assez de force pour résister à leurs agresseurs, qui viennent comme des tempêtes du nord-ouest et de l'ouest. Sur la terre et dans son voisinage, il y a des orages accompagnés de tonnerre, mais à la mer ils sont moins fréquents.

§ 831. — L'atmosphère, tantôt claire, tantôt chargée est définitivement chassée dans la direction du

______

(1) Dans l'Archipel on a généralement une marée de jour qui change avec les équinoxes. Les lieux qui ont la pleine mer le jour pendant une mousson, l'ont la nuit pendant l'autre.

nord-ouest, et les vents du sud-est abandonnent la place sans conteste.

§ 832. — Les brises de terre deviennent moins fréquentes, et les phénomènes du jour et de la nuit se ressemblent davantage, dans une certaine limite. Des ouragans de pluie et de vent alternent dans un ciel nuageux avec les coups de vents et les vents constants. A la fin de novembre, la mousson ouest est permanente.

§ 833. — C'est ainsi que s'opèrent ces changements. Mais quels rôles ont-ils dans le système général de la circulation atmosphérique? Nous avons lu avec attention les belles méditations du fondateur de la météorologie à la mer, et nous l'avons suivi dans les développements de ses hypothèses pour découvrir les lois de l'atmosphère et les différentes tâches qui leur sont confiées. Nous y avons trouvé la preuve que ces changements ne sont dus qu'au passage de la zone de calmes qui sépare les deux moussons qui suit le cours du soleil en traversant avec lui la zone torride.

§ 834. — Il en est de même pour les calmes qui précèdent et qui suivent les vents de terre et de mer. Si nous suivions le vent de terre depuis son départ des montagnes jusque vers les côtes et sur la mer,

nous verrions qu'il chasse devant lui le calme aussi
loin qu'il s'étend. La place de la zone de calmes
reste sur la limite de la mousson permanente pendant la nuit, pour revenir vers les montagnes le jour
suivant poussé par le vent de mer. La zone de calmes marque le changement des vents. Si différents
observateurs placés sur les montagnes, sur la mer
et sur les limites extrèmes des vents de terre, pouvaient noter le moment où ils aperçoivent le calme
et celui où vient le vent de terre, ils donneraient le
moyen de connaître la largeur de la zone de calmes
et la rapidité avec laquelle les vents la transportent;
et, bien que les résultats d'un jour puissent être
très différents de ceux d'un autre, on pourrait finir
par obtenir une moyenne qui aurait quelque valeur.
C'est ainsi que sur une large échelle la zone de
calmes qui sépare les moussons les uns des autres,
se déplace au printemps du sud au nord, et à l'automne en sens contraire sous la pression des moussons (1).

§ 835. — *La zone de calmes*. — Il existe entre les
deux systèmes de vents alizés une zone de calmes,

____

(1) Bijdrage Natuurkündige Berchrijving der zeën, vertaald
door M. H. Jansen, luitenant der zee.

connues sous le nom de calmes équatoriaux. Elle a
une largeur moyenne de six degrés de latitude. L'air
amené par les vents sud-est et nord-est vers l'équateur, monte. Cette zone sépare toujours les deux
vents alizés et les suit. Cette zone de calmes peut
être comparée à un immense réservoir atmosphérique s'étendant tout autour de la terre, dans le fond
duquel les deux courants perpétuels des alizés vien-
vent verser de l'air qui doit nécessairement s'en
aller par des contre-courants supérieurs. Ces courants supérieurs ramènent vers le nord et vers le
sud l'air qui en a été amené par les vents alizés.

§ 836. — Continuons ce mode de comparaison :
nous pouvons aussi regarder les régions de calmes
du Cancer et du Capricorne comme deux réservoirs
s'étendant tout autour de la terre, dans lesquels
deux courants viennent se déverser, l'un dans le
haut, et l'autre dans le bas (131).

§ 837. — Cette zone de calmes équatoriaux est
un lieu de constante précipitation. Le capitaine
Wilkes, dans son expédition scientifique, le traversa en 1838 et trouva qu'elle s'étendait de 4° nord
à 12° nord. Il resta dix jours à le traverser, et il
tomba 6, 15 pouces (15 cent. 6) d'eau; c'est plus de
huit pieds par an. En été, cette zone s'étend entre

8° et 14° de latitude nord, et au printemps elle est par 4° à 5° nord (voy. pl. VIII).

§ 838. — Cette zone, dans ses mouvements vers le nord et le sud, entraîne avec elle la saison des pluies qui arrive toujours dans la zone torride à des époques fixes. L'examen attentif de la carte VIII pourra donc faire déterminer les lieux qui ont une saison pluvieuse, ou deux, et les mois de pluie de chaque localité.

§ 839. — Si les vents du nord est, du sud-est et les zones de calmes sont de différentes teintes, un astronome placé sur une des autres planètes pourra dire, par le mouvement de ces zones, quelles sont nos saisons. Une saison lui paraîtra se diriger vers le nord, y rester quelque temps stationnaire, puis retourner vers le sud. Bien qu'il puisse observer que ces changements suivent le soleil (188) dans sa course annuelle, il pourra remarquer que le changement de latitude n'est pas aussi considérable que la variation en déclinaison de cet astre. Leur écartement de l'équateur n'ira jamais au-delà des tropiques du Cancer et du Capricorne, quoique dans certaines saisons les changements journaliers soient considérables. Il observera encore que ces zones de calmes et de vents ont des tropiques ou des stations où elles restent presque trois mois immobiles, tandis qu'elles passent de l'un à l'autre tropique en moins de trois mois. Tout le système commence à se diriger vers le nord à la fin de Mai, et suit ce mouvement jusque vers le mois d'Août ; là il s'arrête et reste presque stationnaire jusqu'en hiver, au mois de Décembre. Alors il commence à se mouvoir rapidement sur l'Océan, vers le sud, jusqu'à la fin de Février ou le commencement de Mars ; puis une seconde station dans l'hémisphère austral jusqu'au mois de Mai.

§ 840. — *Les horses latitudes.* Après ces observations sur les vents et les calmes de l'équateur, si l'astronome tourne ses regards vers les pôles de notre terre, il trouvera une zone de calmes (131) bordant le nord de la région des vents nord-est, et une autre (137) bordant le sud des vents sud-est. Ces zones de calmes se déplaçant comme les vents alizés (191), elles partagent leurs mouvements et suivent la déclinaison du soleil.

§ 841. — Sur le côté polaire de ces deux zones de calmes, il verra deux larges bandes s'étendant jusqu'aux régions polaires, où les vents régnant sont en directions opposées avec les alizés, c'est-à-dire sud-ouest dans l'hémisphère nord, et nord-ouest dans l'hémisphère sud. Les limites équatoriales de ces zones de calmes sont vers les tropiques, et elles ont 10° à 12° de largeur. D'un côté de cette bande (131) les vents soufflent toujours vers l'équateur, de l'autre, toujours vers les pôles. Les marins l'ont surnommé les *Horses latitudes* (131).

§ 842. — Le côté polaire de ces zones est un lieu de précipitation, quoique les pluies n'y soient pas si fréquentes que dans les calmes équatoriaux. La précipitation près des calmes tropicaux est néanmoins suffisante pour marquer les saisons ; car, chaque fois que ces zones quittent un parallèle donné en suivant le mouvement solaire, la saison pluvieuse est dite commencer. C'est ainsi qu'on explique la saison de pluie du Chili dans le sud, et de la Californie dans le nord.

§ 843. — *Les vents d'ouest.* Pour compléter l'examen physique de l'atmosphère céleste que nous faisons faire à un astronome d'une planète, en faisant concorder ses observations avec les faits développés dans les cartes des vents et des courants, il ne nous reste plus qu'à lui faire diriger son télescope vers les vents de passage du sud-ouest de l'hémisphère boréal, de les suivre dans leur entrée dans les régions arctiques, et de voir théoriquement comment ils y arrivent et ce qu'ils y deviennent.

§ 844. — Comme nous l'avons déjà remarqué, depuis le parallèle de 40° jusque vers le pôle nord, les vents régnants sont des vents de passage du sud-ouest (pl. VIII) ; les marins les appellent *générale-ment vents de la partie de l'ouest*. Dans l'Atlantique, ils prévalent deux fois contre une sur ceux de l'est.

§ 845. — Maintenant en supposant, ce qui est très-probable, que ces vents d'ouest amènent en deux jours vers les pôles un volume d'air plus con-sidérable que les vents d'est n'en peuvent entraîner en un jour, l'existence d'un courant supérieur ra-menant cette différence vers les tropiques est forcée. Il faut donc qu'il existe dans la région polaire un point où ces vents du sud-ouest cessent d'aller vers le nord, et où ils recommencent à tourner vers le sud ; et ce lieu doit être (154) remarquable par ses calmes. Ce doit être un autre nœud atmosphérique dans lequel le mouvement ascendant de l'air doit être accusé par un abaissement du baromètre. Il est marqué P. sur la planche I.

§ 846. — Pour apprécier la force et le volume de ces vents allant vers les pôles dans l'hémisphère sud, il faut avoir battu la mer dans ces vastes solitudes de 40° latitude sud, où *les vents hurlent et la mer*

mugit. Les vagues s'élèvent en laissant entre leurs
crêtes de profonds sillons. Elles roulent hautes et
rapides, élevant dans les airs leurs blancs panaches,
comme de vertes collines couronnées de neiges dans
des prairies mouvantes, elles se poursuivent sans
cesse dans une course majestueuse. Cette scène est
pleine de grandeur pour un navire en retour de
l'Australie; après avoir doublé le cap de Bonne-
Espérance, il est poursuivi pendant longtemps par
ces énormes vagues poussées par un vent forcé de
l'ouest. La femme d'un marin, dans cette traversée,
décrit ainsi le spectacle de la mer :

§ 847. — « Nous avons eu de fortes brises depuis
« le cap, et les vagues, plus blanches que le lait,
« passent successivement du gris clair à un vert écla-
« tant. Le sang-froid et l'activité nécessaires pour
« dominer ces éléments, est ce que j'admirai le plus
« dans les marins, et surtout dans celui qui les com-
« mandait. Certes, ce voyage à la mer a dépassé
« tout ce que j'avais pu m'imaginer. »

CHAPITRE XV.

DES CLIMATS DE L'OCÉAN.

§ 848. — Des cartes donnant la température de la surface de l'océan Atlantique déduite d'observations faites indistinctement à toutes les époques de l'année, ont déjà été publiées par l'Observatoire national. Les lignes isothermes qu'on a pu tracer sur la carte IV présentent pour le navigateur et le physicien d'intéressants détails sur la circulation des eaux de l'Océan et sur les courants froids et chauds de cette mer; elles jettent quelques lumières sur la climatologie de la mer, sur ses particularités hyetographiques et sur les conditions climatériques des diverses régions de la terre; elles montrent que le profil des côtes de l'Amérique adoucit le climat du sud de l'Europe; elles augmentent nos connaissances sur le Gulf-Stream; elles nous permettent de tracer plus exactement, pour le marin, cette *voie lactée* de l'Océan qui donne naissance à tant d'organismes qui vont ensuite se répandre dans les mers. C'est sur cette grande route des navires dans leurs voyages de l'ancien monde au nouveau que se trouvent les groupes de *nébuleuses* : ces lignes facilitent la détermination du point pour les navigateurs. Ces lignes isothermes montrent que cette *voie lactée* a un mouvement vibratoire dans l'Océan, qui rappelle la gracieuse agitation du pennon flottant au gré de la brise. Supposez la tête fixe dans le détroit de Bemini, la queue de ce courant a des fluctuations tout à fait semblables à celles d'un immense pennon. Il coule entre deux rives d'eaux froides, et il est pressé par elles tantôt au nord, tantôt au sud, suivant les changements de température.

§ 849. — Lorsqu'en septembre les eaux froides des régions du nord ont été tempérées, réchauffées et rendues légères pendant l'été, les limites du courant à gauche sont marquées sur la planche VI par les flèches; mais quand le soleil commence à redescendre, les eaux supérieures redeviennent froides et lourdes, et renvoient les eaux chaudes dans leur climat.

§ 850. — Ce courant a un mouvement de pendule poussé d'un côté par la chaleur et de l'autre par le froid. C'est le chronomètre de la mer donnant l'heure à ses habitants, et marquant les saisons pour les baleines. Il suit dans ses mouvements vers le nord et le sud le mouvement d'un pendule bien compensé.

§ 851. — En faisant des recherches sur les climats de l'Océan, on ne peut oublier une différence remarquable entre la climatologie terrestre et maritime. Sur la terre, les mois de février et d'août sont les plus froids et les plus chauds de l'année; mais sur mer les températures extrêmes tombent en mars et en septembre. Sur la terre ferme, après la fin de l'hiver, la partie solide du globe reçoit plus de chaleur le jour, que le rayonnement n'en renvoie dans les espaces la nuit; en conséquence, la chaleur s'accumule sur la terre jusqu'au mois d'août. L'été est alors dans sa plus grande force, et le rayonnement commence alors à être supérieur à la chaleur dispensée par le soleil ; la terre se refroidit jusqu'à la fin de l'hiver.

§ 852 — Sur mer, les règles semblent être différentes, les eaux paraissent avoir emmagasiné le surplus de la chaleur de l'été pour adoucir la sévérité de l'hiver ; ce qui fait que la chaleur des eaux s'accroît encore pendant un mois, pendant que les rivages se refroidissent déjà. C'est ainsi que la plus haute température des eaux arrive en septembre, et la plus basse en mars. La planche IV montre les limites extrêmes du froid et de la chaleur des *eaux*, pendant l'année, abstraction faite des glaces. Ces lignes isothermes de 40°, f. (4°, 4 c.), 50° (10° c.), 60° (15°, c.), 70° (21°, 1 c.), et 80° (26°, 6 c.), ont été tracées pour les mois de mars et de septembre. On peut tracer les lignes pour les autres mois entre ces deux limites, en les prenant par paire. Ainsi la ligne isotherme de 70° tombe presque au milieu de ces mêmes lignes de mars et de septembre.

§ 853. Une étude attentive sur cette carte de l'influence des mers sur l'adoucissement des climats suggère bien des pensées ; plus on étudie cette merveilleuse machine universelle, plus on est étonné de la facilité et de la régularité de ses rouages.

§ 854. — Cherchons, par exemple, comment la ligne isotherme de 80° passe de sa position en mars à celle qu'elle occupe en septembre. Est-elle apportée d'un parallèle à un autre par l'office des courants, ou bien doit-elle son élévation vers le nord à l'influence des rayons solaires, comme on voit sur une montagne se produire la fonte des neiges ? Nous pensons bien que ce sont ces deux causes combinées qui agissent, mais que cependant les courants sont les principaux agents qui distribuent la température sur la surface de l'Océan. Les rayons solaires porteraient les eaux de la zone torride à une température trop élevée, sans l'intervention des courants qui s'écoulent vers les pôles adoucissant et tempérant les climats sur leur route. Tout est prévu pour le but auquel on le destine. D'après les lois de la nature, quand l'eau s'échauffe, elle se dilate : en se dilatant elle devient plus légère, et sa pesanteur spécifique est seulement assez altérée pour détruire l'équilibre. Dans ces conditions arrive la nécessité du rétablissement de l'équilibre, ce qui nécessite le déplacement des eaux. Si ces lignes isothermes suivaient seulement les rayons solaires, elle devraient monter de parallèles en parallèles, et ne devraient pas les couper, comme nous voyons la ligne de 80° du mois de septembre. Ces lignes semblent montrer qu'il y a près de l'équateur, et presque au milieu de l'Atlantique une région de la mer qui n'atteint jamais 80° au mois de septembre. Cependant cette ligne isotherme a un changement en latitude de près de 2,000 milles en trois mois, ou 22 milles par jour. Il est évident que sans l'aide des courants les rayons solaires ne pourraient produire ce changement de température.

§ 855. — La température baissant par le froid graduel causé par l'évaporation, par le contact avec l'atmosphère et par le rayonnement, cette ligne met huit à neuf mois à revenir vers le parallèle sud, d'où elle est partie vers le nord. Comme le refroidissement est plus lent que l'échauffement, la rupture d'équilibre par le changement de densité n'est pas aussi rapide, et le courant qui doit le rétablir n'a pas autant de vitesse. De là vient la lenteur du retour de cette ligne de température vers le sud.

§ 856. — Entre les méridiens de 25° et de 30° ouest, la ligne isotherme de 60° en septembre s'élève jusque par 56° de latitude. En octobre, elle

vient par 50° nord; en novembre on la trouve entre
45° et 47°; en décembre, elle est presque descendue
au plus bas, où elle reste jusqu'en janvier sous le
parallèle de 40° nord. Elle met le reste de l'année
à retourner vers le parallèle qu'elle occupait en
septembre.

§ 857. — Il faut remarquer que la saison de septembre à décembre succède immédiatement à la
chaleur solaire qui agissait avec sa plus grande intensité sur les glaces polaires. Ces eaux, venant de
la fonte des glaces, mises en mouvement pendant les
mois de juin, juillet et août, prennent les mois d'automne pour gagner ces parallèles. Ces eaux, bien
que froides, s'échauffent en descendant vers le sud;
elles sont probablement plus douces que les eaux
de la mer, et par suite plus légères. De sorte que
l'ensemble de ces lignes isothermes se déplace sur
l'Océan en obéissant à l'action de ces courants de
surface qui, à cette époque, ont un mouvement rapide; tandis que le mouvement lent se fait lorsque
d'un côté il y a une absorption graduelle de chaleur,
et que de l'autre le froid suit la même gradation.

§ 858. — Nous avons précisément le même
phénomène dans les eaux de la Chesapeake, lorsqu'elles se répandent l'hiver dans la mer. Dans

cette saison, les cartes indiquent qu'il sort des eaux d'une très-basse température qui repoussent les limites ordinaires du Gulf-Stream ; la limite extérieure de ces eaux froides, bien que dentelée, a une forme circulaire dont le centre est à l'embouchure de la baie. Les eaux du golfe, quoique plus froides, sont douces, et par cela plus légères que les eaux chaudes de la mer. Nous avons ici, répété sur une petite échelle, ce déplacement des lignes isothermes de 60° du parallèle de 56° nord, à celui de 40° par l'écoulement des eaux froides du nord.

§ 859. — Le changement de couleur, de profondeur, la configuration du fond, etc. , peuvent aussi apporter quelques variations dans la température de certaines parties de l'Océan, en augmentant ou en diminuant leur capacité pour l'absorption de la chaleur solaire. Ce peut être une cause d'irrégularité dans certaines lignes isothermes.

§ 860. — Après avoir étudié avec soin cette carte et les cartes thermométriques de l'océan Atlantique, au moyen desquelles cette dernière a été faite, je suis porté à penser que la température moyenne de l'atmosphère entre les parallèles de 40° et 58° nord est d'au moins 60° Fahrenheit. (15° c.) et au-dessus de janvier à septembre. La chaleur que les eaux tirent du contact atmosphérique est une des causes qui élève la ligne isotherme de 60° du parallèle où elle se trouve en janvier, à celui où elle se trouve en août.

§ 804. — Il faut aussi considérer une autre cause qui agit sur ces courants et donne un mouvement rapide vers le sud à cette ligne isotherme de 60°. Nous savons que le point de rosée doit toujours être inférieur à la température moyenne d'un lieu ; par conséquent, on peut poser, en règle générale, que le point de rosée de la ligne isotherme de 60° est supérieur à celui de la ligne de 50°, et celui-ci au point de rosée de celle de 40°, et ainsi de suite. Supposons, par exemple, que le point de rosée soit de 5° inférieur à la température du milieu ; l'atmosphère qui traverse la ligne de 60° aura son point de rosée à 55°, devra graduellement condenser ses vapeurs lorsqu'il arrivera à la ligne de 50° dont le point de rosée est de 45°. Cette différence entre les deux températures des points de rosée, fera qu'entre les lignes de 50° et de 60°, la quantité de vapeurs précipitées devra surpasser la quantité évaporée sur la même surface. Les vents régnant au nord du quarantième degré de latitude nord viennent du sud et de l'ouest (Pl. VIII); en d'autres termes, d'une ligne de température plus élevée à une plus basse. Passant d'une température plus élevée à une inférieure, la quantité de vapeurs déposées par des vents venant des tropiques doit être supérieure à celle qu'ils peuvent enlever dans les régions polaires.

§ 862. — La surface comprise (Pl. VIII) entre les deux lignes isothermes de 40° et de 50° Fahrenheit est moindre que celle comprise entre les lignes de 50° et de 60°, inférieure encore à celle comprise entre cette dernière et celle de 70°; et cela par la même raison que la zone comprise entre les parallèles de 50° et de 60° de latitude, est plus petite que celle comprise entre 40° et 50°. Car, plus la température des lignes isothermes est basse plus il doit tomber de pluie par pouce carré sur l'Océan entre deux lignes ayant 10° de température de différence. Cette considération est importante; tâchons de l'établir clairement. La ligne isotherme de 60° (15° c.) de l'eau touche, dans sa limite nord, le parallèle de 60°. Entre ce cercle et l'équateur, nous avons trois lignes isothermes de 60°, 70° et 80°, ayant 10° de différence commune. Mais entre la ligne isotherme de 40° et les pôles, nous en avons cinq autres, 30°, 20°, 10°, 0°, ayant toutes la différence commune de 10°. Ainsi, au nord de cette ligne isotherme de 50°, les vapeurs qui doivent saturer l'atmosphère depuis la température 0° , et même de plus bas, jusqu'à 40°, doivent se déposer; tandis qu'au sud de la ligne de 30°, les vapeurs qui doivent saturer l'air depuis 50° jusqu'à 80°, peuvent seules se déposer. Tel serait le système général, s'il n'y avait des plaines chauffées, des chaînes de montagnes, des terres, etc., qui troublent les lois de la circulation atmosphérique, lorsqu'on veut les appliquer sur la terre comme sur l'Océan.

§ 863. — Puisque nous avons théoriquement plus de pluie à la mer dans les hautes latitudes, nous devons y avoir plus de nuages. Il faut donc un temps plus considérable aux rayons solaires qui ont peu de force, pour élever assez la température des eaux froides, qui du mois de septembre au mois de janvier, ont fait descendre la ligne isotherme de 60° de température du parallèle de 56° à celui de 40°, pour permettre à ce courant de surface de remonter vers les pôles. Le mouvement vers le sud de cette ligne isotherme est arrêté par le froid en décembre, parce que les glaces ont envahi les sources du courant, et par les longues nuits d'hiver de l'hémisphère boréal; il ne se remet en marche que lorsque le soleil repasse l'équateur, et que son intensité et son séjour au-dessus de l'horizon augmentent.

§ 864. — C'est ainsi qu'en étudiant la Géographie Physique de la mer, nous voyons se développer les effets des jours, des nuits, des nuages et des rayons solaires sur les climats et sur les courants. Les effets sont modifiés par l'action de certains agents qui résident sur la terre; quelque faible que soit cette action, une étude attentive de la carte révèle leur existence.

§ 865. — Revenons au sud. Nous pouvons affirmer que l'espace dans lequel oscille la ligne isotherme de 80° (26° c.) de température, doit avoir pendant les neuf mois du mouvement lent, une température atmosphérique inférieure à celle-ci. Ce mouvement oscillatoire semble indiquer qu'entre la ligne de 80° du mois d'août et celle de 80° du mois de janvier, il doit se trouver une ligne d'une température presque invariable qui s'étend sur l'Océan d'un côté à l'autre de l'Atlantique. Cette ligne peut prendre des positions périodiques, mais qui doivent être à de longs termes très-incertains.

§ 866. — Ce fait a été bien clairement établi par les Cartes des vents et des courants, qui ont fait con-naître que la moitié occidentale de l'Atlantique était plus chaude que l'autre, non pas seulement à cause du Gulf-Stream, comme on le supposait, mais à cause de la grande chaudière équatoriale qui est à l'ouest de 35 degrés de longitude et au nord du cap Saint-Roque, au Brésil. La limite inférieure de la ligne isotherme de 80° pour le mois de septembre, — en exceptant une remarquable inflexion équatoriale (Pl. IV) qui s'étend actuellement de 10° nord jusqu'à l'équateur, — qui se trouve à l'ouest du méridien du cap Saint Roque, est toujours plus élevée que celle qui est à l'est; la cause en est bien évidente.

§ 867. — Le cap Saint-Roque est par 5° 30' latitude sud. Examinons la configuration du continent américain depuis ce Cap jusqu'aux Petites-Antilles, ainsi que les conditions physiques de ces régions. La rivière des Amazones, courant toujours de l'ouest à l'est, conserve une haute température et déverse une immense quantité d'eaux chaudes dans cette partie de l'Océan. Comme ces eaux et la chaleur solaire élèvent la température de l'Océan le long de ces côtes équatoriales, l'élément liquide ne peut pas perdre de son calorique : il devient plus chaud et plus léger, excepté vers le nord. Les terres du sud empêchent les eaux chaudes de s'écouler dans cette direction, comme celles qui se trouvent à l'est du 35° de longitude ouest, car la mer n'a que 18° de longitude de large, où elle est aussi libre vers le nord que vers le sud.

§ 868. — Elles doivent donc couler vers le nord. Un examen approfondi de la carte, montre que les eaux chaudes que l'on trouve à l'est des limites ordinaires du Gulf-Stream, entre les parallèles de 30° et 40° nord, n'appartiennent pas à ce courant, mais viennent de cette grande chaudière que le cap Saint-Roque ferme au sud, et dont il force les eaux chaudes à se diriger vers le 40° degré nord, non pas à travers la mer des Antilles, mais en dehors, sur la surface de l'Océan.

§ 869. — Nous sommes encore ici tentés de nous arrêter à contempler les magnifiques révélations que nos recherches sur la mer présentent à nos yeux, relativement au système des adaptations terrestres. Nous obtiendrons facilement grâce devant celui qui prend plaisir « à voir, dans la nature, le Dieu de la nature. »

§ 870. — Qu'est-ce qui paraît le plus indépendant l'un de l'autre, dans leurs relations physiques, que les profils de l'Amérique du sud et le climat de l'Europe occidentale ? Cependant cette carte nous révèle que non-seulement ces deux faits sont intimement liés, mais encore elle nous montre par quels moyens ces relations ont été établies.

§ 871 — La barrière de la ligne des côtes de l'Amérique du sud empêche les eaux chaudes de la chaudière du cap Saint-Roque de s'écouler vers le sud; elle les dirige vers le nord, et au mois de septembre, lorsque l'hiver approche, la moitié occidentale de l'Atlantique se trouve chauffée et se couvre d'un manteau d'eaux chaudes jusque par 40° de latitude nord. La chaleur nécessaire à adoucir la température d'hiver de l'Europe occidentale vient de ce calorifère; et, pendant l'hiver, lorsque les rayons solaires ont peu de force, les vents d'ouest et les courants de l'est concourent à établir ce bel arrangement. Quelque instables et capricieux qu'ils paraissent, « ils obéissent à ses commandements avec exactitude. » Ces vents et ces courants qui ont, l'été, emmagasiné la chaleur pour adoucir le climat de l'Europe, doivent être regardés comme les distributeurs et les régulateurs; le tout se faisant en temps, en place et en quantité déterminés.

§ 872. — Au mois de mars, lorsque l'hiver a cessé, le fourneau qui a été alimenté par les rayons solaires pendant l'été, et qui pendant l'automne a

élevé la température de l'Océan de notre hémisphère, commence à se refroidir. La chaudière du
cap Saint-Roque cesse de fournir des eaux chaudes
pour l'hémisphère nord, et celles-ci s'étant répan
dues comme nous l'avons déjà expliqué, leurs
limites se rétrécissent. La surface des eaux chaudes
qui en septembre couvre plus de la moitié de l'Océan
occidental, depuis l'équateur jusqu'au parallèle de
40°, et qui élève cette température à 80°, n'arrive
plus au commencement du printemps qu'à 8° nord.

§ 873. — La ligne isotherme de 80°, après avoir
quitté la mer des Antilles, court, au mois de mars,
parallèlement à l'Amérique du sud jusqu'au cap
Saint-Roque, s'en écartant de 8 à 10 degrés. C'est
pourquoi la chaleur qui doit se produire en ce lieu
pour l'Europe vient à manquer. La terre ressent
plus vivement l'impression des rayons solaires.
A cette époque de l'année, les climats de ces latitudes transatlantiques sont modifiés par l'action
directe du soleil sur les terres. Celles-ci n'ont pas
la capacité calorifique de l'eau, et par suite restituent rapidement à l'air une partie de ce qu'elles
reçoivent. C'est ainsi que le climat, que le Créateur,
dans sa sagesse, a départi à chaque partie de la terre,
se trouve maintenu jusqu'à ce que la chaudière ma-

ritime du cap Saint-Roque et des tropiques se soit
chauffée pour fournir la chaleur nécessaire aux
besoins de l'Europe pendant l'absence du soleil dans
l'autre hémisphère.

§ 875. — Le golfe de Guinée a la même forme et
sert aussi de calorifère pour adoucir l'hiver du sud
de l'Amérique. Tous les voyageurs ont remarqué la
douceur du climat de la Patagonie et des îles Falklands.

§ 876. — « La température des hautes latitudes
sud, dit un judicieux observateur qui m'aide à recueillir des matériaux, diffère beaucoup de celle du
nord. Dans les latitudes sud il n'y a pas de froid ni
de chaud extrême comme dans le nord. Newport,
Rhode-Island, par exemple, sont par 41° latitude
nord et 71° longitude ouest, et Rio-Negro est par
41° latitude sud et 63° de longitude ouest. Dans
le premier de ces pays, les bestiaux doivent être
rentrés l'hiver dans des étables, et ils ne pourraient vivre dans les champs à cause de la neige et
de la glace ; dans le second, le bétail reste tout l'hiver aux champs, et la végétation est si plantureuse
qu'on n'y fait pas de foins. Dans les îles Falklands
(lat. 51° 2' sud), des milliers de bœufs, moutons et
chevaux restent en liberté pendant tout l'hiver. »

§ 877. — Les eaux contenues dans la chaudière de la Guinée ne peuvent, à cause de la configuration des côtes, s'échapper vers le Nord. Forcées de s'écouler vers le sud, elles vont donner à la Patagonie et aux îles Falklands, par 50° latitude sud, le climat d'hiver de Charleston, de la Caroline du sud, de ce côté nord de l'Atlantique ; et de l'autre, celui de l'*Émeraude des mers*.

§ 878. — Les Géographes, ainsi que les Physiciens, ont souvent remarqué le rapport qui existe entre la configuration des côtes équatoriales de l'Amérique et de l'Afrique.

§ 879. — Quoique différentes conjectures se soient présentées à notre esprit, nous ne pouvons cependant que constater la singularité de ces deux lignes de côtes qui se font face, dont l'une est en saillie du cap Saint-Roque, et l'autre rentre dans le golfe de Guinée. Toutefois, le but de cette configuration nous paraît évident.

§ 880. — Nous voyons qu'il se forme ainsi deux réservoirs d'eaux chaudes ; l'un distribue la chaleur à l'Europe occidentale, et l'autre, dans la saison opposée, remplit le même office pour la Patagonie orientale.

§ 881. — On ne peut s'empêcher d'admirer cette

idée simple et grandiose par laquelle le climat d'un hémisphère dépend de la courbure des côtes d'un autre hémisphère, courbure qui dirige les vagues de la mer. Celui qui étudie l'économie de la grande machine terrestre doit finir par être convaincu que le profil de la configuration des côtes, la proportion de l'eau et de la terre, la place des déserts et des marais, ont un but aussi certain que les montagnes et les vallées avec leurs gazons.

§ 882. — Mars est pour l'hémisphère sud le premier mois de l'automne, comme Septembre l'est pour nous. Nous devons donc trouver dans le sud la surface des eaux à 80°, et au dessus, plus large que celle du mois de septembre au nord de l'Atlantique. Cette surface de ce côté de l'équateur est presque doublée.

§ 883. — Nous avons à la mer la confirmation d'un fait que les vents avaient déjà fait connaître : c'est que l'été de l'hémisphère nord est plus chaud que celui de l'hémisphère sud, parce que de ce côté les rayons solaires tombent sur une surface d'eau double d'étendue. C'est du moins le cas pour l'Atlantique. Peut-être que la largeur de l'océan Pacifique, l'absence de grandes îles dans la zone tempérée nord et la présence au sud de la Nouvelle-Hollande et de la Polynésie, peuvent établir une différence. Les cartes thermométriques de cet océan n'étant pas encore faites, nous ne pouvons rien affirmer.

§ 884. — Revenons à la planche VI pour continuer nos études sur les climats de la mer. Nous voyons d'abord que ce sont les eaux qui viennent de l'océan Arctique par le détroit de Davis, qui, pressant sur les eaux chaudes du Gulf-Stream, courbent son chenal en fer à cheval. Les navigateurs ont souvent été étonnés des changements brusques que l'on voit dans ces eaux. On a quelquefois vu dans une seule journée des changements de 15°, 20° et même 30° Fahrenheit de température dans les eaux. Ces changements qui ont bien embarrassé les navigateurs s'expliquent maintenant facilement. Cette bande de mer est le grand réservoir des glaces dérivant du nord, couvrant une surface de 100 milles de large; ses eaux diffèrent de 20°, 25° et même 30° des eaux avoisinantes; sa forme et sa place sont variables. Quelquefois elle est comme une péninsule, quelquefois une langue d'eaux froides pénètre jusque dans l'intérieur des eaux du Gulf-Stream. Le méridien où elle arrive est tantôt à 49° est, tantôt à 50° ouest. La cause des brumes de Terre-Neuve réside dans ce fait. Un espace de plusieurs milliers de mille carrés couvert d'eaux froides se trouve entouré des trois côtés par une masse d'eaux chaudes. La proximité de ces deux surfaces d'inégale température ne doit-elle pas causer dans l'atmosphère des phénomènes semblables à ceux des brises de terre et de mer ? Ces courants chauds sont à la mer des agents météorologiques de la plus grande puissance. Nous avons pu tracer, au moyen du tonnerre et des éclairs, l'influence du Gulf-Stream sur le côté oriental de l'Atlantique, jusqu'au parallèle de 55° nord. Là, à la fin de l'hiver, les orages avec tonnerre sont fréquents.

§ 885. — Les lignes isothermes de 50°, 60°, 70° et 80° peuvent nous faire voir quelle est la succession des climats de l'Océan : comme le soleil dans l'écliptique, changeant de déclinaison, elles servent à indiquer les saisons aux monstres des profondeurs.

§ 886. — Il faut bien se figurer que les lignes de séparation tracées sur la planche IX, entre les eaux froides et les eaux chaudes, ou, à proprement parler, entre les chenaux du grand flux et reflux polaire et équatorial, ne sont pas aussi bien déterminées que sur cette carte. La carte ne représente que la position moyenne de ces courants ; car celle-ci change avec les vents et les saisons. Ces lignes ont été tracées approximativement, et il y a beaucoup de raisons de penser que ces limites doivent être très tourmentées et même souvent interrompues. Les lignes de séparation des eaux de différentes températures et de différentes densités sont excessivement dentelées. Sur une carte on n'a pour but que de montrer les directions générales que prennent les courants polaires et équatoriaux dans la circulation générale.

En continuant l'examen de la pl. IV, nous voyons que les lignes isothermes s'élèvent en passant du côté occidental de l'Atlantique, en allant vers le côté oriental, en prenant une direction nord-ouest, et qu'à l'approche des côtes elles redescendent vers des latitudes plus basses. Ce fait indique mieux que toute observation directe la présence d'un courant d'eaux froides le long des côtes de l'Afrique dans le nord de l'Atlantique. Ce sont les eaux qui, échauffées au cap Saint-Roque, dans la mer des Antilles et dans le golfe du Mexique (866), ont couru au nord, chargées de chaleur et d'électricité, pour adoucir les climats. Après avoir accompli leur office, elles se refroidissent. Puis, obéissant à la Voix qui commande aux vents et aux mers, elles retournent se réchauffer le long des côtes de l'Afrique pour entretenir la circulation universelle de l'Océan.

CHAPITRE XVI.

DÉRIVE DE LA MER.

§ 887. — Il existe dans l'Océan des mouvements d'eaux qui, bien que représentant un mouvement de translation, ne sont pas considérés par les marins comme un courant; car nos instruments de navigation et l'art nautique ne sont pas arrivés à un état de perfectionnement assez grand pour distinguer ce que nous appelons un courant, du cours d'eau appelé (*drift*) dérive.

§ 888. — Si nous supposons un objet placé à l'équateur, et de telle nature qu'il ne puisse obéir qu'à l'action de l'eau en restant indépendant de celle des vents, cet objet devra dans la suite des temps être entraîné vers les banquises des pôles et revenir vers les eaux chaudes des tropiques. On pourrait avoir ainsi *la dérive de la mer*, et la direction de cet objet marquerait la route suivie par les eaux dans leur double circulation de l'équateur aux pôles, et réciproquement.

§ 889. — Le but de la planche IX est de représenter, aussi exactement que l'état de mes recherches le permet, la circulation de l'eau sous l'influence de la *chaleur* et du *froid*. Elle indique les routes par lesquelles les eaux réchauffées de la zone torride s'échappent d'un côté vers les régions froides, et le grand chenal par où de l'autre côté, ces mêmes eaux, ayant abandonné la chaleur tropicale sous la zone glaciale, reviennent vers l'équateur. On sera certain que le cours de l'eau vient des pôles lorsque la température de l'eau de surface sera inférieure à la température normale pour cette latitude, et qu'au contraire il provient de l'équateur lorsqu'elle est plus élevée. Toutefois, dans un simple diagramme comme est cette carte, on a dû négliger les nombreuses irrégularités et les courants locaux qu'on trouve à la mer.

§ 890. — Le Gulf-Stream est le mieux défini de tous les courants de la mer : ses limites, surtout à gauche, sont toujours bien marquées, et on peut dire que, jusque par 35° de latitude nord, les limites à droite sont visibles à l'œil. Le Gulf-Stream change de chenal (54), mais néanmoins ses limites sont souvent très reconnaissables. Au moment où j'écris ces notes, je reçois le journal de bord du navire l'*Hercule* (William M. Chamberlain) dans un voyage de Callao à Hampton, mai 1854. Le 11 de ce mois étant par 33° 39' N, et 74° 56', O, (à 130 milles à l'est du cap Féar) il remarque.

§ 891. — « Jolie brise, beau temps, belle mer. « A 10 heures 50 minutes, entré dans les limites « sud (à droite) du courant et en 8 minutes la tem- « pérature de l'eau monte de 6 degrés. La limite « du courant était marquée, aussi loin que la vue « pouvait s'étendre, par la grande quantité de plan- « tes marines, je n'en ai jamais vu depuis vingt ans « un nombre aussi considérable. »

§ 892. — J'ai pensé inutile de tracer les courants tels que celui de Rennell dans l'Atlantique nord, puis les *connecting courants* du sud, contre-courants de Mentor, le courant de Rossel du Pacifique austral, etc., dont les directions sont changeantes et qui sont rencontrés par les uns et pas par les autres.

§ 893. — En compulsant les journaux de bord pour avoir les éléments de cette carte, j'ai suivi les observations thermométriques faites çà et là dans les mers, et je n'ai pris que ces résultats pour guides sans m'inquiéter des directions admises pour les courants. Si sous une latitude je trouvais une température anormale pour ce lieu, j'en concluais que cette eau refroidie ou réchauffée sous une autre latitude avait été amenée à cette place par la circulation générale de l'Océan. Lorsqu'elle était trop chaude (889), elle devait venir de l'équateur.

§ 894. — D'un autre côté, si elles étaient trop froides pour la latitude, on devait en conclure qu'elles avaient perdu leur chaleur dans des latitudes plus froides, et par suite que leur direction venait des pôles.

§ 895. — Les flèches indiquent les directions que semblent prendre les eaux. La vitesse, d'après les meilleures informations, est de quatre nœuds par jour; plutôt moins que plus.

§ 896. — Aussitôt que la masse d'eau de la région antarctique est refroidie, elle s'écoule vers le nord comme les flèches l'indiquent. Ces eaux se heurtent contre le cap Horn qui les divise en deux courants, l'un du côté de l'ouest prend le nom de courant de Humboldt (455), l'autre entre dans l'Atlantique austral, se dirige vers le golfe de Guinée, sur la côte d'Afrique. Ce courant polaire, s'approchant de l'équateur, s'échauffe de plus en plus, et finalement prend la température tropicale. Ces eaux ne s'arrêtent pas, comme on pourrait le croire; mais, prenant sous ce ciel une nouvelle cause de mouvement, elles retournent vers leur point de départ : la cause du mouvement consiste dans la différence de densité des eaux dans ces deux lieux. Si par exemple ces eaux avaient la température de 30°(—1° 1c.) dans les régions hyperboréennes, elles devaient avoir la densité de l'eau de mer correspondant à 30°. Mais lorsqu'elles arrivent dans le golfe de Guinée ou dans la baie de Panama, où elles atteignent 80° à 85° (26 à 29°), leur pesanteur spécifique doit varier en conséquence. Et comme deux liquides d'inégales densités ne peuvent pas se maintenir en équilibre au même niveau, les eaux chaudes doivent retourner pour rétablir l'équilibre détruit par le passage de la température de 30° à 80° ou 85°.

§ 897. — Nous pouvons voir, par cet exposé, que

les eaux qui sont marquées comme froides, ne le sont pas toujours. Elles deviennent graduellement chaudes; car, en passant des pôles à l'équateur, elles subissent l'influence des latitudes qu'elles parcourent, et s'échauffent.

§ 898. — La planche IX, quoique ne renfermant que des idées générales, est néanmoins très-instructive. Le flux d'eau froide qui entre dans l'Atlantique sud paraît diviser les eaux chaudes en deux, les rejetant d'un côté sur les côtes de l'Afrique australe, et de l'autre sur celle du Brésil. De même, dans le nord de l'océan Indien, les eaux froides repoussent les eaux chaudes vers les terres et s'ouvrent un passage au milieu d'elles.

§ 899. — Dans le nord de l'Atlantique et du Pacifique, le contraire se voit : les eaux chaudes paraissent diviser les eaux froides et les rejeter de chaque côté vers les côtes. L'action du courant froid de la mer Baffin sur le Gulf-Stream est remarquable.

§ 900. — Pourquoi ces courants polaires ou équatoriaux paraissent-ils tantôt diviser les autres, tantôt être divisés par eux? Le Gulf-Stream nous révèle un fait, qui est une réponse. Nous avons vu (28) que les eaux froides et les eaux chaudes ont peine à se mélanger. L'arrangement moléculaire des

eaux à différentes températures paraît être un obstacle à ce mélange. En second lieu, la différence de
salure des eaux à différentes températures est aussi
un empêchement à un mélange immédiat.

§ 901. — Lorsque nous voyons cet écart se faire
entre deux corps d'inégales températures, pourquoi
ne se ferait-il pas quand il s'agit de masses considérables? Le volume des eaux chaudes de l'océan
Atlantique nord est plus considérable que celui des
eaux froides qu'elles rencontrent. En conséquence,
les eaux chaudes rejettent de côté les eaux froides
et les forcent à les contourner. La même chose se
répète dans le Pacifique nord, et l'inverse dans
l'Atlantique austral. Ici le grand flot polaire, après
avoir été divisé par le continent américain, entre
dans l'Atlantique, et, remplissant tout l'immense
espace contenu entre l'Afrique et l'Amérique australe, semble rejeter ces eaux chaudes des tropiques de chaque côté et les force à dériver le long
des côtes.

§ 902. — Un autre fait caractéristique de la mer
mis en évidence par cette carte, est une sorte d'inflection de la ligne de température des eaux : cette
particularité est très sensible dans le nord du Pacifique et dans l'océan Indien. La remarquable inva-

sion que les eaux froides font dans les eaux chaudes au sud des îles Aléoutiennes est semblable à celle que les eaux du détroit de Davis font dans l'Atlantique dans le Gulf-Stream. Le capitaine N. B. Grant, du navire américain *Lady-Arbella*, allant de Hambourg à New-York, en mai 1854, passa depuis le lever du jour jusqu'à midi en vue de 24 glaces énormes, et d'un nombre considérable de petites qui couvraient tout l'Océan. « J'estimais à 6 pieds, dit-il, leur hauteur au-dessus de l'eau. Cinq ou six d'entre elles avaient le double de cette hauteur. Les formes fantastiques de ces glaces déchirées formaient un magnifique spectacle. »

§ 903. — Bien que dans l'océan Pacique, ces eaux froides s'étendent 5° plus bas vers le sud, elles ne peuvent cependant pas contenir des glaçons. La rupture des banquises qui les fournit dans l'Atlantique s'est faite dans l'océan Glacial et elles viennent par le détroit de Baffin. Dans le Pacifique il en est autrement ; les eaux du détroit de Behring sont trop peu profondes pour permettre aux glaces de passer, et le climat de l'Amérique russe ne favorise pas la formation de ces gros glaçons. Bien que nous ne trouvions pas dans le Pacique les conditions physiques nécessaires à la formation des glaces, nous y voyons cependant autant de brumes. La ligne de séparation des eaux froides et des eaux chaudes nous assure de leur existence.

§ 904. — Quelle belle, grande et bienfaisante idée nous voyons exprimée dans le rassemblement de toutes ces eaux chaudes qui se forment au milieu du Pacifique et de l'Océan Indien ! Ce sont les entrailles mêmes de la mer. Là, des îles de corail s'élèvent sans nombre, les perles se forment, des êtres organisés d'un nombre et d'une variété infinis viennent au monde à chaque moment. Dans un espace assez grand pour contenir les quatre continents, les eaux chaudes fourmillent d'animalcules (1). Leur nombre est quelquefois si grand, qu'ils donnent à la mer les couleurs rouge, brune, noire ou blanche, suivant leur propre couleur. Ces taches d'eaux colorées

(1) C'est le royaume des madrépores, le plus merveilleux assemblage d'animaux vertébrés ou non qui vivent dessus eux ou par eux : toutes les couleurs s'y mélangent ; c'est le lieu du plus grand développement de tous les genres de formations marines ; il y a très-peu de corrélations avec les autres parties de la mer. La mer Rouge et le golfe Persique sont ses appartements secrets. — Mémoire du professeur Forbes « Ditsribution de la vie marine, » planche XXXI de l'Atlas Physique de Johnston, 2e édit. Waud and Sons, Edinburgh and London, 1854.

s'étendent hors de vue, surtout dans l'océan Indien. La question de leur propre production a soulevé bien des discussions. Les conférences de Bruxelles les ont recommandées à l'attention soutenue des observateurs.

§ 905.—Le capitaine W.–E. Kingman du clipper le *Shooting-Star*, mentionne dans son journal une remarquable tache blanche par 8° 46' sud et 105° 30' est(de Green,). Il me la décrit dans une lettre :

« 27 Juillet 1854, à 7 h. 45 m. du soir, mon atten-
« tion fut appelée sur la couleur blanchâtre que
« prenait la mer. Sachant que cette partie de l'Océan
« était très-fréquentée, et qu'on n'en avait jamais
« observé dans ce voisinage, je fis mettre le navire
« en panne et jeter le plomb de sonde ; je ne trouvai
« pas le fond à 60 brasses. Je remis le navire en
« route, et je trouvai la température de l'eau 78° 5
« (26° c.), et la même à 8 heures du matin. Nous
« remplîmes un vase d'environ 60 gallons avec cette
« eau que nous trouvâmes pleine de petites particu-
« les lumineuses qui, mises en mouvement, présen-
« taient l'aspect le plus remarquable. Tout le vase
« était plein de ces animaux qui, dans l'obscurité et
« à une assez grande distance, paraissent comme des
« serpents lumineux et des feux d'artifices. Quel-

« ques-uns de ces serpents paraissaient avoir six
« pouces de long et étaient très-lumineux. Nous en
« prîmes dans la main et ils restèrent visibles jusqu'à
« ce que nous étant approchés de la lampe pour les
« examiner, nous ne vîmes plus rien. Mais avec
« l'aide de la loupe d'un sextant, nous ne trouvâmes
« qu'une gelée incolore ; à la fin nous obtînmes un
« échantillon de deux pouces de long et visible à
« l'œil nu ; il était effilé des deux bouts et de la gros-
« seur d'un cheveu.

« En approchant un de ces animalcules, long
« d'un quart de pouce, d'une lampe, la flamme fut
« attirée, et il brûla avec une lumière rouge ; la
« substance se crispa en brûlant, comme un cheveu,
« et parut rougir avant de se consumer. Dans un
« verre d'eau il y avait des animalcules ronds, d'un
« seizième de pouce de diamètre, qui s'étendaient
« et prenaient une dimension double pour se con-
« tracter de nouveau. Lorsqu'ils s'étendaient, le bord
« extérieur prenait l'apparence d'une scie circulaire
« dont les dents auraient été tournées vers le centre.
« Cette tache d'eau blanche avait 23 milles de lon-
« gueur nord et sud ; elle était interrompue vers son
« milieu par un espace noirâtre d'un demi-mille de
« large. Je n'ai pu estimer ses limites est et ouest.

« J'ai déjà vu tout ce qu'on appelle eaux blanches
« sur toutes les mers, mais jamais rien de compara-
« ble en longueur et en largeur. Quoique le navire
« filât neuf nœuds, il ne faisait aucun bruit, pas
« plus à l'avant qu'à l'arrière. Tout l'Océan parais-
« sait une plaine couverte de neige. Il n'y avait pas
« de nuages dans le ciel, seulement l'horizon était
« noir jusqu'à une hauteur de 10° comme annonçant
« un violent orage; les étoiles de première grandeur
« donnaient une faible lumière, et la lumière de la
« voie lactée était entièrement éclipsée par celle de
« l'eau au milieu de laquelle nous naviguions. La
« scène était pleine de grandeur. Cette mer phos-
« phorescente, ce ciel noir, les étoiles disparaissant,
« semblaient dire que la nature se préparait au
« grand embrasement qui doit, suivant la tradition,
« finir le monde matériel.

« Après avoir dépassé cette tache, nous remar-
« quâmes que le ciel, à quatre et cinq degrés au-
« dessus de l'horizon, était éclairé comme par une
« aurore boréale. Nous perdîmes entièrement de
« vue ce phénomène, et rien ne fut brûlé que l'huile
« de notre lampe en cherchant la nature de cette
« eau. Je vous envoie cette relation, parce que je
« pense qu'elle peut trouver sa place parmi tous les

« envois de vos mille collaborateurs. Je crois qu'il
« n'y a que le temps qui puisse donner plus de ren-
« seignements sur les insectes et les animalcules qui
« habitent ces profondeurs, et encore ! »

§ 906. — Cette coloration de la mer est certainement causée par des organismes marins ; mais
qu'ils soient animaux ou végétaux, ou de l'une et de
l'autre nature, je ne puis le dire avec assez de certitude. J'ai reçu des spécimens de ces eaux colorées ;
ils contenaient des animalcules bien définis. La
teinte qui a fait dénommer la mer Rouge n'a peut-
être pas dû sa cause à un autre effet que celui qu'on
voit dans les salines quand le sel va commencer à
se déposer (3) en se cristallisant. Quelques microscopistes affirment que cette teinte est due aux débris de coquilles et d'infusoires qui périssent par
l'augmentation de salure des eaux. La mer Rouge
peut être regardée comme une saline naturelle sur
une grande échelle; le travail s'y fait par l'évaporation solaire. Les pluies ne viennent pas interrom-
pre ce travail (404), puisque cette contrée est privée
de toute rivière, et l'évaporation y est constante nuit
et jour pendant toute l'année. Les rivages sont bor-
dés d'incrustations salines, et, par conséquent ce
doit être la même cause qui teint les eaux-mères des

salines, qui, ici, donne aussi sa teinte à cette mer. Des quantités de matières colorées sont réjetées sur les bords pendant certaines saisons de l'année. Le Dr Ehrenberg, les ayant examinées, a trouvé qu'elles étaient un genre d'algues excessivement fines. C'est cette matière qui a fait baptiser cette mer. Il en est de même de la mer Jaune. On dit qu'on trouve aussi sur les côtes de la Chine des matières jaunâtres: je ne sache pas qu'on les ait soumises à l'examen. J'ai souvent observé dans l'océan Pacifique ces colorations de la mer sous forme de taches rouges dans la mer, mais j'en ai observé aussi de blanches ou d'apparence laiteuse : la nuit, les marins en ont été bien effrayés les prenant pour des écueils.

§ 907. — Les eaux chaudes vont dispenser dans les banquises des régions antarctiques le trop plein de la chaleur des tropiques. Voyez cet immense flot équatorial qui coule à l'est de la Nouvelle-Hollande, il va fondre les glaces de ces mers inconnues, tempérer les climats, redevenir froid et rafraîchir, en revenant, hommes et bêtes, soit comme courant de Humboldt, soit comme courant chargé de glaces qui entre dans l'Atlantique par le cap Horn, et qui devient le courant chaud du golfe de Guinée. C'est en suivant le grand courant qui vient des régions du corail, que le capitaine Ross a pu pénétrer plus loin dans les régions australes que le capitaine Wilkes, et ce ne sera que par ces eaux qu'on y pourra pénétrer, si on le peut jamais. Le Pacifique du nord n'a que l'étroit passage compris entre l'Asie et l'Amérique pour permettre aux eaux chaudes d'entrer dans l'océan Glacial; le seul passage qui leur est ouvert est au sud. Les courants chauds doivent donc aller dispenser leur chaleur et devenir froids dans les régions antarctiques. Le froid y doit être moins insoutenable que dans l'océan Glacial boréal.

§ 908. — Le courant d'eaux chaudes qui s'échappe du milieu de l'océan Indien est très-remarquable. Les capitaines mentionnent sur leurs journaux des paquets d'algues qui ont été entraînés par ce courant, presque par 45° de latitude sud. Les eaux y sont généralement plus chaudes de 3° que par la même latitude et de l'autre côté de l'équateur.

§ 909. — Une des découvertes les plus inattendues a été celle de ce courant chaud qui coule sur la côte occidentale de l'Afrique sud; sa jonction se fait avec le courant Lagullas (ou des Aiguilles), appelé plus haut courant de Mozambique, et qu'une fois réunis ils coulent vers le sud. L'opinion jusqu'alors admise, était que ce courant Lagullas, qui prend son origine dans la mer Rouge (440), doublait le cap de Bonne-Espérance et se joignait au grand courant équatorial qui allait donner naissance au Gulf-Stream ; mais le lieutenant Marin Jansen a combattu cette idée. Après une recherche spéciale, j'ai pensé comme lui, et c'est d'après ce nouvel ordre d'idées, qu'est tracée la planche IX. Le capitaine N.- B. Grant, dans son journal d'un voyage de New-York en Australie, a trouvé ce courant remarquablement étendu. La température de ses eaux l'ont étonné, il ne pouvait croire trouver une telle quantité d'eaux chaudes dans cette latitude. Etant par 14° de longitude est (de Green) et 39° latitude sud, il porte sur son journal :

§ 910. — « Tous les navigateurs admettent qu'il y a un courant allant vers l'est à travers l'Atlantique austral et dans l'océan Indien. Les vents régnants de la partie de l'ouest semblent être une cause suffisante de l'existence de ce courant, et les vents du sud-ouest lui donnent naturellement une direction vers le sud. Mais pourquoi les eaux sont-elles ici (38° 40' sud) plus chaudes que par 35° et 37° sud ? ce problème ne me paraît pas susceptible d'une solution facile, surtout avec la direction nord que je crois trouver à ce courant. Je verrai avec beaucoup d'intérêt la description de ce courant dans cette partie de l'Océan. »

§ 911. — Par 30° sud et 6° est, il trouve la température de l'eau de 56° (13°, 3 cent.); sa route le porte un peu plus vers le sud, par 41° est et 42° latitude sud, le thermomètre de l'eau reste à 30° (10° cent.). Mais entre ces deux positions, il atteignait 60° (15°, 5 c.) et même 73° (22°, 8 c.) sous le parallèle de 39° sud. Ici il trouve un courant, une rivière dans l'Océan, large de 1600 milles allant de l'est à l'ouest et ayant 23° de température de plus que les eaux avoisinantes. C'est un second Gulf-Stream. Quel immense flot de calorique s'échappe ainsi de l'océan Indien pour aller se diriger vers les régions glacées du sud ! Ce courant n'est pas toujours aussi large et aussi chaud que le capitaine Grant l'a trouvé. La position moyenne de ses limites a été tracée sur la planche IX.

§ 912. — Nous pouvons voir dans l'immense volume d'eaux chaudes rencontrées par Grant, qui est un observateur consciencieux, un exemple de ces sortes d'efforts *spasmodiques* que la mer doit faire pour accomplir son ouvrage sans fin. L'équilibre de ces eaux, à l'époque du passage de Grant, en décembre 1852, qui est l'été du sud, a dû être troublé dans une étendue anormale. C'est ce qui a dû causer ce flot énorme d'eaux chaudes s'échappant de la grande chaudière intertropicale des deux océans, pour se diriger vers le sud.

§ 913. — Il existe de temps en temps des convulsions dans la mer, qui semblent avoir pour but d'assurer les époques de ses travaux : ces phénomènes sont fréquents et peuvent être considérés comme des spasmes. Il y a de ces efforts de la mer que je n'ai jamais été capable d'expliquer complètement. Près de l'équateur, et surtout de ce côté de l'Atlantique, presque tous les journaux de bord font mention de raz de marée, qui sont comme le mouvement des eaux lorsque deux marées ou deux puissants courants se rencontrent. Ces raz de marée se meuvent quelquefois le long du bord avec un grand bruit. Les marins inexpérimentés pensent être entraînés par eux hors de leur route ; mais, lorsqu'ils font leur point à midi, ils reconnaissent avec surprise qu'ils n'ont pas eu de courant.

§ 914. — Les raz de marée se montrent généralement dans le voisinage des calmes équatoriaux, dans la région de pluie perpétuelle. Je pense que ces courants, qui pourraient n'être que superficiels, sont causés par l'écoulement des eaux douces de pluie.

Cette conjecture, toutefois, ne rend pas compte de tous les aspects du phénomène. Quelquefois ces raz se forment par un temps calme, s'approchent du navire avec de grandes vagues bruyantes; ils semblent vouloir remplir de craintes le marin en s'élançant pour briser sa frêle embarcation et couvrir la mâture de leurs lames.

§ 915. — Le capitaine Higgins de la *Maria*, dans un voyage de New-York au Brésil, rend compte d'un phénomène de ce genre, qu'il vit le 10 octobre 1855, par 14° lat. N. et 34° long. O.

« A trois heures de l'après midi, nous vîmes un raz de marée; la température de l'air était au centre de 80° (26°, 6 c.), celle de l'eau 81° (27°, 2 c.). Entre le moment où nous le vîmes au vent à trois ou cinq milles, et celui où il nous passa sous le vent, il s'écoula environ cinq minutes. J'estimai sa vitesse à 60 milles à l'heure, qui est la vitesse des raz de marée des Indes. Bien que nous passâmes dans plusieurs pendant la nuit, nous ne trouvâmes pas que le navire fût tombé sous le vent. Peut-être passaient-ils trop vite pour avoir de l'influence sur le navire; cependant ils frappaient fortement le long du bord, et auraient pu réveiller une personne dormant en bas. »

§ 916. — Mais ces raz de marée, ces barres, ces houles (1), ces ruptures soudaines des banquises de

(1) Les barres des Indes de la baie de Fundy et de la rivière des Amazones sont les plus célèbres. Ce sont des vagues qui viennent en roulant de la mer, semblent vouloir écraser et engloutir tout ce qui se trouve entre elles et le rivage. Dans la baie de Fundy ces vagues atteignent plusieurs pieds de hauteur. On rapporte que souvent elles entraînent des daims, des cochons qui se trouvent sur le rivage, ceux-ci n'ayant pas assez de vitesse pour leur échapper. On dit que les cochons qu'on mène se repaître des moules sur le rivage *sentent* ces raz de marée, soit par l'odorat, soit par l'oreille, et qu'ils fuient avant leur arrivée.

Un raz de marée est la barre de la rivière de Tsien-Tang. Le docteur Macgowan le décrit dans un mémoire de la Société royale asiatique, le 12 janvier 1853. Il l'observa de la ville de Hang-Chou, en 1848. « Dans la partie supérieure de la baie et à l'embouchure de la rivière, on peut à peine observer le raz de marée ; mais, lorsqu'il gagne le rivage, il prend la rapidité d'un fort courant de flux ou de reflux, et le phénomène prend alors une apparence très-remarquable. Des navires, qui un moment auparavant étaient à flot, sont enlevés et portés à deux milles dans les terres, la vague se retirant aussi vite qu'elle est venue. Ce n'est que lorsque la marée commence à sortir de l'embouchure de la rivière que les vagues prennent une élévation qui constitue le raz de marée ; elles prennent leur plus grande amplitude en face de Hang-Chou. Généralement leur aspect ne présente rien de remarquable, excepté le *troisième* jour du second mois et le huitième mois, ou au commencement de flot des marées d'é-

glace, dont les immenses débris arrivent sous certaines latitudes, les caractères variables des cou-

quinoxe de printemps et d'automne, la plus grande intensité se faisant sentir à cette dernière saison. Cependant, quelquefois, pendant les vents d'est, le troisième jour après la
nouvelle lune ou la pleine lune, la course du raz de marée
devient plus majestueuse que dans ses visites périodiques.
J'ai eu l'occasion d'en observer un le 14 décembre, à deux
heures du soir.

« Entre les remparts de la ville et la rivière qui est éloignée d'un mille, sont des faubourgs qui s'étendent à plusieurs
milles sur les rivages. A l'approche du flot, la foule se ras-
semblait dans les rues qui sont à angle droit avec le Tsien-
Tang, mais à une certaine distance. J'étais placé sur la
terrasse du Tai-Wave, temple d'où je pouvais embrasser
toute la scène. Tout trafic fut suspendu, les marchands
cessèrent de crier leurs marchandises, les porteurs cessèrent
le déchargement des navires, qu'ils abandonnèrent au milieu
courant, et un moment suffit pour donner l'apparence de la
solitude à la cité la plus laborieuse, parmi les cités laborieuses de l'Asie. Le centre de la rivière fourmillait de bateaux
de toute espèce. Bientôt le flot annonça son arrivée par l'apparence d'un cordon blanc prenant d'une rive à l'autre. Son
bruit, que les Chinois comparent au tonnerre, fit taire celui
des bateliers. Il avançait avec une prodigieuse vélocité que
j'estimai à 35 milles à l'heure : il avait l'apparence d'un mur
d'albâtre, ou plutôt d'une cataracte de quatre à cinq milles
de long et de trente pieds d'élévation, se mouvant tout d'une
pièce. Bientôt il atteignit l'avant-garde de cette flotte qui
attendait son approche. Ne connaissant que la barre de Hooghly,

rants, tantôt rapides, tantôt lents, allant d'un sens ou d'un autre, tous ces phénomènes sont des signes

dont on a tant de peine à se préserver et qui ne manque pas de faire chavirer les navires qui sont mal tenus, je ne laissai pas d'avoir de fortes appréhensions pour la vie de ces équipages. Lorsque ce mur flottant arriva, tous étaient silencieux, attentifs à maintenir l'avant tourné vers cette vague qui semblait vouloir les engloutir. Tous furent portés sains et saufs sur le dos de cette vague. Le spectacle était du plus haut intérêt quand le flot avait passé seulement sous la moitié de la flottille. Les uns reposaient sur une eau parfaitement tranquille, tandis qu'à côté, au milieu d'un tumulte épouvantable, les autres sautaient dans cette cascade comme des saumons agiles. Cette grande et émouvante scène ne dura qu'un moment. Le flot courut encore en diminuant de force et de vitesse, et finit d'être perceptible à une distance que les Chinois disent être de 80 milles de la ville. Le changement de marée se fait sentir presque instantanément. Un petit courant de flot continua un instant après le passage de la vague pour faire place au jusant. Ayant perdu mes notes, je suis obligé d'écrire de souvenir. Mes impressions sont que la chute n'était que de 20 pieds, les Chinois prétendent que cela va à 40 pieds à Hang-Chau. Le maximum d'élévation du flot est probablement à l'entrée de la rivière ou dans la partie supérieure de la baie, où il est difficile de l'observer. Dans la baie de Fundy, où le flot coule avec une effrayante vélocité, il atteint quelquefois 60 pieds de hauteur. Mais ce magnifique phénomène ne paraît pas être déjà connu ; ce n'est pas au moment de la plus grande rapidité du flux ou du de ces grandes secousses intérieures qui se produisent dans le sein de l'Océan. Quelquefois la mer se retire des rivages, comme pour prendre un élan afin de briser les barrières qui lui sont opposées. A son retour, elle bouleversa Callao en 1746, et Lisbonne neuf ans plus tard. Les raz de marée au milieu de

reflux que ces vagues se produisent ; mais la rivière et une configuration particulière de l'estuaire semblent en être la cause.

Dryden définit cette houle, dans une note mise dans le *Threnodia Augustalis*, un flot rencontrant un autre flot ; il dit l'avoir observé dans la rivière Trent. D'après le dire des Chinois, le caractère des marées de Tsien-Tang, est une vague considérable entrant tout d'un coup dans la baie et suivie d'une autre plus forte encore. D'autres récits parlent de trois vagues se succédant ; c'est ce qui a donné le nom au temple déjà nommé des *Trois Vagues*. Mais ici comme à Hoogly je n'ai vu qu'une vague ; mais mon attention ne s'était pas portée particulièrement sur la forme du phénomène. Il serait peut-être plus juste de dire l'élévation soudaine d'un flot de marée.

Le trafic reprit peu de temps après le passage du flot, les navires furent rattachés à la rive, femmes et enfants s'occupèrent à recueillir les objets perdus dans la mêlée ; les rues étaient couvertes d'écumes et une quantité considérable d'eaux vaseuses remplit le grand canal.

(Voyez *Transactions of Chinese Branch of the Royal Asiatic society.*)

l'Océan, les vagues s'élançant contre les rivages, le flux et le jusant peuvent être regardés, jusqu'à un certain point, comme l'action des pulsations du cœur de la grande mer.

§ 917. — Les mouvements du Gulf-Stream (55), indiquant les saisons aux cétacés et servant d'horloge dans l'Océan, nous a suggéré l'idée d'une espèce de cœur dont les pulsations pourraient expliquer certains phénomènes. A une pulsation, un flot est poussé de l'équateur vers les pôles, et à l'autre, il est dirigé des pôles vers l'équateur. Cette sorte de pulsation s'entend aussi dans les mugissements des orages et les sifflements des vents. Les tremblements constants de l'aiguille aimantée nous accusent des orages magnétiques d'une grande violence, qui s'étendent quelquefois sur une grande partie de la terre. En consultant ces délicats anémomètres que la science moderne a mis à la disposition des physiciens, nous trouvons que le pouls de l'atmosphère n'est jamais tranquille. Quand le calme nous paraît parfait, la machine automate nous indique toujours les pulsations de l'air.

§ 918. — Maintenant, si nous appliquons au Gulf-Stream et aux courants d'eaux chaudes de l'océan Indien les idées de la circulation du sang par le cœur dans l'homme, nous pouvons voir que les pulsations du cœur de l'Océan servent aussi à lancer dans les canaux de la circulation générale les eaux destinées aux régions équatoriales et polaires. Les eaux du Gulf Stream, coulant comme en masse entre deux rives impénétrables (1) d'eaux froides auxquelles il ne se mélange pas, paraît un coin enfoncé entre deux murs qu'il doit écarter. Supposons maintenant l'équilibre rompu soit par la chaleur ou le froid dans les eaux qui bordent ce courant, soit parce qu'elles gèlent ou dégèlent quelque part, soit par l'action d'une de ces forces qui font naître ce que nous avons appelé les pulsations de la mer. Il nous est facile de concevoir que les rives de droite et de gauche sont repoussées chacune à leur tour, et que les courants doivent aller vers le sud ou vers le nord, comme (56) nous l'avons vu.

§ 919. — Le Gulf-Stream est un coin dont le tranchant est dans la Floride et la tête au milieu de l'Océan. Il sépare les eaux à droite et à gauche. Est-ce que les pressions latérales sur les faces ne peuvent être une cause de sa rapidité, qui serait en quelque sorte due au mouvement péristaltique de la mer ?

§ 920. — En poursuivant cette idée de pulsations dans la mer, qui doivent activer la circulation des eaux, mon attention s'est portée sur des deux *lobes* d'eaux polaires qui viennent s'étendre du sud dans l'océan Indien, et qui sont séparées par un faible cours d'eaux tropicales. On rencontre quelquefois des glaces jusque par le quarantième parallèle. Ce cours d'eaux tropicales au milieu de l'Océan n'est pas constant ; beaucoup de navigateurs, en passant à l'endroit où les cartes l'indiquent, n'ont trouvé aucune élévation thermométrique. De plus, des ruptures soudaines de glaces peuvent lancer une masse d'eaux polaires qui, après un conflit avec les eaux chaudes des tropiques, les séparent et les entourent au milieu de l'Océan ; de sorte qu'il se forme un écoulement des eaux des pôles vers l'équateur, et, les deux lobes se refermant, l'océan Indien est complètement couvert par les eaux polaires. Elles compriment les eaux chaudes ; de là l'origine de ce grand courant équatorial rencontré par le capitaine Grant.

Cette ouverture entre les deux lobes d'eaux froides paraît être à l'Océan pour ces eaux chaudes, ce que sont les ventricules du cœur humain pour la circulation du sang. La fermeture de ces lobes, à certains moments, empêche la résorption des eaux chaudes et les chasse dans les canaux qu'ils doivent suivre.

§ 921. — Entrant dans cette sorte de considérations, combien de beautés ne découvrons-nous pas dans la machine de l'Océan ! Ce grand cœur ne bat pas seulement suivant les saisons, mais palpite sous l'action des vents, des pluies, des nuages, du soleil, de la nuit et du jour (864). Peu de personnes ont essayé d'évaluer l'action perturbatrice d'un pouce d'eau tombant sur une large étendue d'eau de la mer ou d'un changement de température de deux ou trois degrés sur une surface de 1,000 milles carrés, et par suite, les palpitations qui se forment dans l'eau des pôles à l'équateur. Prenons un exemple : la surface de l'océan Atlantique est de 25 millions de milles carrés : supposons qu'il tombe un pouce d'eau sur le cinquième de cette surface ; cette pluie devra peser trois cent soixante billions de tonnes. Le sel que cette eau, passée à l'état de vapeur, a abandonné dans la mer pour rompre l'équilibre, pèse plus de 16 millions de tonnes, ou deux fois plus que tous les navires du monde n'en pourraient porter. Cette pluie peut tomber en une heure ou en un jour. Quelque soit le temps qu'elle mette à tomber, elle exerce une force qui doit tendre à rompre l'équilibre de l'Océan. Si toutes les eaux du Mississipi, coulant pendant un an, étaient jetées tout d'un coup dans l'Océan, elles n'apporteraient pas une perturbation plus grande que celle causée par la pluie; nous n'avons pris que le cinquième de l'Atlantique, qui n'est lui-même que le cinquième de la surface couverte par les eaux. Nous n'avons pris qu'un pouce d'eau, quoique la moyenne annuelle soit de 60 pouces (208); mais sur la mer nous ne prendrons que 30 pouces. On peut dire qu'en moyenne cette rupture d'équilibre de l'Océan arrive 750 fois par an, c'est-à-dire une fois toutes les douze heures. Ces pluies tombant tantôt d'un côté, tantôt de l'autre, les vapeurs qui les forment étant prises tantôt d'un côté, tantôt de l'autre, nous pouvons apprécier la force qui produit les pulsations de la mer.

§ 922. — Il y a souvent un changement de température de plus de quatre degrés dans la mer, du moment le plus chaud du jour au moment le plus froid de la nuit (1). Cherchons à apprécier le trouble que cette action diurne, indépendante de la pluie, peut déterminer dans le *cœur* de la mer. Pour

_____

(1) Voyez le mémoire de l'amiral Smyth sur la Méditerranée, p. 125.

approcher de la vérité, prenous encore le cinquième
de l'Océan. Le jour, le *temps est clair*, et le soleil,
dardant ses rayons sur la mer, élève sa température
de deux degrés. La nuit, les nuages s'interposent et
empêchent le rayonnement sur le cinquième de
l'Océan, tandis que les quatres cinquièmes que nous
avons supposés abrités de la chaleur solaire pendant
le jour se trouvent maintenant sous un ciel sans
nuages, et le rayonnement abaisse la température
de l'eau de deux degrés. De là provient une différence de quatre degrés que nous supposerons s'é-
tendre seulement à dix pieds de profondeur, le
changement de volume dû à cette altération dans
la température, peut s'évaluer à 390,000,000,000
de pieds cubes. (11,043,000,000ᵐc.).

§ 923. — Nous pouvons maintenant comprendre
l'usage de ces nuages de jour et de nuit ; ce sont les
engrenages de cette machine qui fait mouvoir la
mer; ils en écartent toutes les causes de troubles et
maintiennent l'harmonie du tout.

§ 924. — Il paraît que d'après une certaine loi
physique, les poissons des eaux froides sont meilleurs
à manger que ceux des eaux chaudes. L'étude de la
planche IX nous fait voir les pays qui ont les meilleurs poissons. Les deux côtés de l'Amérique du

nord, la côte orientale de la Chine, les côtes occidentales de l'Europe et de l'Amérique du sud sont baignées par des courants froids ; elles doivent donc fournir les meilleurs poissons. Les pêcheries de Terre-Neuve et de la Nouvelle-Angleterre, où toutes les nations se rendent depuis des siècles, sont situées au milieu des eaux froides du détroit de Davis. Les pêcheries du Japon et de l'est de la Chine, qui n'ont pas de rivales, sont situées dans les eaux froides. Ni les côtes des Indes ni celles de l'Afrique et du sud de l'Amérique à l'est, où coulent des courants chauds, n'ont de lieux de pêches célèbres.

§ 925. — Trois mille bâtiments américains sont employés à faire la pêche. En y ajoutant les Français, les Hollandais et les Anglais, nous aurons une masse de six à huit mille bâtiments de toute force et sous tout pavillon engagés dans ces entreprises. De toutes ces industries, celle des baleiniers est la plus importante. Aussi, en traitant de la Géographie Physique de la mer, on doit tracer une carte des parages des baleines.

§ 926. — Le cachalot est un poisson d'eaux chaudes, tandis que la baleine franche préfère les eaux froides. Une immense quantité de journaux de bord ont été discutés à l'Observatoire pour pouvoir en déduire les parages des baleines dans les différentes saisons. Des cartes ont été publiées, elles constituent une série des Cartes des vents et courants de Maury.

§ 927. — On constata que la zone torride était pour les baleines franches comme une mer de feu qu'elles ne pouvaient traverser ; que les baleines franches australes et boréales étaient différentes ; que le cachalot doublait le cap Horn et jamais celui de Bonne-Espérance.

§ 928. — Au moyen de ces explications et de la carte IX, on peut voir d'un seul coup d'œil les parages de ces différents cétacés.

CHAPITRE XVII.

ORAGES.

§ 929. — La planche V a été construite sur les
données extraites des cartes-pilotes, en employant
toutes celles que l'Observatoire national possède.
Dans ces cartes, tout l'Océan est partagé en carreaux
de cinq degrés, c'est-à-dire de cinq degrés de latitude de large et de cinq degrés de longitude. En
extrayant des journaux de bord la direction des
vents dans chacun de ces districts pour chaque mois,
on a pu vérifier que l'on pouvait déduire la direc-

tion générale des vents dans chacune de ces surfaces, de son observation en un point; c'est le seul résultat qu'on ait pu tirer de toutes ces recherches.

§ 930. — En imaginant chacun de ces carrés divisé en douze lignes verticales pour représenter les mois, et en seize lignes horizontales pour représenter les aires de vents N., N.- N.- E., E.- N.- E., etc., on aura la représentation des *cartes de recherches* qui ont servi à construire les cartes-pilotes. On ne s'est servi que des quatre points cardinaux, parce que lorsqu'on fait route, on n'indique les vents que comme entre le N. et l'E. ou entre O. et S., etc. Dans l'état de nos connaissances, un plus grand détail ne serait que du raffinement superflu; car les navigateurs ne doivent pas toujours faire attention aux variations des vents. En d'autres termes, ils ne doivent pas tenir compte de la différence qui existe entre le vent résultant du déplacement du navire sur l'eau et l'angle que sa route fait avec la véritable direction du vent. En tenant compte de cette explication, un navigateur intelligent n'aura pas de difficulté pour comprendre le changement des vents (pl. V). et pour se former une opinion exacte sur le degré de confiance qu'il peut accorder aux vents régnants indiqués dans la planche VIII pendant l'année.

§ 931. — Lorsque les personnes chargées de collationner les journaux de bord et d'entasser dans les colonnes observations sur observations avaient trouvé quatre fois les mêmes résultats pour un mois, ils marquaient (IIII). Lorsqu'ils en trouvaient une, *ils taillaient* en biais les quatre barres déjà mises. Chaque observation était mise ainsi à sa place sur l'Océan. La planche V représente une partie de ces *tailles*.

§ 932. — Au moyen de ces explications on peut comprendre que, dans la partie de la carte marquée A, on a examiné les journaux de navires donnant la direction des vents et les calmes toutes les huit heures. Il y a 2,144 observations. Parmi celles-ci, il y en a 285 pour le mois de septembre qui se répartissent ainsi : N., 3 fois ; N.-N.-E., 1 ; N.-E., 2 ; E.-N.-E., 1 ; E., 0 ; E.-S.-E. 1 ; S.-E., 4 ; S.-S.-E., 2 ; S., 25 ; S.-S.-O., 45 ; S.-O., 93 ; O.-S.-O., 24 ; O., 47 ; O.-N.-O., 17 ; N.-O., 15 : N.-N.-O., 1 ; calmes (petits zéros) ; 56, total, 285 observations pour cette partie.

§ 933. — Les chiffres mis dans les colonnes expriment le nombre d'observations faites dans cette partie de l'Océan pendant ce mois.

§ 934. — Dans la partie C, les vents prédominent

trois fois plus souvent du côté de l'ouest au mois de mai; tandis que en A, sous le même parallèle, le côté du vent du même mois se tient entre le S. et le S.-O. pendant le tiers du temps, et ne vient que dix fois de l'ouest sur 221 fois. En moyenne, il ne souffle de l'ouest que 1 1/3 jour du mois de mai.

§ 935. — En B, la grande action solaire sur les vents du mois de septembre montre que le passage de l'été à l'hiver doit être soudain et violent dans ces parages, tandis que de l'hiver à l'été le changement doit y être graduel.

Dans quelques districts de l'océan, plus de mille observations ont été discutées pour un seul mois, parce que, en mettant en présence l'un de l'autre les journaux sans nombre de l'Observatoire, on ne pouvait les faire accorder.

§ 936. — TYPHONS. Les mers de la Chine sont célèbres pour leurs furieux coups de vents, connus des marins sous les noms de typhons ou grains blancs. Ces mers sont désignées dans la planche VIII comme faisant partie de la région des moussons de l'océan Indien. Mais les moussons de la mer de Chine ne sont pas des moussons qui durent cinq mois (788); elle ne soufflent de l'ouest et du sud que pendant deux ou trois mois.

§ 937. — La planche V montre ces moussons très-clairement dans ces mers. Dans l'espace compris entre 15° et 20° nord et 110° et 115° est, trois systèmes de moussons paraissent établis : un de nord-est en octobre, novembre, décembre et janvier; un de l'est en mars et avril, changeant en mai; et un autre du sud en juin, juillet et août, changeant en septembre. La grande cause de trouble dans l'équilibre atmosphérique paraît située le long des plaines arides de l'Asie. Leur influence paraît s'étendre jusque sur la mer de Chine, et c'est au moment des changements de moussons que s'élèvent ces typhons ou grains blancs.

§ 938. — Les ouragans de l'île Maurice et les cyclones de l'océan Indien arrivent aussi au moment où l'atmosphère se trouve dans un état d'équilibre instable, à l'époque où les vents alizés et les moussons se disputent l'empire des mers (796) : c'est le moment du renversement des moussons et avant que leur cours soit bien établi. A cette époque de l'année les vents, ne trouvant aucune force qui puisse les contrebalancer, semblent vouloir dans leur furie bouleverser la mer jusque dans ses profondeurs.

§ 939. — Il en est de même pour les ouragans des Indes occidentales, dans l'Atlantique. Les mois

d'août et de septembre sont les époques les plus favorables aux conflits des vents. Il y a une remarquable différence entre ces vents et ceux des Indes
orientales. Les derniers ont des ouragans seulement
aux renversements des moussons, tandis que les premiers les ont à leur plus grande force. En août et en
septembre, la mousson sud-ouest de l'Afrique (810)
et la mousson sud-est des Indes occidentales (787)
sont dans leur plus grande intensité. Les forces qui
les causent appellent les vents alizés du nord-est de
l'Atlantique vers l'intérieur du nouveau Mexique et
du Texas, et de l'autre côté, dans l'intérieur de
l'Afrique. Ces deux forces agissant en sens contraire
tendent tellement à détruire l'équilibre atmosphérique, qu'il faut les plus grandes convulsions de la
nature pour le rétablir.

§ 940. — « La saison des ouragans du nord de
l'Atlantique, dit Jansen, arrive au temps des moussons de l'Afrique : à cette même époque les moussons prévalent dans l'océan Indien nord, dans la
mer de la Chine, sur les côtes occidentales de l'Amérique centrale : toutes les mers de l'hémisphère
nord sont dans la saison des ouragans; tandis qu'au
contraire l'océan Indien du sud a sa saison des ouragans dans l'autre saison, quand les moussons du

nord-ouest soufflent dans l'archipel Indien de l'est.

§ 941. — « Le Pacifique du sud et l'Atlantique du sud n'ont pas de moussons, et je n'y ai jamais vu de tempêtes tournantes. Ainsi, la coïncidence des ouragans avec les moussons et la relation entre les saisons de ces deux phénomènes est un fait certain. Ces causes et ces effets doivent avoir une corrélation. Quelque terribles que nous paraissent les ouragans et quelque désastreux que soient leurs effets, ils nous montrent cependant la bienfaisance de la nature qui tire parti de tout, pour tous. Il n'y a nul doute que ces tempêtes tournantes n'aient leur but, but qui ne peut être rempli que par un mouvement rotatoire. Elles doivent remettre dans les conditions normales le terrible pouvoir qui les a engendrées. »

§ 942. Nous ne pouvons connaître toutes les perturbations que les terres apportent dans l'atmosphère. La route des éclairs et du tonnerre nous est complétement inconnue. Les canaux de la circulation électrique sont dans la nuit la plus profonde.

§ 943. — Nous n'avons jamais su l'influence de la terre et des courants chauds sur ces phénomènes, et nous connaissons encore moins le but des tempêtes tournantes; cependant on ne peut mettre en doute leur utilité : la Sagesse toute-puissante dont nous trouvons l'empreinte dans tous les actes de la nature en est une preuve certaine. Les ouragans ont tous leurs pieds dans les eaux chaudes et on les trouve partout où il y a des courants chauds ; ils paraissent naître des déviations que les terres causent au cours naturel des eaux de la mer. Une corrélation doit exister entre les ouragans et les mers chaudes. Et enfin, comme les ouragans de l'atmosphère et les *rivières chaudes* de l'Océan sont appelés simultanément à rétablir l'équilibre dans la nature, ils doivent nécessairement suivre la même route. Sous les tropiques, les ouragans suivent les vents régnants à la surface : d'un côté ils viennent du sud-ouest, de l'autre du nord-ouest, juste comme le Gulf-Stream qui coule vers le nord et l'est, et les courants chauds de l'océan Indien qui vont vers le sud et l'est ; tandis que, dans les mers de la Chine, ils vont vers le nord et l'est. Nous pouvons voir encore ici les lois qui gouvernent la matière, établies dans toute leur simplicité par la Puissance Divine.

§ 944. — Lorsque les ouragans et les *rivières de la mer*, dans leurs courses vers les pôles, atteignent les parallèles où l'action de la rotation diurne se fait sentir sur l'air et sur l'eau, pour entraîner ces deux éléments vers le nord-est ou vers le sud-est, ils obéissent tous les deux à cette loi et vont côte à côte accomplir l'œuvre qui leur a été désignée. Maintenant, en admettant que tout ce qui s'éloigne de l'équateur doit être entraîné graduellement vers l'est, on doit remarquer que les tempêtes tournantes ont leur point de départ dans une direction perpendiculaire : ainsi, dans le nord de l'Atlantique, elles partent du O.–N.–O. , et dans le sud de l'océan Indien dans O.–S.–O.

§ 943. — On a quelquefois observé des ouragans sur les limites des moussons d'Afrique et sur celles des moussons de l'archipel Indien de l'est. On voit rarement dans ces parages des ouragans ou des trombes d'eau très-fortes. Cependant on a observé des ouragans dans l'atmosphère sud par 88° et 90° de longitude est (de Green.)En septembre on en trouve par 13° latitude nord et 29° longitude ouest, et par 16° 33' N. et 24° 20' O. Leurs limites arrivent vers 18° latitude nord et 25° longitude ouest, et vers 26° 30' N. et 26· 40' E. (1) Ils ne se trouvent pas à ma connaissance dans les moussons, mais bien sur leurs limites. C'est dans cette zone équatoriale qui oscille autour des moussons et qui devient de plus

(1) Redfield.

en plus étroite à fur et à mesure qu'elle s'écarte de l'équateur.

§ 946. — En nous rappelant ce que nous avons dit (820) sur le commencement du printemps de l'hémisphère austral, qui correspond à l'automne de l'hémisphère boréal, sur les combats qui s'élèvent entre les différents courants d'air, et sur les nombreuses trombes qui s'élèvent au milieu de toutes les petites îles de l'archipel Indien de l'est, nous serons moins surpris de voir le même effet se reproduire sur les limitesdes moussons d'Afrique, surtout au moment où la région des calmes équatoriaux s'élève vers les îles du cap Vert. Cette zone de calmes se rétrécit en s'écartant de l'équateur; les différents courants d'air qui soufflent dans des directions opposées sont près l'un de l'autre, de sorte que les vents de S.-O. et N.-O. se rapprochant en août et en septembre, ils se trouvent détournés de leur route par les hauteurs des îles du cap Vert. Ces différentes raisons font facilement comprendre que des vents venant du nord-est, et tournant au nord-ouest en passant par le nord, doivent, à la rencontre des vents du sud-ouest, faire une complète révolution et prendre la forme d'un tourbillon qui se déplacera à travers les vents du nord-est et du sud-est, surtout lorsque l'humidité et l'électricité sont différentes, ce qui arrive généralement. En remarquant que les vents alizés nord-est, lorsqu'ils s'élèvent vers le nord, ont à leur gauche les moussons du sud-ouest, on peut facilement concevoir que le sens du mouvement de rotation doit être de droite à gauche, c'est-à-dire en sens contraire des aiguilles d'une montre.

§ 947. — De la position des différents courants d'air qui soufflent sur les limites des moussons d'Afrique, nous avons pu en conclure que le mouvement rotatoire devait se faire de droite à gauche. Par la même raison, le mouvement dans l'hémisphère austral, dans l'océan Indien, doit s'exécuter de gauche à droite. Près du pôle nord nous trouvons des courants d'air allant dans un autre sens. Les vents du sud-est, ou les vents du sud-ouest qui reviennent au sud-est, sont à la gauche des moussons du nord-ouest. C'est pourquoi, lorsqu'un mouvement rotatoire se prononce sur la limite des moussons, il doit se produire de gauche à droite, ou dans le sens des aiguilles d'une montre.

§ 948. — Le manque de renseignements m'empêche de m'aventurer dans les *retraites d'où sortent les tempêtes tournantes*; car la circulation atmosphérique, comme les révolutions sociales, met au jour toutes ses forces dans les commotions ; car, ce n'est que dans les luttes que les forces se renouvellent et se rétablissent pour accomplir l'œuvre qui leur incombe : les météores destructeurs passent après avoir rempli leur œuvre terrible. La lutte, si je puis appeler ainsi deux travaux différents de la nature, est terrible dans sa violence : les moussons sont dans leur plus grande force : le trouble dans la circulation atmosphérique est à son comble : les vapeurs et les lourds nuages ne peuvent rester en harmonie, et le désordre, dont les éléments se sont concentrés en silence, se fait jour tout d'un coup avec violence : les éclairs et les tonnerres paraissent avoir brisé leurs retraites.

§ 949. — On a observé dans l'océan Indien (25° S.) un ouragan accompagné de grêles (1). Plusieurs hommes de l'équipage furent aveuglés, d'autres eurent la figure abîmée, et ceux qui étaient dans les gréements eurent leurs vêtements arrachés. Le capitaine comparait la mer à une plaine couverte de neige pendant l'hiver (2). On aurait dit que toutes

(1) The Rhijin, captain Brandligt.
(2) Natuurkündige Beschryving der Zeën, door M.-F. Maury, L. L. D. Luitenant der Nord Amerikaansche Marine, vertaald door M. H. Jansen, luitenant ter Zee. Dordrecht. P. K. Braat, 1855.

les réserves des grêles conservées pour les jours de combat avaient donné tout d'un coup.

§ 950. — Coups de vent des régions extra-tropicales. On reçoit, dans les régions extra-tropicales de chaque hémisphère, de furieux coups de vent. Un des plus remarquables, par la violence de ses effets, fut reçu par le steamer le *San-Francisco* (88), le 24 décembre 1853, à 300 milles de Sandy-Hook, lat. N. 39°, long. O. 70°. Le navire fut brisé en peu de temps et fut abandonné par les survivants après des souffrances indescriptibles. Quelques mois après ce désastre je reçus le journal d'un fin clipper, *Eagle Wing* (Ebenezer H. Linnell), allant de Boston à San-Francisco. Il reçut le même coup de vent et le décrit ainsi :

§ 951. — « 24 décembre 1853. Lat. 39° 13' N., long. 62° 32' O. de Green. Commencement de temps menaçant : diminué de toile ; à 4 heures du soir, mis les huniers au bas ris et cargué les basses voiles ; à 8 heures, rentré le petit hunier et le perroquet de fougue, fuyant sous le hunier au bas ris et la pouillousse, le navire étant incliné sous le vent, le platbord à l'eau d'un bout à l'autre. A 1 heure 30 minutes du matin, démâté du grand et du petit mât de perroquet : l'ouragan est à sa plus grande force ; à

8 heures du matin il devient plus modéré. La mer enlève le bâton de foc et le chouque de beaupré. Depuis trente ans que je navigue je n'ai jamais vu un ouragan ou un typhon aussi épouvantable. Deux hommes par-dessus le bord : sauvé un; clairevoie enfoncée, baromètre brisé, etc., etc. »

§ 952. — On trouve rarement dans l'Atlantique, au nord de la région des calmes du Cancer, des coups de vent durant les mois de juin, juillet, août et septembre. C'est le moment où ces terribles ouragans sont en plein travail dans les Iudes occidentales; pendant le reste de l'année, les vents de cette partie sont presque toujours du nord-ouest. L'hiver est la saison des tempêtes ; c'est le moment où le Gulf-Stream, ayant emporté la chaleur du midi (84), se trouve le plus près du froid extrême du nord. Il doit y avoir nécessairement conflit entre ces deux températures extrêmes ; de là, grande perturbation atmosphérique causée par les différences de température.

§ 953. — Par la même raison, les vents prédominants dans la région extra-tropicale du sud viennent du pôle et de l'ouest et sont vents de sud-ouest.

§ 954. — Les cartes des pluies et des tempêtes de l'Atlantique ont déjà été publiées par l'Observatoire, et celles pour les autres mers sont en cours d'exécution. Le but de ces cartes est de montrer la direction et la quantité relative des jours de vents, de calmes, de brumes, de pluies, de tonnerres et d'éclairs.

§ 955. — Ces cartes sont très-intéressantes ; elles nous montrent qu'en prenant pour type l'atmosphère qui couvre l'Atlantique, la partie qui se trouve dans l'hémisphère nord est dans des conditions bien moins constantes que de l'autre côté de l'équateur.

§ 956. — Ainsi on peut établir comme règle qu'il y a plus de pluies, plus de coups de vents, de calmes, de brumes, de tonnerres et d'éclairs dans le nord de l'Atlantique que dans le sud. La planche XIII donne le résultat de cette comparaison, à égale distance de l'équateur, en procédant par 5° de latitude. On a comparé, mois par mois, tous ces phénomènes météorologiques en prenant les mêmes latitudes nord et sud, et on a été ainsi de 5° en 5 jusque par 60° de latitude nord et sud.

§ 957. — En quelques endroits, et dans certains mois, près du cap de Bonne-Espérance, on trouve plus de coups de vents qu'au nord de l'Atlantique ; ce ne sont que des exceptions qui n'infirment en rien la règle. Le cap Horn dans le sud, et le Gulf-Stream dans le nord, sont le siége de ces forces en travail. Cette carte nous fait voir que les calmes et les pluies s'accompagnent sous les tropiques, et que plus haut au contraire ce sont les vents et les pluies qui s'accompagnent ou se suivent. En parlant de ces agents de troubles qui partent du cap Horn et du Gulf-Stream, je ne peux mieux faire que de citer Jansen :

§ 958. — « En contemplant la nature dans son universalité, où tout paraît se prêter secours, air et eau, il est impossible de ne pas admettre une action *une*, et nous devons penser que lorsque, par des causes locales et externes, les liens qui unissent ces deux éléments sont brisés, c'est là le moment où le Très-Haut montre sa toute-puissance dans les efforts que fait la nature pour combattre ces forces perturbatrices que nous connaissons si peu, et pour remettre tout en ordre. Des forces qui sont en travail loin des regards des hommes apparaissent pour rétablir l'équilibre rompu; elles font trembler la terre jusqu'à son centre, et l'homme reste inquiet et effrayé. La vigilance de la Science Universelle, les soins de la Providence et l'amour du Très-Haut se montrent alors. Cette terre délicieuse, qui nous est donnée comme demeure, est la cause de tous ces troubles dans l'air et dans l'Océan; elle cause les ouragans et les *rivières de la mer* qui, à leur tour, travaillent au bien universel. Là où nous ne la trouvons pas, nous pouvons être sûr que l'air et l'eau agissent de concert et sans troubles. Et n'est-ce pas le cas, dans les vents alizés sud-est, de l'océan Atlantique austral?

CHAPITRE XVIII.

ROUTES.

Comment les traversées ont été abrégées, § 919. — Comment des navires se suivent dans les tra versées, § 961. — *Archer* et *Flying-Cloud*, § 962. — Une course à grande vitesse sur l'Océan, § 964. — Description d'une joute entre navires, § 966. — Etat des connaissances sur les vents rendant le marin capable de calculer les détours de sa route, § 991.

§ 959. — Les principales routes des navires ont été tracées sur la carte VIII. Le premier but de tout ce travail et de toutes ces recherches a été de raccourcir les traversées. C'est le vrai but de la navigation : d'autres intérêts, d'autres soins peuvent occuper ailleurs: mais pour un peuple pratique qui, par ses habitudes et son mode d'action, marque dans notre époque utilitaire, ce travail, qui, rapprochant les distances enlève des jours de mer au commerce, ne peut rester à moitié terminé.

§ 960. — Nous avons expliqué dans les pages précédentes les directions des vents et des courants dans tous les océans. Ceci doit guider le marin en cours de voyage, et, guider son navire en tenant compte de ces connaissances, est le perfectionnement de la navigation : les navires dessinés sur la carte indiquent quand les vents sont favorables ou non.

§ 961. — Lorsque du rivage on voit disparaître à l'horizon un navire partant pour les Indes ou pour les Antipodes, on pense qu'il s'élance dans un désert où il ne laisse pas de trace : il paraît y avoir peu de chances pour qu'un navire, à même destination, partant le lendemain ou la semaine suivante, puisse le rencontrer sur cet Océan sans traces. Cependant, les vents et les courants deviennent si bien connus que le marin, comme le chasseur au fond des forêts, peut tracer sa route au milieu de l'Océan; non pas comme celui-ci sur l'écorce des arbres, mais sur la direction des vents. Les résultats des recherches scientifiques l'ont mis à même de se servir de ces coursiers invisibles qui, avec les zones de calmes, lui indiquent les tours et les détours de sa route.

§ 962. — Prenons un navire partant de New-York pour la Californie, et faisons le suivre la semaine suivante par un autre meilleur marcheur : il le rattrapera et sera sûr de le voir en route. J'ai un exemple de ce fait dans ce qui est arrivé à l'*Archer* et au *Flying Cloud*, dans un récent voyage en Californie. Ce sont deux clippers bien commandés. Neuf jours après le départ de l'*Archer*, le *Flying Cloud* prit la mer en destination de la Californie. Ce dernier eut des vents contraires de même que l'*Archer*, mais ils n'eurent aucun rapport l'un avec l'autre. L'*Archer*, les cartes des vents et courants en main, traça sa route à travers les calmes du Cancer et suivit la nouvelle route jusqu'aux vents alizés du nord-est. Le *Cloud* le suivit et traversa l'équateur en suivant les traces de Thomas, capitaine de l'*Archer* : au cap Horn il le rejoignit, lui donna des nouvelles de New-York et l'invita à dîner à son bord, ce que le capitaine de l'*Archer* dut refuser à son grand regret.

§ 963. — Le *Flying Cloud* le rangea à l'honneur, lui fit ses adieux et disparut parmi les nuages qui s'élevaient à l'horizon, et arriva à destination plus de huit jours avant son compagnon du cap Horn. Quoique n'ayant pas vu de terres jusqu'à San-Francisco, ce qui fait 8,000 milles, leur route tracée sur la planche IX n'en faisait qu'une seule.

§ 964. — C'est une des plus longues traversées

sur l'Océan; elle est de 15,000 milles de long. C'est sur cette piste que les exemples les plus brillants de rapidité et de bravoure ont été donnés par les navires qni fendent les mers. Les clippers modernes, la plus noble conquête qu'ait faite l'homme guidé par les lumières de la science, ont lutté avec les éléments et étonné le monde par leur rapidité.

§ 965. — Les plus célèbres navires que nous ayons jamais eus se préparaient à faire ce voyage. C'était en automne 1852, quand les navires commençaient à profiter des recherches sur les vents et les courants et de tous les autres faits qui concernent la Géographie physique de la mer ; quatre clippers neufs partaient de New-York pour la Californie. Bien commandés, ils passèrent la barre de Sandy-Hook l'un après l'autre, présentant le plus magnifique des coups d'œil. Leurs noms étaient le *Wild Pigeon* (pigeon blanc), capitaine Putnam; le *John Gilpin*, capitaine Doane, maintenant mort; le *Flying Fish* (poisson volant), capitaine Nickels, et le *Trade Wind* (vent alizé), capitaine Webber. Tous hommes capables, ils connaissaient les coursiers qu'ils allaient lancer sur la plaine liquide; pleins de feu et d'ardeur, ils allaient entreprendre un voyage qui demande trois longs mois.

§ 966. — Le *Wild Pigeon* partit le 12 octobre, le *John Gilpin* le 29, le *Flying Fish* le 1ᵉʳ novembre, et le *Trade Wind* le 14. C'était la meilleure saison pour ces traversées. Chaque navire était pourvu des Cartes des vents et courants. Chacun d'eux les avait étudiées avec attention, et était résolu de les suivre exactement. Tous furent contrariés; cependant le *John Gilpin* et le *Flying Fish*, pendant toute leur route, et le *Blanc Pigeon*, pendant une partie de la sienne, filèrent nœuds pour nœuds. C'était une course autour du cap Horn à travers l'un et l'autre hémisphère.

§ 967. — Le *Wild Pigeon* précédait les deux premiers de 16 et de 20 jours; mais les mauvaises chances des vents ne répondirent pas à son courage. Peu de temps après son départ, il tomba dans des brises folles, puis reçut un coup de vent qui le retarda d'une semaine, pendant laquelle il fit peu de route; il eut encore un retard en traversant les *horses latitudes*. Après y être resté 19 jours, il n'eut pas moins de 13 jours de calmes et de brises folles qui le conduisirent jusque par 26° de latitude nord. De là il eut beau temps jusqu'à l'équateur, qu'il traversa entre 33° et 34° de longitude ouest, 32 jours après son départ. Il avait été forcé de le couper si loin à l'ouest, car deux jours avant il passait le 5° de latitude nord par 30° ouest, une excellente position.

§ 968. — Le témoignage de la barque le *Hazard*, capitaine Pollard, nous montre que le *Pigeon* avait fait tout ce que les mauvaises chances de la mer lui avaient permis d'accomplir. Ce navire allant à Rio, partit en même temps et suivit de près le *Pigeon*. Le *Hazard* se servait de longue date de mes cartes; il les avait suivies pendant six voyages de Rio Ce voyage fut le plus long des six. La moyenne de tous fut de 36 jours et demi. Il fut forcé de couper la ligne par 34° 30', ayant été par 5° nord et 31° ouest. Mais quatre jours après avoir traversé l'équateur, il avait dépassé le cap Saint-Roque, tandis que le *Pigeon* l'avait dépassé en trois jours.

§ 969. — Les chances tournèrent encore contre le *Pigeon*, en dépit de la science montrée par Putnam; car le *Gilpin* et le *Fish* le gagnèrent, n'ayant pas meilleur temps, mais étant plus heureux dans leurs bordées. Le *Gilpin* gagna ainsi 7 jours et le *Fish* 10 jours. Le journal du *Pigeon* le montre alors n'ayant plus que 10 jours d'avance.

§ 970. — Le *Flying-Fish* avait plus de confiance en son navire que ses rivaux; il connaissait ses qualités et en était fier; seulement il désirait trop une rapide traversée et avait trop peu de patience pour un essai. En sortant de Sandy-Hook, il courut vers le sud, consultant de temps en temps ses cartes; mais se confiant dans sa marche supérieure et dans le jugement de son capitaine, il s'éloigna en moyenne de 200 milles sous le vent de la vraie route. Profitant de sa finesse, il mettait toutes ses voiles au vent; ayant autant de confiance en la quille du navire que dans les cartes, il parvint à accomplir le fait rare de couper le 5° parallèle nord 16 jours après son départ de New-York.

§ 971. — Le lendemain il était au sud du 4° parallèle nord, au milieu des temps à grains de l'équateur, par 34° longitude ouest.

Ici la fortune commença à l'abandonner, et le capitaine commença à craindre en voyant le vent lui manquer. Il était variable et par brise folle. Le courant mensonger de Saint-Roque, venant du N.-O., commença à frapper son imagination et à l'alarmer. Il commença à craindre de tomber trop sous le vent. Les hasards semblaient conspirer contre lui, et la crainte de compromettre son beau navire lui ôta la confiance dans son guide. Il douta des cartes, et commit *la faute* qui entache sa traversée.

§ 972. — Les *Sailing-Directions* prémunissent les marins contre l'idée de couper les grains de l'équateur trop à l'est; car, en agissant ainsi, ils s'engagent sans avantage dans des séries de brises folles auxquelles se joignent parfois des courants ouest. Le vif capitaine du *Flying Fish* pensa que les *Sailing-Directions* n'avaient pas prévu le cas où le vent manquait. Cependant elles préviennent le navigateur dans tous les cas, pour passer dans les temps de calmes, pour profiter des sautes de vents, et elles le gouvernent toujours assez à l'est pour pouvoir se garer de la terre. Le capitaine Nickel, oubliant que ces recommandations étaient fondées sur les résultats d'un grand nombre de traversées faites avant lui, voulut prendre ses précautions et perdit plus de 3 jours d'un temps précieux au milieu des grains.

Il gagna seulement le quatrième jour le parallèle de 3° nord, et son navire, après cette perte de temps, se trouva presque sous le même méridien qu'à son entrée dans ces basses latitudes.

§ 973. — Il était par 34° ouest, le courant le ramenant juste de toute la route qu'il avait faite à l'est. Après cette perte de temps, le capitaine, voyant son erreur, douta de son propre jugement. Laissant der-

rière lui ces calmes où il avait subi de telles épreu-
ves, il écrivit ce qui suit sur son journal : « Je re-
grette maintenant qu'après avoir fait une si belle
route jusque par 5° nord, de n'avoir pas continué ma
route au vent et au sud de Saint-Roque ; car j'ai
éprouvé que, jusqu'après le passage de l'équateur,
on lutte en vain contre un courant portant à l'ouest,
de sorte que j'ai perdu 3 à 4 jours dans mon bord
vers l'est entre 5° et 3° de latitude nord. »   Il aurait
pu ajouter : avec peu ou point de vent.

§ 974. — Trois jours après il avait dépassé le cap
Saint-Roque. Cinq jours avant lui, le *Hazard* avait
passé au même endroit et avait gagné deux jours sur
le *Fish* en coupant droit les parallèles, comme les
Sailing-Directions indiquent.

§ 975. — Le *Wild Pigeon*, coupant l'équateur
par 33°, avait passé là deux jours avant, et le *Trade
Wind* en fit autant vingt jours après. Ce dernier
coupa la ligne à l'ouest de 34°, et quatre jours après
il était débarrassé du cap Saint-Roque.

§ 976. — Néanmoins, malgré cette perte de trois
jours, le *Fish* se rattrapa si vite, que le 24 novembre
il était sur la même ligne que son compétiteur le
Gilpin ; ils étaient tous les deux sur le parallèle de
5° sud, le *Gilpin* étant 37 milles plus à l'est et dans

une meilleure position, parce que le *Fish* était obligé de tenir le plus près pour pouvoir se garer de la terre. Ils ne se virent pas.

§ 977. — Les cartes indiquaient que le *Gilpin* était dans la meilleure position, et l'évènement leur donna raison ; car, jusque par 53° latitude sud, le *Gilpin* gagna deux jours sur le *Pigeon* qui, lui, gagna un jour sur le *Fish*.

§ 978. — Mais, en passant par le détroit de Lemaire, le *Fish* regagna trois jours sur le *Gilpin*. Ici la fortune abandonna encore le *Pigeon*, ou plutôt les vents lui devinrent contraires ; car, en suivant le parallèle du cap Horn pour le doubler, il attrapa un coup de vent d'ouest qui le retint dix jours, l'empêchant de faire route, tandis que ses rivaux l'avaient passé avec beau temps, les écoutes largues.

§ 979. — Enfin les vents leur devinrent favorables, et, faisant belle route, ils passèrent rapidement le cap ; et, au moment où ils coupèrent le 51° de latitude sud de l'autre côté du cap Horn, le *Fish* et le *Pigeon* avaient une avance d'un jour sur le *Gilpin*. Suivant les cartes, les navires rangés suivant la bonté de leurs positions étaient le *Pigeon*, le *Gilpin* et le *Fish* ; mais tous bien placés.

§ 980. — De ce parallèle jusqu'aux vents alizés

sud-est, les vents régnants du Pacifique sont nord-ouest. La position du *Fish* était moins bonne, parce qu'en cas de coup de vent du N.-O. de longue durée, il n'avait pas le large pour courir.

§ 981. — Mais les vents lui furent favorables, et le 30 décembre ces trois navires coupèrent le 35° de latitude sud. Le *Fish* reconnut le *Pigeon* ; celui-ci nota seulement un clipper en vue, ne pensant pas que ce pouvait être celui qu'il avait laissé encore pour trois semaines à New-York. Le *Gilpin* était seulement à 30 ou 40 milles.

§ 982. — La course devenait ici pleine d'intérêt. Beau vent, belle mer, et 2,500 milles de mer libre entre eux et l'équateur.

§ 983. — Le *Flying-Fish* ouvrit la voie, le *Wild-Pigeon* le suivit, laissant rapidement derrière eux le *Gilpin* qui s'élevait trop à l'ouest. Les deux premiers coupèrent l'équateur le 13 janvier ; le *Fish* perdant juste 35 milles de latitude et coupant la ligne par 112° 17' O. (de Green), le *Pigeon* 40 milles plus à l'est. A cette époqu le *Gilpin*, était de 260 milles en arrière, et avait dérivé de plusieurs degrés trop à l'ouest.

§ 984. — Ici, Putnam, le capitaine du *Pigeon*, déploya son intelligence de navigateur, et les vents lui firent encore faute. Il avait à passer la zone des vents nord-est ; c'était l'hiver. En les traversant il pouvait avoir beau vent sans être obligé de se porter trop à l'ouest du port d'arrivée. Il y avait un an qu'il avait fait la même traversée ; il les avait coupés par 109° et avait eu 7 jours de traversée jusqu'à San-Francisco.

§ 985. — Pourquoi n'en aurait-il pas fait encore autant ? Il vit que la 4ᵉ édition des *Sailing Directions* qu'il avait à bord ne le désapprouvait pas, et sa propre expérience l'y engageait. Aurait-on pu imaginer que 40 milles de différence, en coupant l'équateur et deux heures de retard sur son rival permettraient au *Fish* d'arriver une semaine plus tôt ? Ce n'est qu'un hasard de mauvaises chances qui seul a pu produire un pareil résultat.

§ 986. — Pendant ce temps, *John Gilpin* reprenait son ardeur ; il coupait la ligne par 116°, juste deux jours après les deux autres navires, et quinze jours après prenait glorieusement son pilote en rade de San-Francisco.

C'est ainsi que finissent les journaux de cette course remarquable.

§ 987. — Le *Flying Fish*, premier, faisant une traversée de 92 jours et 4 heures du point de départ à son ancrage ; le *Gilpin*, 93 jours et 20 heures, jusqu'au moment où il prit son pilote (1) ; le *Wild Pigeon* en 118 jours ; le *Trade Wind* en 102 jours, le feu ayant pris à bord et l'incendie ayant duré huit heures.

§ 988. — Le résultat de cette course montre comme les bons navigateurs connaissent maintenant les vents et les courants de la mer.

§ 989. — Voici donc trois navires partant l'un après l'autre pour faire un voyage de plus de 15,000 milles, au milieu d'un océan sans traces, se confiant seulement aux vents qui doivent les pousser comme à leur appel. Comme des voyageurs sur la terre, faisant la même route, ils se rencontrent, se passent et se dépassent. Ce qu'il y a de plus remarquable, c'est que, malgré cette grande distance, malgré les différentes vicissitudes des climats, des vents et des courants qu'ils ont dû traverser, je ne puis trouver dans les directions prises que j'ai devant moi aucune faute autre que celle que j'ai déjà signalée.

§ 990. — Il y a une autre circonstance qu'il est bon de noter, pour faire voir la sûreté des connais-

____

(1) Le journal du *Gilpin* cesse quand le pilote monte à bord.

sances acquises sur les directions, les forces des vents et des courants ; c'est celle-ci :

§ 991. — J'ai calculé la longueur de la route que ces navires avaient à faire en tenant compte des vents contraires pour aller, de New-York, couper l'équateur. Le calcul donnait, pour cette saison, 4,115 milles. Le *Gilpin* et le *Hasard* se tinrent seuls en dessous de ces nombres : le premier mit 4,099 milles, et le deuxièmes 4,077 ; l'un resta 38 milles et l'autre 46 milles en dessous ; détours causés par des vents de bout. Le chasseur le plus expérimenté ne pourrait faire moins de détours dans une forêt à cause des rivières qu'il y pourrait rencontrer. Ai-je donc exagéré quand, plus haut, je disais que nos connaissances de la direction des vents et des courants nous rendaient capables de tracer notre route à travers les mers comme un chasseur la trace sur les arbres dans les forêts.

CHAPITRE XIX.

UN DERNIER MOT.

Conférences de Bruxelles, § 996. — Comment les marins
peuvent obtenir une série des cartes de Maury, § 997. —
Les livres de loch, § 998.

§ 992. — Je suis certain de n'avoir donné, dans
ce petit ouvrage, qu'un résumé de tout ce que doit
contenir un ouvrage concernant la Géographie
Physique de la mer qui doit nous être un jour connue. Le sujet est vaste; il y a place pour tous les
travailleurs et il faut beaucoup d'aides.

Les nations comme les individus, le secours de
ceux qui restent chez eux comme celui de ceux qui
se lancent sur les mers, est nécessaire à la réussite
des travaux que nous avons entrepris.

Nous essayerons de tourner un nouveau feuillet
dans cette œuvre de navigation destinée à diminuer
les chances de la mer et à raccourcir les traversées.

§ 993. — Nous voulons écrire dans le livre de
la nature un nouveau chapitre ayant pour titre la

Météorologie maritime. Là seront écrites les lois qui régissent ces forces auxquelles obéissent « les vents et les mers. » Tout le monde est intéressé à connaître la vérité sur ce sujet : le colon, aussi bien que le marchand, le laboureur comme le marin, les États comme les particuliers ; tous ont des intérêts importants qui dépendent de ces lois ; car la santé des plantes et des animaux est soumise à l'état hygrométrique de l'atmosphère. La convalescence d'un malade dépend souvent d'un air sec ou humide, d'un vent froid ou chaud.

§ 994. — L'atmosphère pompe nos rivières dans les mers et va les transporter, au moyen des nuages dans leurs sources, sur les montagnes. La fertilité et la stérilité d'un pays dépendent de la régularité avec laquelle cette machine remplit les offices qui lui ont été confiés pour distribuer l'humidité, en temps donné, à toutes les plantes, dans toutes les contrées.

§ 995. — Les principales nations maritimes ont donc consenti à se réunir pour mettre de l'unité dans les observations, et à faire faire sur la haute mer toutes les recherches laborieuses et systématiques que peuvent apporter de nouvelles connaissances sur les vents et les eaux. Les physiciens qui voyagent, les marins qui ont un navire sous leurs pieds, ne peuvent donc faire rien de mieux que de se joindre à ce plan d'observation.

§ 996. — Suivant les instructions faites aux conférences de Bruxelles, tous ceux qui fréquentent les mers sont engagés à faire certaines observations ; en d'autres termes, à faire certaines questions à la nature et à rapporter exactement les réponses qu'elle aura pu faire. De plus, il faut des instruments exacts ; car, sans cela, la réponse serait mensongère.

Une observation incorrecte n'est pas seulement inutile par elle-même ; mais elle est nuisible parce qu'elle peut altérer d'autres observations exactes avec lesquelles on l'aurait mêlée ; et c'est le résultat le plus détestable, puisqu'elle éloigne la solution au lieu d'y concourir.

§ 997. — Tous les capitaines qui veulent entrer dans cette association, et qui veulent suivre les instructions des conférences de Bruxelles, doivent établir, voyage par voyage, aussi longtemps qu'on leur demande, un journal dans la forme prescrite plus loin, sous le titre *Abstract log*. En envoyant le journal au super-intendant de l'Observatoire national, ils ont droit à un exemplaire de mes *Sailing-Directions* et à une série des cartes qui concernent les traversées qu'ils font habituellement.

§ 998. — Ces journaux de bord sont sous deux formes : les uns, plus complets, pour les navires de guerre; les autres, plus abrégés, pour les marchands. Ces dernières observations sont un *minimum* pour avoir droit, comme collaborateur, aux dons ci-énoncés. Il doit donner, chaque jour au moins, la latitude et la longitude; la hauteur du baromètre; la température de l'air et de l'eau, au *moins* une fois par jour; la direction et la force du vent, trois fois : au commencement du jour, au milieu et à la fin; à 8 heures du soir, 4 heures du matin et à midi; les variations du compas; à l'occasion, le sens des courants qu'il a pu rencontrer. Ces observations doivent être faites avec soin. Comme chaque baromètre et chaque thermomètre a des erreurs, chaque capitaine qui désire coopérer à nos travaux doit comparer son instrument avec un instrument étalon, et déterminer exactement les erreurs qu'ils comportent.

§ 999. — Ces erreurs doivent être portées sur le journal, et les instruments numérotés de manière à faire voir de quel instrument on s'est servi dans l'observation. Par exemple, un capitaine prend la mer avec les thermomètres numérotés 4719, 1, 12, etc., il doit mettre sur la première page, laissée en blanc à cet effet, les erreurs relatives à ces instruments; il met en tête de la colonne l'instrument dont il se sert, et si par hasard il est obligé d'en changer, il l'indique par le nouveau numéro.

Avec ce soin, les observations peuvent être corrigées quand on vient à les discuter.

§ 1000. — Il est aussi rare de trouver un thermomètre ou un baromètre qui n'ait pas d'erreurs que de trouver un chronomètre sans marche diurne. Du reste, un bon thermomètre dont les erreurs ne vont pas à un degré ne coûte pas très-cher.

§ 1001. — Comme les erreurs des thermomètres peuvent dépendre, ou des défauts de graduations, ou des changements de diamètre du tube, il faut les comparer tout le long de leur échelle. (1)

(1) Un arrêté du ministre de la marine en France en date du 16 février 1859, a décidé que les navires de guerre seraient tenus à faire les observations, dans la forme prescrite par la conférence de Bruxelles. Ils recevront l'extrait *Sailing-Directions* traduit en français et les cartes françaises correspondantes de *Board of trade* les livres de bords et annexes nécessaires.

Les capitaines marchands ayant un baromètre à mercure et un thermomètre comparés aux étalons déposés aux écoles d'hydrographie, ont également droit à la délivrance gratuite des cartes, livres et carnets; le service est centralisé au dépôt des Cartes et Plans à Paris.   T.

JOURNAL DES NAVIRES DE GUERRE.

Table de loch du . . . . capitaine   allant de   à   le   185

1 DATE.	2 HEURES	a		b		c		9	d		12	13	e 14	f 15	16	17	18	19	Marge pour relier	g			23	REMARQUES
		3	4	5	6	7	8	9	10	11	12	13	14	15	16	17	18	19		20	21	22	23	
	2																							
	IV*																							
	6																							
	8																							
	IX*																							
	10																							
MidL.	XII*																							
	2																							
	III*																							
	4																							
	VIII*																							
	10																							
	12																							

EXPLICATIONS.

La longueur et la largeur des colonnes est donnée en pouces. — (1) Date 0, 3, (2) heures, (0, 3; (a) Latitude par, — (3) Observations 0, 8. — (4) D. R. 0,8 (6) Longitude par (5) Observation 0, 8. — (6). D. R. 0, 8 — (c) courants. — (7) Direction 0, 8. — Vitesse, 0, 3. — (9) Variation 0, 3. — (d) Vents. (10) Direction 0, 9. — (11) Leur vitesse 0, 3. — (e) Baromètre. — (12) Hauteur 0. 3 — (13) Son thermomètre 0, 4. — (f) Thermomètre. — (14) Boule sèche 0, 3. — (13) Boule mouillée 0, 3. — (16) Forme et direction des nuages 0, 8, — Proportion du ciel clair 0, 3. — 18 † Heures de brumes A, pluie B, neige C, grêle D 0, 3. — 19 Etat de la mer 0, 3. Marge pour la reliure 1, — (g) Eau. — (20) Température à la surface 0, 3. — (21) Densité 0. 3. — (22) Température du fond 0, 3. — (23). Temps 0, 6. — Remarques 8, 3. — Grandeur Du papier 11 sur 14.

*Les observations de ces heures sont les plus importantes.

$$\dagger \text{ On figure le temps des phénomènes } \frac{A \quad B \quad C}{2 \quad 1 \quad 0,5}, \text{ suivant qu'ils ont duré 2 heures, 1 heure, une demi-heure.}$$

JOURNAL DES NAVIRES DU COMMERCE.

Table de loch du X...   Capitaine X...   allant de   à   le   186

1'	2'	3'	6'	e'		e'		f		16'	17'	18'	9'	d'		REMARQUES.
				7'	8'	13'	13'	14'	20'					10'	11'	
2'	9															
Midi	XII															Les lettres et les chiffres ont la même signification que ci-dessus et les mêmes largeurs, excepté 10' 1,5 pouces —14' air — 20' eau.
	5															Les vents régnants depuis midi à 8 h. du soir, de 8 h. du soir à 4 h. du matin, et depuis 4 h. du matin à midi, doivent entrer dans les lignes doubles oppo-
	VIII															sées à 8, 4 et midi. Même observation pour les colonnes 12', 13', 14, 20,16' et 17', comme à 9 h. du matin et 3 h. du soir.
3	IV															
	9															
Midi	XII															

CHAPITRE XX.

FORCE DES VENTS ALIZÉS DE L'HÉMISPHÈRE AUSTRAL.
PARTICULARITÉS DE CETTE CIRCULATION
ATMOSPHÉRIQUE.

Dans quel esprit ont été faites les recherches sur les lois physiques de la mer, § 1,062.— Raisons pour admettre le croisement de l'air dans les zones de calmes, § 1,003. — Le *brave* vent d'Ouest de l'hémisphère sud, sa force et sa régularité, § 1004. — Contre-courant des alizés, § 1,005. — Force des vents alizés, § 1006. — Les alizés S E. plus forts que N.-E, § 1,007. — Les vagues, § 1,008. — Découvertes en météorologie, § 1,009. — Comparaison entre les calmes et les coups de vents des deux côtés de l'équateur, § 1010. — Force des vents de l'hémisphère sud : d'où elle provient, § 1011. — Pourquoi les contre-courants des vents alizés soufflent vers les pôles, § 1012. — Comparaison entre la quantité d'eau tombant entre les parallèles 55° et 60°, des deux hémisphères, § 1,013. — Pluies torrentielles, § 1,014. — Les contre-courants des alizés du sud chargés de vapeurs, § 1,015. — Chaleur latente de ces vapeurs, § 1,016.— Sa mesure, § 1,017.— *Ice bergs*, leur

Dans le cours de mes recherches, j'ai toujours scruté avec soin tout nouveau fait dont les conséquences me paraissaient graves, surtout lorsqu'il fallait faire quelque hypothèse pour l'expliquer. Après avoir discuté profondément les observations, je ne prenais pour hypothèses admissibles que celles qui expliquaient le plus grand nombre de faits : et par la suite je ne me faisais pas faute d'amender mes théories et même de les changer complètement si de nouvelles découvertes m'en fesaient voir la nécessité.

Suivant ma pensée, l'observateur ne doit pas se contenter de recueillir des faits ; il doit aussi bien ses travaux et ses pensées, que la collection de ses observations. Des idées, quoique mal fondées, sont rarement une entrave pour la recherche de la vérité ; car elles peuvent indiquer, par leur fausseté, la voie dans laquelle il faut s'engager. On sait, du reste, que du choc des opinions jaillit la lumière.

Le chapitre VI, sur le croisement de l'air dans

les régions de calmes, n'a été écrit que pour obéir à cet ordre d'idées. Prenons, par exemple, le croisement de l'air sous les calmes du Capricorne. On trouve près des tropiques un anneau embrassant la terre, où, d'un côté, les vents soufflent vers l'équateur, et de l'autre vers les pôles. Ces vents soufflent à la surface : puisque c'est un cours régulier. Il faut donc un appel d'air des hauteurs de la zone de calmes pour y subvenir. Comme ces deux courants lancent l'air vers le nord et vers le sud, il faut bien des contre-courants pour l'en ramener. On admet qu'ils se font dans les régions supérieures de l'atmosphère.

Le même fait a lieu à l'équateur et sous le tropique du Cancer, seulement la source de l'air est à la surface pour le premier, tandis qu'elle vient des régions supérieures pour le second.

Le mouvement de la terre doit incliner vers l'est le courant qui va vers l'équateur, et vers l'Ouest, celui qui retourne aux pôles. Arrivé à ce point de mes recherches, je devais naturellement me poser cette question : l'air qui vient du Nord dans ces régions de calmes y retourne-t-il quand-il s'élève, ou continue-t-il son chemin vers le Sud?

Je trouvais des raisons qui devaient me faire croire

que le vent du Nord passait dans le sud et *vice versa*.
Je dus en conséquence construire la théorie atmosphérique que j'ai exposée, et qui suppose des points
de croisement de l'air dans les zones de calmes.

§ 1003.—Je vais résumer les bases de ma théorie,
que j'ai développées plus longuement dans ce qui
précède :

1° L'ordre des saisons est renversé dans les deux
hémisphères; il y a identité de composition de l'air,
bien qu'il ne soit pas également distribué sur la
surface de la terre, et que les causes qui peuvent le
corrompre ou le purifier n'y soient point régulières.
Cette composition constante témoigne en faveur
d'une circulation générale et périodique. L'agencement si exact de toute notre machine terrestre exige
que les fluides, soit gazeux, soit liquides, se mélangent
sans cesse pour conserver leur pureté et leur homo-
généité : sinon dans la suite des temps, il existe des
agents physiques qui rendraient dissemblable l'air
des deux hémisphères. L'air d'un côté de l'équateur
ne pourrait convenir à la flore et à la faune de l'autre
côté ;

2° La surface couverte par les eaux est plus grande
dans l'hémisphère austral que dans le boréal. Et
c'est du côté où la surface évaporatoire est la plus

petite qu'il tombe le plus d'eau sur les terres. C'est cette anomalie qui a conduit les météorologistes à placer le *bouilleur* dans le sud et le *condenseur* dans le nord. Et comment pourrait se faire ce transport des vapeurs d'un hémisphère dans l'autre, sans admettre le croisement de l'air dans les zones de calmes.

3° Une autre observation concluante, c'est que parallèle pour parallèle, l'eau de la mer du sud a une pesanteur spécifique plus forte que dans le nord. De plus, la première est plus froide, et à la même température, elle est plus dense, par suite plus salée. Daubeney, Dove et d'autres observateurs ont constaté que les mers au-delà de l'équateur sont plus salées. Pour déterminer exactement où peuvent aller ces différences j'ai consulté les observations du capitaine John Rodgers, à bord du bâtiment Vincennes, dans un voyage qu'il fit du détroit de Behring 71° latitude nord, jusqu'au cap Horn 57° sud, et en retour dans l'Atlantique à New-York. Les observations donnent la température et la densité de l'eau par chaque degré de latitude. On déduit de cette série de résultats que l'eau du sud a en moyenne une pesanteur spécifique 0,0007 plus forte que dans le nord. Le croisement des vents et cette différence de densité sont deux faits qui derivent l'un de l'autre ; car la moitié de l'eau nécessaire à rétablir l'équilibre de pesanteur spécifique entre les eaux des deux côtés de l'équateur, peut être regardée comme la partie des eaux enlevée en vapeurs, au sud de l'équateur et transportée au nord. L'eau tombée dans l'hémisphère boréal reprend son chemin vers le sud, au moyen des courants de l'Océan. Ainsi, la différence de salure des eaux du midi et du nord de l'équateur, peut donner la quantité d'eau en *transit* entre les deux hémisphères ; eau provenant des pluies et de l'égouttement des terres boréales. Il faudrait déduire de cette moitié des eaux, pour être plus exact, la différence de superficie des mers et des terres des deux côtés de l'équateur.

Les vapeurs qui donnent plus de pluies dans le nord proviennent du sud ; elles ne peuvent avoir d'autre route que dans les airs, ni d'autre véhicule que les vents. Si les vents alizés S-E. transportent une portion d'air à travers les calmes de l'équateur, il s'ensuit forcément que les vents N-E. doivent en restituer autant. Mais quelle est la force qui décide ce croisement ? La réponse n'est pas facile : ce peut être le magnétisme ; ce peut être l'électricité : de ce que nous n'avons pu jusqu'à présent prouver leur présence, il ne s'ensuit pas que ces agents physiques n'y existent pas. S'il y a croisement, il doit y avoir une force qui le nécessite avec autant de certitude que celle qui entraîne la terre dans son orbite. Dans tout l'univers, il y a des forces conservatrices du mouvement.

4° Les découvertes microscopiques d'Ehrenberg, les pluies de poussière et les brumes rousses de l'Atlantique nord, sont composées d'organismes de l'Amérique du sud. Ces poussières recueillies sur la limite polaire des vents nord-est ont dû être enlevées dans les calmes de l'équateur par un vent de surface, et transportées au dessus des calmes du Cancer par un courant supérieur.

Les faits résumés dans les Chap. I, II, III et IV sont les fondements de l'hypothèse des passages des vents d'un hémisphère dans l'autre.

Les preuves du croisement sous l'équateur semblent plus concluantes que sous les tropiques : les vapeurs se résolvant en pluies dans le nord, ont dû être enlevées par les alizés sud-est. Les *marques* d'Ehrenberg sur les vents donnent l'idée d'un croisement sous les calmes du Cancer. C'est plutôt par analogie que par l'évidence des faits que nous sommes arrivés à cette conlucsion.

§ 1004. — Mes propres observations et celles des marins mes collaborateurs, m'ont prouvé que les vents d'Ouest qui soufflent aux limites polaires des alizés, sont plus constants et plus forts au sud qu'au nord.

Ces vents de l'hémisphère sud, que les marins ont nommés *braves vents d'ouest*, soufflent aussi constants que dans le nord les alizés soufflent de l'Est. C'est avec leur secours que les voyages d'Australie, d'aller et de retour, ont été accomplis par des navires à voiles, avec une rapidité que n'ont pu obtenir des Steamers. En moins de deux mois, des navires ont fait le tour de la terre. Comparons maintenant la force des vents alizés.

§ 1005. — Nous dénommerons désormais les vents d'ouest prédominant aux côtés polaires des tropiques, contre-courants des alizés.

Si nous établissons que les vents sud-est sont, comme leurs contre-courants, plus forts que ceux du nord-est, ce sera encore une nouvelle preuve apportée à l'appui du croisement des vents dans la région des calmes.

§ 1006. — Pour établir la question, on a comparé les vitesses dans les régions du sud-est de l'océan Indien et de l'Atlantique, de 2235 navires.

On a porté dans le tableau suivant la vitesse moyenne. On n'a pris que les portions de routes faites entre 10° et 25°, parce que c'est là que les alizés sont les plus constants.

MOYENNE DES ROUTES DANS LES ALIZÉS DE L'ATLANTIQUE NORD ET DANS L'OCÉAN INDIEN SUD.

NŒUDS PAR HEURE.

Latitude	10 à 15		15° à 20		20° à 25		Moyenne.		Route moyenne.	
	vents alizés N. E.	id. S. E	N. E.	S. E.	N. E.	S. E.	N. E.	S. E.	N. E.	S. E.
Janvier.	8	6 1/2	7 1/2	7	6	6	7	6 1/2	N. 49° O	S. 69 O
Février.	7 1/2	6	6	6 3/4	5	6	6	6	46	69
Mars.	8	7	7	7	5 1/4	6 1/2	6 3/4	6 3/4	47	69
Avril.	7 1/4	7	5 3/4	7 3/4	4	6	6	6 3/4	48	70
Mai.	8 1/4	8	6 3/4	7 1/2	6 1/2	6	7	7	46	70
Juin.	9	7 1/2	8	7 3/4	5 1/4	7	7 1/2	7 1/2	45	70
Juillet.	5 1/2	8	8	8 1/4	6 1/4	7	6 1/2	7 3/4	46	70
Août.	4 3/4	7 3/4	6	8 1/4	4 3/4	7 1/2	5	7 3/4	40	69
Septembr	5 1/2	8 1/2	6	8	4	6 3/4	5	7 3/4	50	69
Octobre.	7 1/2	8 1/4	6 3/4	8	6	5 3/4	6 3/4	7 3/4	45	69
Novembr.	6	8	6	7	4 1/2	5 1/4	5 1/2	6 3/4	49	69
Décembr.	6	6 1/2	6 3/4	6 3/4	5 1/2	5	6	6	48	69
Moyenne.	7	7 3/4	6 3/4	7 1/2	5 1/4	6 1/4	6 1/4	7	N. 47° O	$\dfrac{\text{S } 69\,1\,0}{4}$

La route moyenne dans les alizés N. E. est le N. O 1/4 O.
S. E.   O. S. O.

MOYENNE DES ROUTES DANS LES ALIZÉS DE L'OCÉAN ATLANTIQUE NORD ET SUD.

NŒUDS PAR HEURE.

Latitude	25° à 20		20 à 15		15 à 10		Moyenne.		Route moyenne	
	S. E.	N. E.	S. E.	S. E.	S. E.	N. E.	S. E.	N. E.	S. E.	N. E.
Janvier	6	5	5 3/4	5 1/2	5 3/4	7 1/2	6	6	N 54 O	S 21 E
Février	4 1/2	5	5 1/2	6 1/2	6	7	5 1/4	6	55	25
Mars	6 1/3	4 3/4	6	6 1/2	6	7 1/2	6	6 1/4	55	22° 1/2
Avril	5 1/2	5 1/2	5 1/2	6 1/2	6 3/4	7 3/4	6	6 1/2	55	22 1/2
Mai	5 3/4	5	5 3/4	6 1/2	6 1/2	7	6	6	55	24 3/4
Juin	5 3/4	6	6	6	7	5	6 1/4	5 3/4	55	28
Juillet	5 1/4	7	6	7 1/2	6 1/4	4 1/2	6	6	55	27
Août	5	5 1/2	5 3/4	6 1/2	6	4	5 3/4	5 1/4	55	28 1/2
Septembre	5 1/2	5 1/4	6 1/4	5 1/2	7	3	6 1/4	4 1/2	55	22 1/2
Octobre	5 1/4	4 1/4	6	4 1/2	5 1/4	4 3/4	5 1/2	4 1/2	55	20
Novembre	6 1/2	4	6 1/2	5 1/4	6 1/4	5 3/4	6 1/2	5	55	22 1/2
Décembre	5 1/2	4 3/4	5 3/4	6	6 1/4	7 3/4	5 3/4	6	55	23
Moyenne	5 1/2	5	5 3/4	5	6 1/4	6	6	5 3/4	N 55 O	S 24 E

La route moyenne dans les alizés S. E. sont N. O. 1/2 O.
N. E.   S. S. E.

Il est bon d'observer que dans ces trois océans la direction du vent étant la même, la route gouvernée est différente : Les *Anémomètres* font donc des angles différents avec le vent. Dans les vents alizés du S-E. de l'Atlantique, la route est presque le vent arrière, tandis que dans l'océan Indien ils vont grand largue. Dans le premier cas les navires font 7 nœuds en moyenne, et 6 seulement dans le second : tandis que dans les vents du N.-E., d'un côté, on fait 6 1/4 nœuds au N.-O. 1/4 O., c'est-à-dire, grand largue, et de l'autre 5 1/4 nœuds au S. S-E., direction peu favorable. Comme la plupart des navires qui passent la région des vents du N.-E. sont obligés de tenir le plus près, on ne peut leur comparer la force des vents avec ceux qui font route vent sous vergues. Il reste la question de savoir quelle différence on peut déduire dans la force des vents, en comparant entre elles des routes faisant des angles différents avec la direction du vent. Quand le vent est modéré comme dans les alizés N.-E., la direction grand largue est la plus favorable. Ainsi donc, pour nous servir des navires comme d'*anémomètres*, nous devrions prendre la vitesse moyenne réduite en route grand largue, comme cela se trouve, par exemple, dans l'Atlantique nord.

§ 1007. — Essayons cette correction, dans l'Atlantique sud et dans l'océan Indien. Dans le premier, on va vent arrière, dans le second, vent du travers. En augmentant la première route de 2 nœuds et la seconde de 1 nœud, nous resterons probablement encore au-dessous de la vérité. En appliquant ces corrections à la route d'un vaisseau, nous la trouverons pour le grand largue :

Dans les alizés N.-E. de l'Atlantique 6 1/2 nœuds

       S.-E.   «   8   «

       S. E. de l'océan Indien 8   «

Nous ne pouvons pas comparer la force des vents de N.-E. dans des routes faites au S.-S.-E., parce qu'on sait que ces vents ne sont constants qu'en s'éloignant de la côte d'Afrique. Il est donc bien établi que les vents du S.-E. sont plus frais que ceux du N.-E. : *ce qui doit être, s'il y a un croisement de vent dans les calmes de Capricorne.*

Les contre-courants des alizés de l'hémisphère sud sont bien plus constants en force et en direction vers les pôles que ceux de l'hémisphère nord : pour en avoir une idée, on n'a qu'à prendre les chemins des navires qui vont de New-York en Angleterre à raison de 150 milles par jour, tandis que par la même latitude sud ceux qui vont en Australie, font 200 milles. Le volume d'air transporté par le courant austral est donc plus considérable que celui du courant boréal. Cet air revient vers les tropiques, comme courant supérieur, quand il descend pour former les alizés; il doit alimenter plus largement les S.-E que les N.-E, et donner par conséquent plus de force aux premiers. Et c'est ce que prouve l'observation.

Tout en ne pouvant démontrer directement le

croisement des vents, les preuves abondent dans ce sens. Il reste donc à nos adversaires à prouver que leur théorie est juste.

A ce point de la discussion, il se présente d'autres considérations sur lesquelles nous devons nous arrêter.

§ 1008. — Tous les marins ont parfaitement constaté qu'au-dessus du 40° parallèle, la direction ouest est toujours plus forte et plus constante dans l'hémisphère sud que dans le nord. Quiconque a navigué dans ces parages, où les vents ont la régularité des vents alizés, a pu observer la forme constante des vagues, qui ont une amplitude et une élévation qui n'est comparable en aucun point de la terre.

Quoique les vents alizés S.-E. soient aussi constants, ils n'ont pas la force nécessaire pour soulever et produire des vagues comme les *braves* vents d'ouest qui les entraînent avec tant de rapidité. Ces vagues se suivant les unes les autres semblent des montagnes couronnées de neiges courant dans la plaine.

Ce sont ces vents et ces vagues qui ont permis à nos modernes clippers d'atteindre ces vitesses régulières, qui eussent été traitées de fabuleuses par les anciens marins, et qui restent encore un objet d'admiration pour tout le monde.

De cet ensemble de faits, nous devons conclure que le système atmosphérique a une circulation plus active dans le sud que dans le nord. Comme corollaire, nous devons admettre que le contre-courant des alizés S.-E. doit être plus difficilement renversé dans son circuit que celui de l'alizé N.-E. Il doit donc aussi y avoir dans l'alizé S.-E, comme dans son contre-courant moins de calmes que dans les vents de N.-E.

§ 1009. — Maintenant nous appuyant sur ce corollaire, nous devons considérer comme admis les faits météorologiques suivants :

Les vents sud-est sont plus forts que les vents nord-est. Les vents généraux nord-ouest, contre courants des vents du sud-est, sont plus forts et moins susceptibles d'interruptions que les vents du sud-ouest dans l'hémisphère nord : la circulation atmosphérique est plus régulière et plus vive au sud qu'au nord : ce qui fait, pour nous répéter, en d'autres termes, que l'air peut faire moins de stations dans le sud que dans le nord. Notre corollaire nous conduit jusqu'ici. Mais les observations viennent confirmer la démonstration mathématique, en montrant qu'il y a moins de calmes dans l'hémisphère austral que dans le boréal. Nous avons des milliers d'observations qui sont consignées sur les *cartes des pluies et orages* : ces cartes ne comprennent point encore tout l'Océan; cependant elles s'accordent partout avec nos conclusions.

§ 1010. — Maintenant que nous pouvons admettre que l'atmosphère circule plus régulièrement et plus rapidement au sud qu'au nord, nous devons en conclure par la même raison, que dans l'hémisphère austral, on rencontre moins souvent des coups de vents venant de la partie opposée à la circulation générale que dans l'hémisphère boréal.

L'atmosphère du sud est entraînée comme dans *un train express*, tandis que celle du nord ne prend qu'un train *omnibus*. D'un côté comme de l'autre la locomotive va avec la même vitesse, mais seulement dans le second cas, on perd du temps dans les stations, dans les mouvements de gare : nous devons donc trouver dans le sud moins de coups de vents, de la partie de l'est que dans le nord.

Etablissons ce fait par la comparaison des observations :

Comparaison entre 1000 observations de coups de vents venant de l'Est ou de l'Ouest sous des parallèles correspondants nord et sud de l'Atlantique. (*Extrait des cartes des pluies et tempêtes*).

		Nord	Sud.
Entre 40. et 45.	Nombre des observations	17274	8756
	Coups de vents sur 1,000; venant de l'Est	23	12
	« « de l'Ouest.	66	82
Entre 40. et 45.	Nombre des observations	11425	3548
	Coups de vents sur 1,000 venant de l'Est	24	4
	« « de l'Ouest.	106	61
Entre 50. et 55.	Nombre des observations	4816	3169
	Coups de vents sur 1,000 venant de l'Est	24	10
	« « de l'Ouest.	144	97

Ces cartes font donc voir en résumant 33,515 observations faites au nord, que sur 1000 observations on a 24 coups de vents de l'est et 105 de l'ouest : tandis que dans le sud prenant 19,473 observations on a par 1000, 5 coups de vents de l'est et 80 de l'ouest.

L'hémisphère austral n'a été scruté que dans la partie de la mer qui sert de passage au cap de Bonne-Espérance. Cette partie comprise entre 40° et 55° sud est sous le vent de l'Amérique du Sud. La Patagonie qui s'étend à l'est des Andes, est un pays sec; nous devons donc nous attendre à trouver les vents moins constants et moins de pluie que quand nous serons à deux ou trois mille milles à l'est de la Patagonie. Ce fait serait bien constaté si le cercle de nos observations était aussi étendu dans le sud de l'Atlantique que dans le nord. Cependant, le contraste est frappant. Les agents météorologiques qui dirigent les vents et les saisons diffèrent de force des deux côtés de l'Equateur; et celle-ci est assez sensible pour que la rapidité et la régularité de la circulation australe en soit affectée d'une manière palpable.

Comparaison des calmes trouvés dans 1000 observations au nord et au sud de l'Atlantique de 30° à 55° et dans le Pacifique de 30° à 60° (*Extrait des cartes pilotes*).

Entre les parallèles de	Atlantique.		Pacifique.	
	Nord.	Sud	Nord	Sud
30. à 35 Nombre des obser.	12935	15842	22730	44881
calmes sur 1000	46	26	34	35
35. à 40. nombre des obser.	22136	23439	13959	66275
calmes sur 1000	37	24	51	23
40. à 45. nombre des obser.	16363	8203	12400	31880
calmes sur 1000	45	27	53	23
45. à 50. nombre des obser.	8097	4185	13897	4940
calmes sur 1000	38	23	33	21
50. à 55. nombre des obser.	3619	3660	32804	9728
calmes sur 1000	40	46	32	17
55. à 60. nombre des obser.	»	»	13470	9111
calmes sur 1000	»	»	45	21
Total des observations.	63050	55527	113340	166820
Moyenne des calmes sur 1000	41	24	39	23

Chacune de ces observations embrasse une période de huit heures. La totalité des observations mise à la suite embrasserait une période de 373 années : les comparaisons constatent une différence curieuse entre la stabilité de l'atmosphère des deux hémisphères.

§ 1011. — L'inégale distribution de terre et d'eau des deux côtés de l'équateur semble être la cause dynamique de cette différence dans la circulation. D'un côté, les vents subissent l'influence des masses continentales de leur plaines boisées, de leur manteau de neige en hiver, de leurs déserts brûlants en été, et de toutes les chaînes de montagnes qui s'élèvent à travers leurs courses; de l'autre côté peu de terres, peu de neiges. Au sud du 40e parallèle, si l'on n'excepte le Cap Horn, on trouve à peine quelques îles. Toute la surface étant couverte d'eau, l'air n'y est jamais sec, puisqu'il est toujours en contact avec une surface donnant des vapeurs : Aussi les vents se trouvent plus ou moins imprégnés des vapeurs d'eau à chaque changement de température. *La force qui active les vents de l'hémisphère sud réside principalement dans la chaleur latente contenue dans la vapeur qui s'élève de la mer située du côté polaire du tropique du Capricorne.* Les cartes des pluies et orages montrent que les courbes des calmes et des pluies des deux hémisphères sont symétriques près des vents alizés. Dans les régions extra-tropicales, ce sont les courbes des calmes et des brumes. Dans l'hémisphère austral, ce sont surtout les courbes des coups de vents et des pluies qui jouissent de cette propriété (1).

Le lieutenant Van Gogh, de la marine hollandaise, a publié un intéressant mémoire sur la corrélation entre la température de la mer et les tempêtes. (2) Une carte des pluies et des tempêtes de ces régions l'accompagne. Elle est construite au moyen de 17810 observations faites par 500 navires entre 14° et 32° de longitude Est (de Green) et 33° et 37° latitude sud.

Les courbes des pluies et des coups de vents sont tellement symétriques, qu'on pense immédiatement voir la cause et l'effet. La carte générale de l'Océan Atlantique préparée à l'Observatoire national, pour les mêmes phénomènes présente les mêmes résultats. Examinons et discutons ces observations.

§ 1012. —Nous avons attribué les vents alizés à la vapeur intense développée dans la condensation de la vapeur sous les calmes de l'équateur. Mais à

(1) Voir : über das verhalten un die vertheilung der winde auf des oberfläche der erde etc... von Wüllerstorf Urbair. (Vienne 1860).

(2) De Störmen nabij de Kaap de goede Hoop in verband beschouwd met de temperateur der zee.

quelle cause pouvons-nous attribuer les contre-courants des alizés, qui, surtout dans l'hémisphère Austral, s'écoulent aussi régulièrement vers les pôles que les vents de N. E. vers l'équateur? Pouvons-nous dire que c'est la *chaleur* qui les entraîne et les fait s'élever dans les régions antarctiques? Il semble paradoxal de donner la même cause à des directions contraires. Cependant un plus mûr examen pourra peut-être élucider cette question.

Les météorologistes admettent comme un fait démontré que la précipitation des vapeurs est plus forte au nord qu'au sud : mais je pense qu'on n'a parlé ainsi que pour les terres. Au-delà du 40° parallèle, le sud n'a presque que des eaux, tandis qu'on trouve beaucoup de terres au nord. Les navires emportent rarement des pluviomètres. On peut faire connaître la différence de quantité de pluie tombée sur *terre* dans les deux hémisphères. C'est là seulement, ce que l'on connaît et que l'on admet. Mais sur mer nous avons peu d'observations quantitatives. Nos observateurs nous rapportent le *temps* de pluie, neige, grêle, qui sont portées uniformément sous le nom de *pluie* dans nos cartes. Beaucoup de livres de bord ont omis ces observations. Nos cartes ne donnent donc pas tout le temps des

pluies tombées à la mer. Les deux hémisphères subissent aussi bien l'un que l'autre ces omissions.
Nous pouvons donc dire qu'il pleut plus sur la mer
que nos cartes ne l'indiquent.

§ 1013. — En prenant les observations faites entre
les parallèles de 55° et de 60° au nord et au sud de
l'Atlantique, nous trouvons :

Sud. observation 8410 : coups de vents 1228; pluies 1105;
Nord.   »   526 :   »   135;   »   64;
Coups de vents par 1000 observ., sud 146,   N 256;
Pluies   »   sud 131;   N 121.

Ainsi au sud il y a 9 pluies sur 10 coups de vents,
tandis qu'au nord la proportion n'est que de 4 pour 7.
On n'a pas constaté dans quel hémisphère il tombe
une quantité d'eau plus considérable à la mer; cependant, il est présumable que, puisque les jours de
pluies sont plus fréquents dans les régions extra-
tropicales sud, la quantité d'eau tombée doit être
aussi plus forte. Du côté polaire du 40° parallèle
nord, les terres étant très étendues absorbent une
partie de l'eau de pluie, et le reste s'en va par les
rivières.

Du côté polaire du 40° parallèle sud, on ne trouve
que des mers qui restituent immédiatement à l'air

sous forme de vapeurs, l'eau qu'elles en ont reçue sous forme de pluie. Les vents allant toujours d'une latitude chaude à une plus froide, on peut affirmer que de ce côté le point de rosée doit se trouver le plus haut possible sur l'océan; au nord, dans les mêmes conditions, il doit être plus bas. Et quand bien même, toutes les rivières du nord seraient changées en fleuves, elles ne pourraient avec leurs vapeurs, compenser la différence des points de rosée des deux hémisphères.

La symétrie des courbes des pluies et des tempêtes de l'hémisphère sud fait penser que la condensation des vapeurs, au-delà du 40° parallèles sud, et la mise en liberté de la chaleur latente sont les causes de la régularité et de l'activité des courants atmosphériques, de l'autre hémisphère.

§ 1014. — Les capitaines King et Fitzroy ont trouvé près du cap Horn, en observant à l'udomètre, qu'il était tombé 153,75 pouces d'eau (3ᵐ, 9) en 41 jours.

Il n'y a que sur les cîmes des Cherraponjie que l'on trouve au nord autant de précipitation. Cette montagne, de 4,500 pieds de haut et située par 25° de latitude nord, agit comme condenseur sur les moussons qui arrivent de la mer. Mais au delà du

45° parallèle nord, si l'on excepte les bords de l'océan Pacifique en Amérique; il ne se trouve aucune position qui réunisse les conditions climatériques de la Patagonie, et qui puisse recevoir autant d'eau dans un si court intervalle de temps.

L'Atlantique nord n'offre pas une surface assez grande à l'évaporation; il n'en est point de même du Pacifique nord; mais sur l'une ni sur l'autre de ces deux nappes d'eau, les vents d'ouest ne règnent avec assez de persistance pour amener une quantité de nuages comparable à celle de la Patagonie; néanmoins, si les vents d'ouest avaient la force de ceux de l'hémisphère sud, comme ils rencontrent des rangées de montagnes s'élevant pour ainsi dire des eaux ou séparées des rivages seulement par des plaines, ils y déverseraient une grande quantité d'eau.

Le colonel Silke (1) estime que la quantité d'eau tombée sur Cherraponjie, en 214 jours, d'Avril en Octobre, pendant la durée de la mousson du sud-ouest, s'élève à 605,25 pouces ($15^m,37$). En ramenant l'observation de King et Fitzroy au même laps de temps on trouverait 825 pouces en 214 jours ou 1368,7 pouces par an. Seulement, au cap Horn les

____

(1) Rapport à l'association britannique en 1852, p. 256.

pluies sont continuelles : elles tombent peut-être plus abondamment dans une saison que dans une autre; mais elles sont toujours très fortes.

§ 1015. — Il est probable que toute la zône australe au-delà des régions des vents alizés est partout chargée de nuages comme dans la portion qui vient frapper les côtes de la Patagonie. Les montagnes de ce pays décident une précipitation extraordinaire qui ne peut avoir lieu sur la mer, celle-ci n'ayant pas les *conditions* aussi *favorables* pour ce résultat. Elles n'ont aucune influence sur la quantité de nuages de toute cette région, et sur la condensation des vapeurs dont la chaleur latente anime la circulation atmosphérique australe : circulation qui nécessite l'action constante de la précipitation d'une région pluvieuse.

Expliquons comment ces phénomènes peuvent avoir une influence sur la circulation atmosphérique de l'hémisphère austral.

§ 1016. — Prenons un pied cube de glace à la température de zéro (Fahr.); mettons-le en contact avec une source de chaleur qui fasse monter uniformément la température de 1° par minute. Il faudra 32 minutes pour porter la glace à 32° F. (0° c.) puis 140 minutes pour changer la glace

en eau à 32° F. (1) cette chaleur latente a été employée à changer l'état de la glace. Cette chaleur ne
redeviendrait sensible qu'en faisant regeler l'eau.

En continuant, au bout de 180 minutes, l'eau
atteindra la température de 212° (100 c.), qui est
celle de l'eau bouillante; puis il lui faudra 1030 minutes pour la convertir en vapeur à la même température : chaleur latente qui ne reparaîtra qu'avec
un nouveau changement d'état.

C'est là la raison des vents violents, qui accompagnent ordinairement les orages de grêle. La congélation suit immédiatement la condensation, etla
chaleur s'échappant alors avec une grande rapidité,
l'air du courant supérieur prend immédiatement une
chaleur anormale que n'aurait pu lui donner l'effet
seul de la condensation.

Maintenant, en revenant aux observations de King
et de Fitzroy, en Patagonie, on peut voir que si la
pluie tombée en 41 jours fût tombée sous forme de
grêle ou de neige, la chaleur latente mise en liberté
aurait été capable de faire bouillir de l'eau à zéro (c)
en quantité six fois et demie plus considérable; tandis que tombant à l'état de pluie, elle n'aurait pu

(1) Voyez la Philosophie des orages, d'Espy.

échauffer qu'une masse d'eau 5 3/4 fois plus considérable.

§ 1017. — On peut se faire une idée de la chaleur rendue libre dans les régions antarctiques, soit
par la condensation, soit par la congélation en
estimant que les 153, 75 pouces d'eau observés en
Patagonie, tombent sur une surface de 1000 milles
carrés, sous forme de pluie, neige ou grêle. La chaleur mise en liberté dans ces 41 jours porterait
une couche d'eau de 1000 milles de surface sur
83 1/4 pouces d'épaisseur du point de la congéla
tion à celui de l'ébullition. C'est ainsi que le froid
des régions polaires qui facilite la condensation,
facilite aussi le développement de la chaleur qui
donne de l'expansion et de la force aux vents.

§ 1018 — Nous pouvons donc considérer sous un
autre point de vue ces immenses banquises d'*Icebergs*,
qui descendent des régions antarctiques. Ils prennent leur place dans la météorologie générale de
notre planète. En se congelant ainsi à la surface du
globe, puis dans les cieux ils abandonnent une chaleur qui active la circulation australe à l'endroit
où l'air monte.

Une fois que l'eau a abandonné la chaleur de li-
quéfaction qui a lancé l'air dans la circulation, elle

est sans force, comme la vapeur condensée d'une machine, et il faut s'en débarrasser. Elle est entraînée dans les grands chenaux de la circulation météorologique, va comme glace tempérer vers d'autres climats la température nécessaire à tout ce qui vit, et ailleurs se résoudre en eau dans les zones torrides, absorbe la chaleur en excès, et par ce travail modère la rapidité des vents alizés. Car, l'eau des mers australes étant plus chaude, l'évaporation serait plus abondante, et les alizés sud-est enverraient plus de vapeurs à la zone des calmes équatoriaux, et la précipitation sous forme de pluie abandonnant plus de chaleur, activerait encore la vitesse des alizés : c'est pourquoi, ainsi qu'il a déjà été constaté, les mers au delà de l'équateur sont plus froides que celles de ce côté de l'équateur. C'est ainsi que les *Icebergs* sont employés à lancer les vents vers les régions polaires et à les en rappeler.

L'étude approfondie de cette question nous indique l'emploi de ces compensateurs glacés dans la météorologie universelle.

§ 1019. — Ce transport de la chaleur d'un point à un autre, explique clairement pourquoi la circulation atmosphérique est si vigoureuse et si puissante dans l'hémisphère austral, comparée à celle du nord.

Les vents qui portent les nuages de pluie de la Patagonie sont, ainsi que nous l'avons déjà dit, les contre-courants des alizés du sud. Dans tout système de circulation il y a nécessairement un point où le mouvement dans un sens cesse, avant de reprendre dans l'autre sens. Pour les vents, le lieu de changement de mouvement *est, selon toutes les probabilités, dans les régions polaires antarctiques.* Ce lieu n'a pu encore être déterminé par les explorateurs; mais je suis persuadé qu'on trouvera un endroit où l'air est calme et monte en colonnes, comme sous l'équateur, un lieu couvert de nuages et d'une précipitation constante.

L'air, passant sur une vaste étendue de mers, arrive chargé de vapeurs à la place où il doit s'élever pour faire place à celui qui revient comme courant inférieur : en s'élevant il se refroidit, condense ses vapeurs et met en liberté une quantité énorme de chaleur latente qui le dilate et l'aide dans son ascension.

§ 1020. — Si le raisonnement et la logique des faits ne suffisaient pas pour établir cette marche, l'abaissement du baromètre l'indiquerait suffisamment.

Dans les calmes équatoriaux, la pression barométrique est seulement de 0,2 pouces (5 millimètres) moindre que dans les vents alizés, et cette différence suffit pour créer un continuel appel d'air qui constitue les vents alizés; au cap Horn la pression moyenne (1) est de 0,75 pouces (1,9 millim.) inférieure à celle des vents alizés, c'est-à-dire dans la zône comprise entre 57° — 8° sud. En se rapportant à la moyenne de 2472 observations barométriques faites sur la route des navires qui vont du cap de Bonne-Espérance à Melbourne, c'est-à-dire au sud du 42° parallèle, le lieutenant Van Gogh, de la marine Hollandaise, a trouvé un abaissement de 0,33 pouces (8 mil. 38) par rapport aux vents alizés, la moyenne pression dans l'océan Indien austral avec des vents de la partie de l'Est, s'élève à 29,8 pouces (0 m, 7569), venant de la partie de l'ouest, à 29,6 pouces (0 m, 7518). Ce qui semble indiquer une pression moyenne de 29,7 pouces (0 m, 7543), pour les calmes polaires.

A quoi pourrait-on attribuer cette diminution de pression dans les hautes latitudes australes, si ce n'est à la chaleur développée par la condensation

(1) Maury's sailing directions, 6e col. 1854, p. 692. 8e col. 1859, vol. II, pag. 450.

des vapeurs et par les pluies torrentielles de ces climats.

Dans le nord on ne trouve que les îles Aléoutiennes qui, ayant une grande surface d'eau sous le vent, ont aussi une grande quantité de pluies, cependant moins fréquentes et moins serrées qu'au sud.

Le *brave* vent d'ouest du sud semble être appellé par des conditions particulièrement favorables vers son point d'arrêt.

Ce que nous voyons à Cherraponjie et en Patagonie nous indique de quelle nature doivent être ces conditions. Des masses de montagnes doivent jouer le rôle du condenseur : l'existence de terres, plus favorable à ce but que l'eau semble par conséquent être nécessaire dans la zône glaciale australe. La suite de ces raisonnements nous fait donc placer dans le continent antarctique un condenseur puissant formé de terres, de montagnes et de pics élevés.

En allant plus loin dans le champ des hypothèses, il nous semble qu'on peut supposer ces terres semées de volcans nombreux et en activité; ce serait là encore une source de puissance pour ces vents que les observations nous ont montrés si frais et si violents dans cet hémisphère. Il doit paraître paradoxal d'attribuer à la chaleur developpée sous le cercle polaire, l'appel de ces *braves vents d'ouest*, vers ces régions. Du reste, c'est une chaleur relative, la force d'expansion de l'air dépend du nombre de degrés de différence, et non du point de l'échelle thermométrique où se fait cette différence.

Par le fait de la condensation et de la mise en liberté de la chaleur, l'aplatissement de la couche atmosphérique doit être altéré. Les pôles doivent être relevés par l'intumescence de la colonne d'air ascendante qui relève le niveau de l'atmosphère aussi bien qu'à l'équateur la force centrifuge. Ainsi cet air parti chargé de vapeurs qu'il a déposées, s'élève au moyen de la chaleur, et retourne à l'équateur.

§ 1021.—Nous voyons donc ce brave vent d'ouest se dirigeant dans un cylone perpétuel vers le pôle antarctique qui se trouve dans le tourbillon d'où tout l'Océan atmosphérique revient des pôles vers les calmes du Capricorne en décrivant des spires de droite à gauche, comme les aiguilles d'une montre.

Pour étudier avec fruit les différentes parties de la machine qui règle le mouvement de tout ce qui couvre notre planète, il ne faut négliger aucune des petites particularités que l'on peut découvrir dans l'œuvre du grand Architecte de l'univers, que nos raisonnements soient justes ou faux, de la comparaison des faits et des observations, nous avons toujours pu en déduire un éclaircissement sur la météorologie du continent antarctique ; c'est que c'est là que se trouve le grand ressort des forces qui accélèrent la circulation atmosphérique.

§ 1022.—Il est certain que c'est la chaleur que les vents ont transmise aux vapeurs qui s'élèvent de leur sein, qu'est confié le soin de borner dans la circulation les vents de l'hémisphère sud, et cela avec une régularité parfaite, malgré leur immense volume. Conséquences que nous tirons des comparaisons faites entre les traversées des navires errants çà et là dans les mers extra-tropicales.

§ 1023. — Après bien des recherches, des travaux, des pensées, les vents nous ont permis de nous figurer la topographie de la partie de notre planète qui n'a pas été encore explorée. C'est ainsi que nous avons pu tracer la carte du continent austral d'après les inductions météorologiques. En admettant la connexion des différents faits météorologiques, nous devons admettre dans les régions polaires des terres considérables et élevées, nous pouvons même aller jusqu'à dire qu'il doit s'y trouver des groupes de volcans en activité; cependant leur existence n'est pas indispensable à l'explication des faits météorologiques. La régularité des vents et leur force semblent dénoter la présence de ces volcans. D'après ces lois, nous pouvons aussi bien supposer que ce cercle polaire enferme des terres ou de l'eau. La partie découverte par les explorateurs est très petite, cependant en admettant qu'il s'y trouve un continent, il ne faut pas un grand effort d'imagination pour le supposer formé de montagnes couvertes de neiges et de cratères vomissant des flammes. Aucun des phénomènes physiques ou des lois de la nature n'exige une configuration de terres pareilles; cependant tous les voyages de découvertes faits dans ces parages nous parlent de terres élevées et de montagnes de glaces. Ross, qui a été le plus loin, dit qu'il a vu des volcans en éruption dans l'intérieur des terres.

§ 1024. — La partie inexplorée autour du pôle austral représente une surface double de l'Europe. Cette région circulaire n'a pas moins de 7000 milles de tour. Toutes les parties qu'on a pu explorer sont abruptes et très élevées.

Les traversées du cap de Bonne-Espérance à Melbourne et de cette ville au cap Horn ne dépassent guère 55° de latitude. Les glaces sont trop à craindre. Elles dérivent en masses considérables vers l'équateur pendant toutes les saisons, j'en ai rencontré moi même au delà du 37° parallèle.

Toute la partie de la mer au delà du 55° parallèle est toujours sillonnée de glaces ; on les trouve sous tous les méridiens. Souvent elles ont un mille d'étendue et à plus de 100 pieds de leur base au sommet. La surface de cette calotte sphérique enfermée par 55° parallèle est de 177,84,600 milles carrés (28,455,300 kilomètres carrés). Ce lieu de départ de *Icebergs* est immense, il doit contenir des terres pour la formation des grandes glaces qui se détachent des rivages. Leur existence nous révèle donc l'existence de baies profondes, de larges déchirures, dont les terres peuvent aider à la formation de ces montagnes de glace.

Un autre fait vient militer encore en faveur de l'opinion des terres au Pôle sud. C'est qu'on a remarqué qu'à l'exception d'une petite partie de l'Amérique sud et de l'Asie, chaque pays a pour antipode une portion de mer. Au delà de 70° latitude nord, on ne peut trouver que de l'eau. Si cette loi est générale, le pôle sud doit être une terre. Tous les géographes le pensent. « Il n'existe aucun doute, dit le docteur Jilek, dans son Traité de l'Océanographie, sur l'existence dans l'intérieur du cercle polaire central, d'un immense continent. Les découvertes faites jusqu'à ce jour, quoique peu nombreuses, ont fourni des preuves convaincantes. Une presqu'île s'avance vers le nord au 'sud sud-est de l'Amérique du sud. La terre de la Trinité s'avance jusque par 62° de latitude.

De loin ces terres présentent un aspect nu et couvert de roches, des déserts volcaniques, et de grandes glaces qui en rendent l'abord difficile, si ce n'est impossible.....

Les principaux explorateurs de ces régions sont : Wilkes, Dumont d'Urville et Ross (le jeune). Ce dernier en 1842 a côtoyé pendant 100 milles, une côte s'étendant de 72° à 79° latitude sud et de 160 à 170 longitude est. C'est la terre Victoria. Il y a découvert un volcan (Erebus) de 10,200 pieds d'élévation par 167° longitude est et 77° latitude sud. Un 2° éteint (Terror), ayant la même élévation et près de là se trouvait le pôle magnétique sud (1).

(1) Manuel d'Océanographie à l'usage de l'École impériale de navigation, par le Dr Jilek, Vienne 1857.

CHAPITRE XXI.

TÉLÉGRAPHE ÉLECTRIQUE DE L'ATLANTIQUE.

Historique § 1025. — Tentatives à renouveller § 1026. —
Causes de l'insuccès § 1027. — Probabilités du succès
§ 1028. — État réel de la question § 1029.

§ 1025. Le télégraphe atlantique reste maintenant couché sur son lit marin, après avoir pendant
quelques instants, seulement, relié les deux mondes.
New-York célébra le résultat avec une pompe extraordinaire. Quoiqu'ayant peu vécu, c'était un grand
pas de fait, puisque la possibilité d'unir l'ancien et
le nouveau continent par un fil télégraphique, avait
été démontrée. Les détails de ce grand événement
possèdent un intérêt historique.

La nature de notre ouvrage nous permet de con-
signer ici ces faits qui ont une connexion directe
avec la physique de la mer.

La *géographie physique de la mer* fut appelée
à résoudre un des plus beaux et plus intéressants

problèmes qui ait jamais occupé l'esprit humain.

Le steamer américain le *Niagara* et l'anglais l'*Agamemnon* furent chargés pendant l'été de 1857 de porter le fil que l'on devait submerger. D'autres navires devaient les escorter. Le *Niagara* partait de Queenstown en Irlande, devait souder son cable et donner à l'*Agamemnon* le bout qu'il devait ressouder à celui qu'il portait et entraîner alors vers Terre-Neuve. Après avoir coulé 344 milles de cable, le *Niagara* le perdit le 11 août 1857. L'expérience fut remise en 1858.

En 1858, les mêmes navires partirent du milieu de l'Océan après avoir soudé les deux bouts et se dirigèrent l'un vers l'Angleterre, l'autre vers Terre-Neuve. Le *Niagara* avait 1488 milles de cables à bord; l'*Agamemnon* 1477. Total 2965 milles.

Après trois tentatives infructueuses, et avoir perdu 400 milles de cable, les deux navires retournèrent en Irlande, d'où ils repartirent le 17 juillet ayant chacun 1274 milles de cable à bord.

Ils recommencèrent la soudure au milieu de l'Océan, le *Niagara* se dirigea vers Trinity-Bay, où il amarra son cable, le 29 juillet, à une heure du soir, et l'*Agamemnon* vers Valentia, où il arriva le 5 août. Une semaine après, un message de félicitations fut échangé par le télégraphe entre la reine d'Angleterre et le président des États-Unis.

La part que notre Observatoire a prise dans le travail d'unir par un fil les deux mondes est modeste. Cependant son secours a été utile. Néanmoins l'ensemble des recherches commencées en 1842 sur toutes les relations physiques de la mer a apporté comme contingent la série des cartes des vents et des courants de la mer et les secrets de ses profondeurs. Voici en quoi nos travaux ont pu être utiles à cette dernière entreprise.

En 1849, les travaux hydrographiques de l'Observatoire furent remarqués du Congrès; au mois de mars, sur la proposition du ministre de la marine, il se décida à mettre à la disposition du lieutenant Maury trois navires pour continuer ses recherches sur les vents et courants: et on lui accorda la coopération de toute la marine en tant que cette coopération ne nuirait pas au service public.

En conséquence, le Schooner Taney fut envoyé à la mer en 1849, sous les ordres du lieutenant J. C. Walsh. Il devait, entre autres opérations, faire une série de sondages dans la haute mer. Il avait 40000 brasses de fil de fer avec un appareil enregistreur auto-moteur de M. Baur de New-York. Le tra-

vail devait être fait suivant des instructions données.
Il perdit l'appareil avec 5700 brasses de fils. Le navire dût revenir ayant été fortement avarié par accidents de mer. Les sondages qu'il rapporta ne firent
qu'exciter l'imagination sur les merveilles des profondeurs; mais on n'avait pas encore le système particulier de sondage dans les grandes profondeurs.
Les essais faits çà et là dans les *eaux bleues* étaient
restés douteux, paraissaient trop forts, et il y avait
toujours incertitude sur l'arrivée du plomb au fond.
Jusqu'à cette époque nous connaissions aussi peu
la nature du lit de la mer, que celle de l'intérieur
d'un satellite de Jupiter. Au moyen de calculs astronomiques, on admettait une profondeur de 23 milles
pour l'Océan.

Le commodore Warrington, directeur du bureau
de l'artillerie et de l'hydrographie, dont l'Observatoire dépend, proposa un plan d'ensemble pour les
sondages. Le ministre de la marine, voyant ces travaux avec le plus grand intérêt, se montra disposé à
user largement des dispositions de la loi déjà si libé-
rale. Sous ses auspices on décida une ligne d'opération pour les sondages de la marine Américaine. On
prépara des types de calculs et des méthodes uni-
formes : tous les navires de guerre furent approvi-

sionnés de lignes de sondes avec la recommandation de sonder dans les eaux profondes chaque fois que l'occasion se présenterait, chaque ligne était de 5000 brasses pesant en tout 100 livres. Conformément à cette décision, le lieutenant M. Rogers Taylor commença une série de sondages dans le golfe du Mexique. Le capitaine Barron sur le *John Adam* traça une ligne à travers l'Atlantique, et le capitaine Walker du *Saratoga* jeta ses plombs dans le sud de l'Atlantique.

En 1851 le Dolphin, sous les ordres de S. P. Lee, alla vérifier ces sondages, conformément à la loi de 1849. Après beaucoup d'essais et d'insuccès, il parvint à me donner le moyen de trouver la loi de la descente du plomb, et par conséquent le moyen de vérifier les opérations des autres navires.

Le lieutenant Lee ayant conduit à bonne fin ses opérations revint avec la meilleure série de sondages qu'on ait encore obtenue.

Le Dolphin fut mis sous les ordres de O. H. Berryman pour continuer le même travail. . s'appuyant sur les expériences déjà faites, il partit en octobre 1852 de New-York et sonda jusque par 45° de long. O, (de G) où un coup de vent le força à aller se réparer dans le Tage. Il y resta jusqu'au 19 décembre et revint par le sud suivant sa route et veillant à la recherche des *vigies* (1).

Ces sondages joints à ceux trouvés par Lee et par toute notre marine militaire, me mit à même de construire à la fin de 1852, avec le secours du professeur Flye, une carte orographique du fond de l'océan Atlantique nord : de plus de donner une section verticale du fond compris entre les deux mondes, sous le parallèle de 39° Nord.

Les renseignements sur lesquels cette carte (2) a été construite sont dus aux sondes de Walsh, Taylor, Lee, Barren; du commodore M. Keever sur le congress, du capitaine Dornin, sur le Portsmouth, du capitaine Paine sur le *Cyane*, du capitaine Ingraham sur le *Saint-Louis*, de Kelly sur le *Plymouth*, de Knight sur le *Germantown*, de Inman sur la *Susquehanna*, du lieutenant Warley sur le *Jamestown*.

Ce furent les premières cartes des *eaux bleues* qui furent dressées; elles avaient pour objet de mar-

(1) Voyez planches XIV et XV, Maury Sailing, Directions 5₍e₎ édit.

(2) Les raz de marée que l'on rencontre sous les parages de l'équateur, ont probablement fait croire lorsque les marins les voyaient de loin, à l'existence de vigies qui n'ont pas été retrouvées.

querles dépressions de la croûte terrestre, comme les géographes en font connaître les *soulèvements*(1). Le *Plateau télégraphique* est aussi un résultat de ces différents travaux (Pl. XIV). Humboldt attacha une grande importance à ce résultat, comme commencement de renseignements nouveaux pour la science.

Néanmoins jusqu'à cette époque, rien n'avait été rapporté du fond. Un boulet de canon servait de plomb de sonde et on le perdait ainsi qu'une grande partie de la ligne lorsqu'on voulait le hâler à bord. On désirait vivement qu'un échantillon du fond pût être rapporté, indiquant la réalité du résultat de l'opération.

C'est dans ces circonstances que le lieutenant J. M. Brooke, employé à l'Observatoire, inventa son plomb pour les grandes profondeurs, qui permit d'avoir des spécimens de la nature du fond.

Lorsque le *Dolphin* revint de voyage en Mars 1853, il arriva à Norfolk le 7 du même mois et reprit la mer, sous les ordres de Berryman, avec la mission de « perfectionner les recherches de Maury sur les « vents et les courants. » On mit à bord pour la

----

(1) Voyez p. 239, 240 5e édit. de Maury Sailing directions éditée par C. Alexandre, Washington, février 1853.

première fois l'appareil de Brooke pour chercher à rapporter des échantillons du fond.

I.G.Mitchells Midshipman à bord du brig, l'essaya la première fois le 7 juin 1853, à 1 h. 20 m. du soir 34° 17' N. et 20₀ 33' O' (Greenwich). Ce sondage fait du bord comme du temps de Lee, dura 6 heures. Il accusa 2000 brasses et revint, apportant ce précieux trophée de sa descente dans les abîmes. Ce jeune officier fit tous les sondages à l'exception d'un seul. Et c'est à lui que revient l'honneur d'avoir rapporté le premier spécimen du fond. On obtint de nouveaux échantillons; mais le premier fut décrit par Mitchell comme *argile crayeuse*.

Le *Dolphin* revint en novembre 1853. Ses sondes avec l'appareil Brooke furent publiées en mars 1854, dans la 6ᵉ édition des Sailing-Directions. J'envoyai les spécimens au professeur Bailey de West-Point pour les examiner au microscope. Il ne trouva pas une parcelle de sable, mais bien des coquilles parfaitement conservées.

Cette découverte microscopique fit penser qu'il ne devait pas exister de courants dans les profondeurs, et que par conséquent le fil Télégraphique une fois placé au fond serait à l'abri de toutes les injures et pourrait y rester indéfiniment intact. C'est pourquoi en février 1854, je pus répondre aux administrateurs du fil télégraphique, me consultant sur la possibilité de couler un fil, ce qui suit :

« La distance des deux points les plus rapprochés de Terre-Neuve à l'Irlande est de 1600 milles : le fond présente un plateau qui semble destiné à servir à la pose de fils sous-marins. Il n'existe pas de trop grandes profondeurs. Cependant elles sont assez fortes pour mettre le fil placé au fond à l'abri de tous les courants, ancres de navires, icebergs, etc. Il pourra y rester intact de toute éternité.

La profondeur est régulière et va en augmentant de Terre-Neuve vers le milieu ; la plus grande profondeur va de 1500 à 2000 brasses.

Que l'on fasse partir les fils de Terre-Neuve ou du Labrador, ce n'est pas la question ; je ne prétends pas dire non plus qu'on trouvera assez beau temps, mer assez calme, fil assez long et navire capable de porter un fil de 1600 milles de largeur. Je réponds seulement à la question de la pose du fil sur le fond. Je crains que les plus grandes difficultés pratiques ne viennent, non dans les profondeurs, mais bien dans les points d'atterages.

Un fil placé dans la direction indiquée passant au nord du grand banc sera placé dans une eau parfaitement tranquille. Quant à ce qui concerne la pose sur le fond depuis l'embouchure du Saint-Laurent jusqu'à Terre-Neuve et en Irlande, la possibilité me paraît parfaitement démontrée. »

Cette lettre datée de l'Observatoire fut adressée le 23 février 185 4au professeur Morse. Le système de sondages fut adopté par toutes les marines qui correspondaient avec nous, Anglaise, Hollandaise et Autrichienne. On obtint des connaissances variées sur les profondeurs de la mer dans un espace de temps très-court; les sondages anglais et français nous ont donné des renseignements nécessaires aux cartes orographiques de la mer Rouge et de la Méditerrannée. Sur les ordres de l'amirauté, le lieutenant Dayman à bord du navire anglais le *Cyclops* a échelonné une ligne de sondes sur le plateau télégraphique, qui n'ont fait que confirmer les prévisions du professeur Morse, prévisions annoncées dans sa lettre de février 1854 (1).

En étudiant au microscope les résultats des sondages, on a trouvé de petites coquilles conservant encore les traces de leurs habitants : ce qui est un fait des plus importants révélé par les sondages dans

(1) Voyez planche XI avec les nouvelles sondes (1860).

les profondeurs. Les fonds de la mer sont donc les vastes ossuaires à qui sont confiés les restes des habitants des eaux bleues.

La compagnie du télégraphe transatlantique commença ses opérations en suivant les indications de l'observatoire de Washington.

En mars 1857, je reçus une lettre de Cyrus W Field, me demandant quelle était la meilleure route à tenir pour couler le cable; considérant la difficulté pour un navire de tenir exactement la route suivant un arc de grand cercle passant par Valentia et la baie de la Trinité, je demandai au professeur Hubbard de calculer une ligne loxodromique polygonale s'approchant de cette route et ne nécessitant que le changement de route d'un quart (11° 15') pour passer de l'une à l'autre. Il y avait seulement six changements de routes: le lieutenant Aulick traça cette route sur deux cartes qui furent remises à la compagnie pour l'usage des vaisseaux qui devaient faire l'opération.

Le lieutenant Bennett fit les recherches nécessaires pour la détermination de l'époque la plus favorable. Après avoir compulsé 260,000 jours de navigation dans ces parages, il trouva que la fin de juillet et le commencement d'août était l'époque la plus favorable, en prévenant du reste que le navire qui aurait le bout de l'ouest aurait plus de peine que l'autre. La suite vint confirmer ces prévisions ; car L'*Agamenmon* fut sur le point de perdre le bout de son câble par la force du vent et de la mer, tandis que le *Niagara* eut une très-belle traversée. C'était du 20 juillet au 10 août.

§ 1026. — Comme la France doit immerger aussi un nouveau câble transantlantique, essayons de montrer les vraies difficultés de l'entreprise et quelles sont les véritables causes de l'insuccès des tentatives de 1857 et 1858, et qui jusqu'à ce jour ne me paraissent pas avoir été bien appréciées.

§ 1027. — Je laisse de côté les difficultés relatives au passage de l'électricité, et je m'occupe exclusivement de la pose du câble, car, si cette partie de l'opération eût été examinée avec soin par la compagnie anglaise, le succès eût couronné ses efforts. Le système de sondages que nous avons établis, a rendu évident pour les constructeurs de télégraphes sous-marins ce fait : que les lignes télégraphiques sous marines peuvent être établies à un prix de revient égal ou sinon inférieur aux télégraphes terrestres. Nous l'avons déjà établi dans le premier vol. de la 8ᵉ édition de Maury's Sailing Directions.

En récapitulant ce que nous savons sur les *eaux bleues*, il est établi qu'il n'y a pas de courants dans les profondeurs. Toutes les forces perturbatrices résident à la surface : ce sont l'action lunaire, les vents, l'évaporation, la précipitation, les différences de températures d'un lieu sur un autre.

Les rayons solaires ne pouvant pénétrer dans ces profondeurs, les saisons n'en peuvent changer la température que d'une manière inappréciable : c'est un fait généralement admis.

Les vents n'agissant qu'à la surface ne peuvent troubler l'équilibre des eaux dans les profondeurs. L'évaporation à la surface augmentant la densité des eaux que la précipitation diminue en d'autres lieux nécessite un échange qui établit une circulation horizontale qui s'appelle courant. Si l'eau de la surface devenait plus lourde que celle des profondeurs, il y aurait bien des courants verticaux établis ; mais ils sont tellement faibles, s'ils existent, que les coquilles microscopiques qui couvrent les profondeurs comme d'une couche de neiges ne peuvent être soulevées et ramenées au jour. Il faut donc admettre en pratique que les eaux profondes sont immobiles. Les vagues n'attaquent jamais de grandes profondeurs, de sorte qu'il faut reconnaître que les eaux profondes protègent le fond contre toutes les violences des forces perturbatrices qui agissent à la surface.

Ces pages ont rapporté tout ce qui concluait en ce sens. Cependant nous pouvons rappeler que chaque fois que le plomb a rapporté des échantillons des profondeurs, c'était toujours des coquilles intactes renfermant encore des débris de leurs hôtes : comme elles n'ont aucun caractère des coquilles *roulées*, il faut bien voir que le fond est complètement tranquille; sans quoi on y trouverait aussi des mélanges de sable, ce qui n'est pas. Et ces coquilles sont tellement intactes qu'elles ont des débris de leurs habitants adhérents à leurs parois, aussi le professeur Ehrenberg de Berlin et tous les savants de l'école *biotique* prétendent que ces coquilles vivent au fond des eaux. Tandis que ceux de l'école *anti-biotique* disent qu'elles vivent à la surface, et tombent seulement après leur mort dans les profondeurs : que les propriétés antiseptiques de la mer et la pression qu'elles supportent s'opposent seuls à la décomposition de leurs corps. Je penche vers cette hypothèse, et je crois qu'arrivé dans les profondeurs, tout ce qui vit n'est plus capable de se mouvoir. La pression sur le plateau télégraphique varie de 200 à 300 atmosphè-

res; ce qui fait 200 à 300 kilogrammes par centimè-
tre carré. Comme on peut mesurer les forces chimiques, on peut parfaitement établir que la force d'expansion des gaz n'est pas capable de vaincre une pareille pression, et par suite ils ne peuvent se former,
de sorte que la décomposition des corps est impossible.

Les dernières découvertes d'Ehrenberg viennent
appuyer mon opinion; car dans les specimens recueillis dans la Méditerranée à de grandes profondeurs, il a trouvé des coquilles fluviatiles mêlées aux
autres. L'absence de décomposition des chairs de
ces coquilles doit donc être attribuée à la pression
qu'elles supportent, et font présumer que la gutta-
percha qui isole les fils du télégraphe doit se trouver dans les profondeurs à l'abri de toute altération.

L'appréciation morale de ces faits met sur son
véritable terrain la discussion des difficultés *neptu-
niennes* qui se présentent dans l'immersion du cable.
Peut-on faire un cable assez lourd pour couler et
assez solide pour atteindre le fonds de la mer? Si
cela se peut, on doit se demander à quoi sert un cable
transatlantique, dans quel but le fil de fer qui l'entoure peut garantir la gutta-percha. Je ne parle pas

des extrémités où à l'arrivée et au départ le fil se trouve dans des eaux tourmentées; je ne m'attache qu'à la portion qui répond aux profondeurs.

Je me demande à quoi sert cette défense en fer dont on l'entoure, est-ce pour le rendre plus lourd, et le forcer à couler; je crois que cela est peu nécessaire, et en donnant simplement au fil de fer un diamètre plus grand on pourrait y arriver sans nuire au passage de l'électricité.

Beaucoup ont proposé de soutenir le cable avec des bouées.

En substituant simplement une enveloppe capable de supporter le fil de fer, on eût avantageusement remplacé les bouées, puis plus n'était le danger de perdre le bout du fil, ni d'avoir des freins pour l'arrêter à cause du grand poids de son revêtement qui l'entraînait trop vite ! Maintenant que nous sommes parfaitement édifié sur la tranquillité des eaux au fonds de la mer, sur l'absence absolue de courants, sur la décomposition impossible des matières végétales ou animales à cause de la haute pression qu'elles supportent, cherchons, dis-je, à quel usage peut servir l'armature de fer qui défend le fil télégraphique.

Il ne peut servir à protéger le cable, puisqu'il

n'y a pasde forces destructives là où il repose.

Elle n'est pas nécessaire à maintenir le cable dans ces profondeurs, puisque nous voyons que les co quilles impalpables y restent immobiles. Ce n'est point par question d'économie, puisqu'il double le prix de revient du cable.

L'armature ne peut servir, j'imagine, à protéger le pouvoir conducteur du fil de cuivre : car, je crois au contraire, que la difficulté de construction et le poids immense du tout a dû quelquefois augmenter les difficultés électriques du cable. On peut faire beaucoup d'hypothèses sur ces difficultés; mais voici celles qui me paraissent le plus plausibles. Le fil conducteur est formé de 7 fils de cuivre entourés de gutta-percha, et dont toute la grosseur n'excède pas celle d'un doigt. Cette corde est garnie avec 18 tourons de fer de 7 fils chacun, qui tournent en spirale. Maintenant la force de résistance qu'on est obligé de faire pour empêcher que ce poids de deux ou trois mille livres ne tombe trop vite à l'eau, s'applique plus tôt sur les fils conducteurs que sur l'enveloppe qui est en spirale. Pour faire voir d'une manière plus évidente que l'effort se porte surtout sur la pièce qui est au milieu, c'est-à-dire sur la corde conductrice elle même, il suffit de regarder ce qui se passe à bord des navires sur les furins qui sont tordus de la même manière. Aussi le matelot dit-il dans un langage énergique que la vie a quitté le cœur, quand on l'a soumis à une tension exagérée. L'enveloppe en spirale doit certainement s'étirer davantage que le fil qui est droit, autour duquel elle est enroulée.

« La pression de l'enveloppe sur la mèche, dit un témoin oculaire à bord du *Niagara*, était tellement grande, qu'une grande quantité de goudron en était exprimée, quand on le mit à bord et quand il le quitta; il fallut installer des récepteurs: on en recueillait ainsi environ deux barils » (1).

Cette pression était capable d'altérer les enveloppes de gutta-percha, et de modifier le pouvoir conducteur des fils. Car, aussi bien à bord du *Niagara* que de l'*Agamemnon* quand le fil eut à supporter une tension de 2000 ou 3000 livres, c'est la *mèche* du cable qui dut souffrir. Altération des fils de cuivre et de la gutta-percha, qui n'était peut-être pas perceptible.

De plus, l'effort ne pouvait se porter également sur tous les fils; il devait se porter alternativement sur

(1) Mullaly's telegraphe cable; p. 264.

les uns et les autres, etc. Il s'en suit donc qu'un seul fil réaliserait de meilleures conditions au point de vue de l'économie, de l'électricité, de la construction et de la pose.

Les modifications dans la cristallisation des fils, les ruptures même avaient pu laisser encore passer l'électricité au commencement, mais l'usage même rendait les interruptions plus dangereuses. C'est ce qui fait que les premiers messages ayant pu passer, les autres ne le purent pas, et définitivement le cable reste muet.

Tout cela ne sont que des conjectures; mais ce sont les plus plausibles pour répondre à la cause de cette interruption de passage dans le fil.

§ 1028. Le premier pas à faire vers la réussite de la pose d'un télégraphe sous-marin, est d'abandonner les cables en fer pour les profondeurs, et ne les conserver seulement pour les eaux peu profondes. Il n'est plus besoin alors de bouées, ni de freins pour diriger la pose du fil. On peut, cependant, invoquer la nécessité d'une armature en fer pour empêcher la gutta-percha d'abandonner le fil de cuivre et faire une solution de continuité.

Le fil construit par Rogers répond complétement à cette objection. Il entoure le fil couvert de gutta-percha de fil ordinaire qui court autour et il le couvre d'une raisine quelconque qui protége alors la gutta-percha contre les frottements et les échauffements; alors la corde devenant *maniable*; le navire peut traverser l'Atlantique comme à l'ordinaire.

La pesanteur spécifique de la corde Rogers est telle, qu'elle peut couler à raison d'un mille ou deux à l'heure. Il est évident qu'un morceau de cette corde coulera avec la même vitesse, quelle que soit sa longueur.

Le navire faisant route pourra alors toujours s'arranger de manière à n'avoir pas plus de dix milles de corde entre son tableau et le fond de la mer, soit en contretenant le fil, soit en le lâchant pour le laisser obéir à l'action des courants.

L'opération usuelle de filer le loch, peut donner une idée de la manière dont on devrait opérer. En filant la ligne, on laisse du mou à la corde que l'on maintient après. Le fil télégraphique n'est pas plus gros qu'une ligne de ce genre. On m'a dit que l'on avait filé à la main la ligne entre Varna et Balaklava dans la mer Noire : c'était un simple fil de cuivre couvert de gutta-percha sans armature. Si on a pu opérer ainsi dans la mer Noire, nul doute que l'on ne puisse en faire autant dans les mers profondes, puisque dans l'Océan les courants ne se font pas sentir à plus de quelques centaines de brasses.

L'idée générale est que le cable doit avoir une grande force pour résister à l'action des courants. Une simple réflexion montrera que ce n'est pas nécessaire ici, surtout sur le plateau télégraphique. Le courant agit le plus fortement lorsque sa direction est perpendiculaire à celle du fil. En suivant l'arc de grand cercle qui relie Terre-Neuve à l'Irlande, on se trouve presque toujours aller comme le Gulf-Stream, ou du moins ne faire avec lui que des angles très aigus.

Le courant, sur le plateau télégraphique excède rarement deux nœuds. Prenons le cas le plus défavorable, le courant allant deux nœuds dans une direction perpendiculaire à la route du navire allant de Terre-Neuve en Irlande, avec tout le fil à bord. En laissant 10 p. 0/0 de jeu à la corde, elle sera assez pesante pour couler à raison de deux milles à l'heure.

Supposons que le courant se fasse sentir jusqu'à une profondeur d'un demi mille, ce qui est encore un maximum, la corde mettra donc 15 minutes à le traverser : pendant ce temps, elle dérivera donc en dehors de la route d'un demi mille. Ensuite, arrivant dans les eaux tranquilles, elle coulera perpendiculairement jusqu'au fonds.

Même, dans ce cas, la corde ne coulera pas en zigzag, mais sera seulement transportée de la moitié d'un mille à droite ou à gauche de la direction du navire. La longueur perdue serait inappréciable en supposant le cas que nous avons pris, et qui est impossible. D'autant plus que l'on pourra rencontrer en dessous un contre-courant qui ramènera le cable de toute la dérive que lui aura donnée le courant supérieur.

Le commandant Dayman à bord du navire anglais (R. W.), le *Cyclops*, a trouvé une preuve frappante de l'existence d'une couche d'eau tranquille sur le fond. Dans un sondage il retira du fond une glaire de 200 brasses qui s'était formée au fond. Elle était régulièrement faite comme à la main, ce qui prouve que les courants supérieurs avaient dû s'annuller, et la laisser passer verticalement.

Le léger nautile se rit de la tempête qui fait sombrer le vaisseau de guerre. C'est pourquoi, pour réussir dans les poses des fils sous-marins, il faut abandonner les *lourds cables* pour s'en tenir aux *fils légers* : car l'homme ne peut essayer de fabriquer un engin voulant tenir tête aux vagues et aux courants.

Je n'ai aucun doute sur la réussite définitive de la pose d'un télégraphe transatlantique. La seule limite que l'on peut fixer à la longueur des fils, est la *limite* de *transmission* de *l'électricité*. Les profondeurs de la mer et ses courants ne sont pas des obstacles. On peut aussi bien passer un fil en travers de l'Atlantique et du Pacifique qu'à travers les Alpes ou les Andes, et je ne sais quelle pose serait la plus dispendieuse.

§ 1029. — « La véritable question à se poser sur « l'établissement des télégraphes sous-marins n'est «pas, dans la profondeur, la largeur, ni la violence « des mers; mais bien dans la possibilité de faire «passer l'électricité dans des fils immergés dans de «grandes longueurs (1). »

(1) Voyez le journal de la société royale de Dublin n° XII et XIII « lettre à John Locke, esq. sur le cable transatlantique, cause de sa non-réussite et probabilité du succès par M. Maury : lecture du 28 janvier 1857.

Observatoire, mai 1859.

NOTE PREMIÈRE.

OBSERVATIONS BAROMÉTRIQUES.

Le grand nombre d'observations barométriques
faites soit à terre soit à la mer par les différents
peuples, permet maintenant de tracer une courbe
assez exacte des hauteurs barométriques suivant
les latitudes. L'institut météorologique d'Utrecht a
fourni 83,334 observations entre 50° N et 26° S,
toutes prises à la mer. L'observation de Washington
a donné 6945 observations au sud du 40ᵉ parallèle;
le docteur Kane, 12000 observations horaires par
78° 37' N pendant 17 mois. Les annales de Greenwich et de Pétersbourg ont donné leurs résultats

HAUTEUR MOYENNE DU BAROMÈTRE.

Latitude N.	Baromètre. (en millim.)	Nombre des obser.	Latitude S.	Baromètre	Nombre des observations.
0° à 5	759.82	5114	0 à 5	760,43	3692
5 10	760.46	5343	5 10	761.32	3924
10 15	761,05	4496	10 15	762.69	4156
15 20	762.33	3592	15 20	763.03	4248
20 25	764.02	5816	20 25	764.58	4556
25 30	763.80	4392	25 30	764.40	4780
30 35	767.32	4989	30 36	763.29	6970
35 40	763.14	5105	40 45	758.96	1703
40 45	763.93	5899	43 45	756.40	1150
45 50	763.32	8282	45 48	752.59	1174
51 29	757.26	Greenwic	48 50	752.33	672
59 51	758.94	Sᵗ Péter.	50 55	748.75	665
78 37	755.87	D. Kane	53 53	743.71	475
			56, 5	743. 8	1126

Les anomalies barométriques se remarquent surtout au Cap-Horn, on a dû les grouper à part.

Parallèles S	Long 22 O à 138 E (Pa)		138. E 82 O		Au cap Horn		Moyenne géné	
	Nombre obser.	Barom.	Obser	Barom	Obser	Barom	Obser.	Barom.
40 à 45	1115	739,43	210	757,95	578	758,44	1703	758,94
45 46	758	756,91	133	756,13	237	755,34	1130	756,40
45 48	611	751,32	226	754,62	337	755,86	1174	752,36
48 50	473	750,03	247	750,82	230	752,08	672	752,34
50 55	168	745,47	198	748,02	339	750,32	663	748,78
50 55	6	740,91	92	745,48	577	745,90	475	745,73
Au Sud du 55	7	745,45	64	747,26	1035	743,70	1126	745,97

La comparaison des diverses observations n'a pas
pu encore indiquer les changements de hauteurs
suivant les saisons; cependant on a pu en conclure d'une manière certaine que le baromètre est
plus bas du côté du pôle austral que du côté boréal, ce qui est une conséquence de la rapidité de la
circulation de ces parages et de la mise en liberté
de la chaleur latente.

NOTE II.

ACTINOMÉTRIE DE LA MER.

Les conférences de Bruxelles ont recommandé
l'observation de la température des eaux à la surface et à diverses profondeurs. Les colonnes des livres de Loch sont disposées à cet effet. On a déjà

pu en déduire que dans les mers intertropicales la température de la surface était inférieure à celle des eaux inférieures. Voici l'explication que l'on peut donner de cette anomalie. Tous les physiciens admettent généralement que la quantité de chaleur donnée par le soleil annuellement à la terre, reste constante : celle distribuée par jour suffirait à faire fondre une couche de glace couvrant notre globe, et qui aurait un pouce et demi d'épaisseur. La terre et la mer n'en reçoivent pas la même quantité : la couche solide est peu pénétrante, les eaux le sont davantage d'après leur transparence. Examinons les différentes couches, celle de la surface rendant une partie de sa chaleur à cause de l'évaporation peut avoir une température plus basse que celle d'en-dessous, qui cependant a reçu moins de chaleur; il doit donc se trouver une couche moyenne qui a une chaleur maximum.

Pour faire ces observations il faudrait en faire de secondaires qui sont nécessaires, telles que la transparence, la densité, la *phosphorescence* de la mer, et l'état du ciel. Il faudrait aussi connaître des observations de jour et de nuit pour savoir si cette couche de chaleur maximum reste à la même hauteur. On peut déjà conclure de ces différentes données que la mer est un réservoir de chaleur sensible comme les nuages en sont un de chaleur latente. L'évaporation rend les eaux de la surface plus denses, et par conséquent les vents y auraient moins de prise, si l'agitation causée par les vagues ne venait ramener à la surface les eaux plus douces des profondeurs.

[illegible]

[illegible]
[illegible]
[illegible]
[illegible]
[illegible]
[illegible]

[illegible]

TABLE DES MATIÈRES.

CHAPITRE II.

Influence du Gulf-Stream sur le climat.

CHAPITRE III.

De l'atmosphère.

CHAPITRE IV.

Brises de terre de mer.

CHAPITRE V.

Brumes rousses et pluies de poussière sur mer.

CHAPITRE VII.

Courants de la mer.

CHAPITRE VIII.

Passage dans la mer glaciale.

CHAPITRE XI.

Action géologique des vents.

CHAPITRE XII.

Les profondeurs de l'Océan.

CHAPITRE XIII.

Bassin de l'Océan atlantique.

CHAPITRE XIV.

Les vents.

CHAPITRE XV.

Les climats de l'Océan.

CHAPITRE XVI.

Dérive de la mer.

CHAPITRE XX.

Force des vents alizés de l'hémisphère austral, particularités de cette circulation atmosphérique.

CHAPITRE XXI.

Télégraphe électrique de l'Atlantique.

Note première.

Note deuxième.

FIN DE LA TABLE.

Paris. — Imp. Moquet, rue des Fossés-Saint-Jacques 11.